高等学校计算机科学与技术项目驱动案例实践系列教材

软件测试技术与项目案例教程

梁立新　李海生　编著

清华大学出版社
北京

内 容 简 介

本书应用“项目驱动”教学模式，通过完整的项目案例系统地介绍软件测试的原理、方法和技术。全书围绕软件测试的整体流程，详细论述软件测试的基本原理、软件测试计划与策略、黑盒测试技术、白盒测试技术、单元测试技术、集成测试技术、系统测试技术、验收测试技术和软件测试管理等内容。本书注重理论与实践相结合，内容详尽，提供了大量实例，突出应用能力的培养，将一个实际项目的知识点分解到各章作为案例讲解，是一本实用性突出的教材。

本书可作为普通高等学校计算机相关专业软件测试课程的教材，也可供软件测试人员参考使用。

图书在版编目(CIP)数据

软件测试技术与项目案例教程/梁立新，李海生编著. —北京：清华大学出版社，2022.5(2025.1重印)
高等学校计算机科学与技术项目驱动案例实践系列教材
ISBN 978-7-302-60103-6

Ⅰ.①软… Ⅱ.①梁… ②李… Ⅲ.①软件—测试—高等学校—教材 Ⅳ.①TP311.55

中国版本图书馆 CIP 数据核字(2022)第 020352 号

责任编辑：张瑞庆
封面设计：何凤霞
责任校对：郝美丽
责任印制：丛怀宇

出版发行：清华大学出版社
网　　址：https://www.tup.com.cn，https://www.wqxuetang.com
地　　址：北京清华大学学研大厦 A 座　　**邮　　编**：100084
社 总 机：010-83470000　　**邮　　购**：010-62786544
投稿与读者服务：010-62776969，c-service@tup.tsinghua.edu.cn
质量反馈：010-62772015，zhiliang@tup.tsinghua.edu.cn
课件下载：https://www.tup.com.cn，010-83470236
印 装 者：三河市铭诚印务有限公司
经　　销：全国新华书店
开　　本：185mm×260mm　　**印　　张**：16.5　　**字　　数**：423 千字
版　　次：2022 年 5 月第 1 版　　**印　　次**：2025 年 1 月第 4 次印刷
定　　价：49.00 元

产品编号：088016-01

高等学校计算机科学与技术项目驱动案例实践系列教材

编写指导委员会

主　任

李晓明

委　员

（按姓氏笔画排序）

卢先和　杨　波

梁立新　蒋宗礼

策　划

张瑞庆

序 言 1

作为教育部高等学校计算机科学与技术教学指导委员会的工作内容之一，自从2003年参与清华大学出版社的“21世纪大学本科计算机专业系列教材”的组织工作以来，陆续参加或见证了多个出版社的多套教材的出版，但是现在读者看到的这一套“高等学校计算机科学与技术项目驱动案例实践系列教材”有着特殊的意义。

这个特殊性在于其内容。这是第一套我所涉及的以项目驱动教学为特色，实践性极强的规划教材。如何培养符合国家信息产业发展要求的计算机专业人才，一直是这些年人们十分关心的问题。加强学生的实践能力的培养，是人们达成的重要共识之一。为此，高等学校计算机科学与技术教学指导委员会专门编写了《高等学校计算机科学与技术专业实践教学体系与规范》(清华大学出版社出版)。但是，如何加强学生的实践能力培养，在现实中依然遇到种种困难。困难之一，就是合适教材的缺乏。以往的系列教材，大都比较“传统”，没有跳出固有的框框。而这一套教材，在设计上采用软件行业中卓有成效的项目驱动教学思想，突出“做中学”的理念，突出案例(而不是“练习作业”)的作用，为高校计算机专业教材的繁荣带来了一股新风。

这个特殊性在于其作者。本套教材目前规划了十余本，其主要编写人不是我们常见的知名大学教授，而是知名软件人才培训机构或者企业的骨干人员，以及在该机构或者企业得到过培训的并且在高校教学一线有多年教学经验的大学教师。我以为这样一种作者组合很有意义，他们既对发展中的软件行业有具体的认识，对实践中的软件技术有深刻的理解，对大型软件系统的开发有丰富的经验，也有在大学教书的经历和体会，他们能在一起合作编写教材本身就是一件了不起的事情，没有这样的作者组合是难以想象这种教材的规划编写的。我一直感到中国的大学计算机教材尽管繁荣，但也比较“单一”，作者群的同质化是这种风格单一的主要原因。对比国外英文教材，除了 Addison Wesley 和 Morgan Kaufmann 等出版的经典教材长盛不衰外，我们也看到 O'Reilly“动物教材”等的异军突起——这些教材的作者，大都是实战经验丰富的资深专业人士。

这个特殊性还在于其产生的背景。也许是由于我在计算机技术方面的动手能力相对比较弱，其实也不太懂如何教学生提高动手能力，因此一直希望有一个机会实际地了解所谓“实训”到底是怎么回事，也希望能有一种安排让现在教学岗位的一些青年教师得到相关的培训和体会。于是作为2006—2010年教育部高等学校计算机科学与技术教学指导委员会的一项工作，我们和教育部软件工程专业大学生

实习实训基地(亚思晟)合作,举办了6期“高等学校青年教师软件工程设计开发高级研修班”,时间虽然只是短短的1～2周,但是对于大多数参加研修的青年教师来说都是很有收获的一段时光,在对他们的结业问卷中充分反映了这一点。从这种研修班得到的认识之一,就是目前市场上缺乏相应的教材。于是,这套“高等学校计算机科学与技术项目驱动案例实践系列教材”应运而生。

当然,这样一套教材,由于“新”,难免有风险。从内容程度的把握、知识点的提炼与铺陈,到与其他教学内容的结合,都需要在实践中逐步磨合。同时,这样一套教材对我们的高校教师也是一种挑战,只能按传统方式讲软件课程的人可能会觉得有些障碍。相信清华大学出版社今后将和作者以及教育部高等学校计算机科学与技术教学指导委员会一起,举办一些相应的培训活动。总之,我认为编写这样的教材本身就是一种很有意义的实践,祝愿成功。也希望看到更多业界资深技术人员加入到大学教材编写的行列中来,和高校一线教师密切合作,将学科、行业的新知识、新技术、新成果写入教材,开发适用性和实践性强的优秀教材,共同为提高高等教育教学质量和人才培养质量做出贡献。

原教育部高等学校计算机科学与技术教学指导委员会副主任、北京大学教授

FOREWORD

序　言　2

项目驱动是学习计算机技术的最好方法

应梁立新老师之邀，我为他主持编著的“高等学校计算机科学与技术项目驱动案例实践系列教材”写个序言。时值庚子年疫情，我正在深圳坪山的一个酒店里接受隔离，得以有更多时间对过去几十年来亲历的国内外计算机的教与学进行双向反思，特别是通过对不同教育背景培养出来的计算机软件人才在面向大型应用软件工程开发项目时的表现进行比较，切实感受到我们的工科教育，由开始学习基础理论科目，到学习专业基础课，再到毕业设计论文/课题的传统模式，应该彻底改革了，尤其是在应用技术专业类教学方面。

那么，什么是学习计算机技术最好的方法呢？回答这个问题之前，我们先看看近年来德国和美国是怎么做的。

德国雷根斯堡应用技术大学莫托克(Mottok)教授与深圳技术大学大数据与互联网学院共建了一个实验室——中德工业安全与应用实验室。我们有个中德在线教育的合作研究项目也正在进行中。当聊起两国教育效果的比较话题时，莫托克教授介绍说，他的研究小组从人类学习的角度，把一个人掌握知识的过程分为5个层次：考试(Examination)，经历(Experience)，案例 (Example)，解释(Explanation)，揭示(Exposure)，简称 Ex^5 模型。其中，考试是最直观的：能够结合自己的经历，加上一些案例分析，再用自己的语言直白地解释出来。这是一个逐渐提升的过程。然而，最难的，也是最好的，则是那些能够揭示概念、现象和过程中各种因素之间相互关系的部分。

无独有偶。最近几年，在美国众多的工程类大学中，最受家长和学生关注的，并不是传统的 MIT、Caltech、Stanford 等几所名校。排名蹿升最快的是一所位于波士顿附近的私立本科工程大学——富兰克林欧林学院(Franklin W. Olin College of Engineering，又称 Olin College，欧林学院)。这个学院不大，最大的特色是坚持以实用教育为导向，与许多传统的“先理论后实践”的工程院校不同，这个学院强调的不仅仅是教授基本知识概念，而且要求学生把各个知识点与实际生活中的问题联系起来，找出解决方案。换句话说，就是以解决实际问题为导向，以项目为驱动。

其实大家都知道，在日常生活中，学得好、干得好、教得好，这是3个完全不同层面的事。学得好是一回事儿，干得好是另一回事儿。要想做到教得好，除了学得好之外，教者自身还必须具有丰富的实战经验，就是我们常说的项目经验。最能把德国莫托克教授说的5个层次有效打通的一个方法，也是美国欧林学院坚持的实用教育原则，就是项目驱动型教学，即学生有目标，以项目为驱动；教师有实战经验，可以把相关的不同案例结合新知识，解释给学生听。在学与教的过程中，可以揭示各个知识点之间的相互联系，便于学生真正掌握知识，并且运用知识工具解决实际问题。同时，在解决实际问题中不断总结、学习，逐步完善、提高和创新，在实践中将这些知识和经验逐步融合成学生自己的综合素质。

梁立新老师在中国、美国和加拿大等国家的很多地方有多年一线计算机项目开发及实战经验。他早年在北京创办的计算机专业培训公司，为业界输送了大量市场急需的编程人才。"高等学校计算机科学与技术项目驱动案例实践系列教材"的最大特点，就是将理论知识与实践案例相结合，以项目驱动，认知学习。相信这套系列教材能够帮助学生尽快掌握计算机基础知识，从学习到实践，把自己掌握的技术知识熟练应用到社会需求的各个领域，为将来成为行业专才打下坚实的基础。

相韶华

深圳零一学院执行院长、教授

前　言

21 世纪，什么技术将影响人类的生活？什么产业将决定国家的发展？信息技术与信息产业是首选的答案。高等学校学生是后备军，教育行政部门计划在高校中普及信息技术与软件工程教育。经过多所高校的实践，信息技术与软件工程教育受到学生的普遍欢迎，取得了很好的教学效果。然而，也存在一些不容忽视的共性问题，其中突出的是教材问题。

从近两年信息技术与软件工程教育研究来看，许多任课教师提出目前的教材不太合适。具体体现在：第一，来自信息技术与软件工程的专业术语很多，对于没有这些知识背景的学生学习起来具有一定难度；第二，书中案例比较匮乏，与企业的实际情况相差太远，致使案例可参考性差；第三，缺乏具体的课程实践指导和真实项目。因此，针对高校信息技术与软件工程课程教学特点与需求，编写适用的规范化教材已刻不容缓。

本书就是针对以上问题编写的，它围绕一个完整的项目来组织和设计学习软件测试及管理。作者希望推广一种最有效的学习与培训的捷径，这就是项目驱动学习训练(Project-Driven Training)，也就是用项目实践来带动理论的学习(或者叫"做中学")。基于此，作者围绕一个"艾斯医药商务系统"项目案例来贯穿软件测试及管理各个模块的理论讲解，包括软件测试概述、软件测试计划与策略、黑盒测试技术、白盒测试技术、单元测试技术、集成测试技术、系统测试技术、验收测试技术和软件测试管理等。通过项目实践，可以对技术应用有明确的目的性(为什么学)，对技术原理更好地融会贯通(学什么)，也可以更好地检验学习效果(学得怎样)。

本书特色如下。

(1) **重项目实践。**

作者多年项目开发经验的体会是"IT 是做出来的，不是想出来的"，理论虽然重要，但一定要为实践服务。以项目为主线，带动理论的学习是最好、最快、最有效的方法。本书的特色是提供一个完整的真实项目案例。通过此书，作者希望读者对软件测试流程及管理有整体了解，减少对软件测试的盲目感和神秘感，能够根据本书的体系循序渐进地动手测试真实的软件项目。

(2) **重理论要点。**

本书以项目实践为主线，着重介绍软件测试及管理技术理论中最重要、最精华的部分，以及它们之间的融会贯通；而不是面面俱到，没有重点和特色。读者首先

通过项目案例把握整体概貌，再深入局部细节，系统地学习理论；然后不断优化和扩展细节，完善整体框架和改进项目。本书既有整体框架，又有重点理论和技术。一书在手，思路清晰，项目无忧。

为了便于教学，本书配有教学课件，读者可从清华大学出版社的网站 www.tup.com.cn 下载。

本书第一作者梁立新的工作单位为深圳技术大学，本书获得深圳技术大学的大力支持和出版资助，在此特别感谢。

鉴于作者水平有限，书中难免有不足之处，敬请广大读者批评指正。

梁立新

2022 年 1 月

CONTENTS

目　录

CONTENTS

CONTENTS

CONTENTS

CONTENTS

第1章 软件测试概述

学习目的与要求

本章介绍软件测试领域的基本概念。通过本章的学习，能够对软件测试的定义、目的和原则等相关知识有深入的了解。本章要求掌握软件测试的必要性及软件测试模型。

本章主要内容

- 软件、软件危机与软件工程。
- 软件质量和质量模型。
- 软件测试。
- 软件测试用例。
- 软件测试人员职业素养。

计算机系统分为硬件系统和软件系统两大部分。在过去的50多年时间里，计算机硬件技术得到了极大的发展。然而，随着计算机硬件技术的飞速发展，人们对计算机的需求和依赖与日俱增。随之而来的是计算机软件系统的规模和复杂性急剧增加，软件开发成本以及由于软件故障而造成的经济损失也在增加，软件的质量问题已成为人们关注的焦点。软件测试是保证软件质量的主要手段，近年来受到了人们的广泛关注，社会对软件测试人员的需求迅速增长。

1.1 软件、软件危机与软件工程

什么是软件？这个问题既简单又不太好回答。人们几乎每天都在使用各种各样的软件，如Windows、Office、IE浏览器、媒体播放器等。它们都是人们再熟悉不过的产品了，但是否真正全面理解什么是软件，大多数人不敢肯定。那么，软件真正的含义是什么？

现在普遍被人们认可的软件的定义是：

(1) 能够完成预定功能和性能的、可执行的指令(计算机程序)。

(2) 使得程序能够适当地操作信息的数据结构。

(3) 描述程序的操作和使用的文档。

综上所述,“软件=程序+数据(库)+文档”,这里给出了软件的最基本的组成成分。实际上,还少了一项内容——服务。可以用一个简单的公式给出软件的定义:

软件=程序+数据(库)+文档+服务

20 世纪 60 年代之前,计算机刚刚投入实际使用,软件往往只是为了一个特定的应用而在指定的计算机上设计和编制的。采用密切依赖于计算机的机器代码或汇编语言,软件的规模比较小,文档资料通常也不存在。很少使用系统化的开发方法,设计软件往往等同于编制程序,基本上是个人设计、个人使用、个人操作、自给自足的私人化的软件生产方式。

20 世纪 60 年代中期,大容量、高速度计算机的出现,使计算机的应用范围迅速扩大,软件开发急剧增长;高级语言开始出现,操作系统的发展引起了计算机应用方式的变化,大量数据处理导致第一代数据库管理系统的诞生;软件系统的规模越来越大,复杂程度越来越高,软件可靠性问题也越来越突出,软件危机开始爆发;原来的个人设计、个人使用的方式不再能满足要求,迫切需要改变软件生产方式,提高软件生产率。

1968 年,北大西洋公约组织的计算机科学家在德国召开的国际学术会议上第一次提出了“软件危机”(software crisis)。软件危机主要表现在以下几方面。

(1) 软件开发费用和进度失控。费用超支、进度拖延的情况屡屡发生。有时为了赶进度或压成本不得不采取一些权宜之计,这样往往严重损害了软件产品的质量。

(2) 软件的可靠性差。尽管耗费了大量的人力物力,而系统的正确性却越来越难以保证,出错率大大增加,因软件错误而造成的损失惊人。

(3) 生产出来的软件难以维护。很多程序缺乏相应的文档资料,程序中的错误难以定位、难以改正,有时改正了已有的错误又引入新的错误。随着软件的社会拥有量越来越大,软件维护占用了大量的人力、物力和财力。

(4) 软件成本在计算机系统总成本中所占的比例居高不下,且逐年上升。随着微电子技术的进步和硬件生产自动化程度不断提高,硬件成本逐年下降,性能和产量迅速提高。然而软件开发需要大量的人力,软件成本随着软件规模和数量的剧增而持续上升。

(5) 软件生产不能满足日益增长的软件需求,软件生产率远低于硬件生产率和计算机应用的增长率,社会出现了软件供不应求的局面。更严重的是,软件生产效率随软件生产规模的增长和软件复杂性的提高而急剧下降。

(6) 软件系统实现的功能与实际需求不符。软件开发人员对用户需求缺乏深入的理解,往往急于编写程序,闭门造车,最后完成的软件与用户需求相距甚远。

发生软件危机的原因,一方面与软件本身的特点有关;另一方面也与软件开发和维护的方法不正确有关。从宏观上看,软件危机的实质是软件产品的供应赶不上需求的增长;从微观上看,软件危机是开发的软件存在错误,软件质量达不到要求,软件项目无法按时完成,软件项目的花费超预算。

为了解决软件危机,既要有技术措施,又要有必要的组织管理措施。1968 年秋,北大西洋公约组织的科技委员会召集了近 50 名一流的编程人员、计算机科学家和工业界巨头,讨论和制定摆脱“软件危机”的对策,在这次会议上第一次提出了“软件工程”(software engineering)的概念。软件工程正是从技术和管理两方面研究如何更好地开发和维护计算机软件的一门学科。

软件工程主要研究软件生产的客观规律性，建立与系统化软件生产有关的概念、原则、方法、技术和工具，指导和支持软件系统的生产活动，以期达到降低软件生产成本、改进软件产品质量、提高软件生产率水平的目标。软件工程学从硬件工程和其他人类工程中吸收了许多成功的经验，明确提出了软件生命周期的模型，发展了许多软件开发与维护阶段适用的技术和方法，并应用于软件工程实践，取得良好的效果。

1.2 软件质量与质量模型

1.2.1 软件质量

软件质量是一个模糊的、捉摸不定的概念。我们常常听说：某某软件好用；某某软件功能全、结构合理、层次分明、使用流畅。模糊的语言实在不能算作对软件质量的评价，特别不能算作对软件质量科学的、定量的评价。但是，软件质量，乃至任何产品质量都是一个很复杂的事物性质和行为。对于什么是产品质量，可以从以下几个观点来看。

- 透明性观点：质量是产品的一种可认识但不可定义的性质。
- 使用者观点：质量是产品满足使用目的的程度。
- 制造者观点：质量是产品性能和规格要求的符合度。
- 产品观点：质量是联结产品固有性能的纽带。
- 基于价值观点：质量依赖于顾客愿意付给产品报酬的数量。

而有关软件质量的定义，又有不同的描述。

1979 年，Fisher 和 Light 将软件质量定义为“表征计算机系统卓越程度的所有属性的集合”。

1982 年，Fisher 和 Baker 将软件质量定义为“满足明确需求的一组属性的集合”。

又如，ANSI/IEEE Std 729—1983 定义软件质量为“与软件产品满足规定的和隐含的需求的能力有关的特征或特性的全体”，实际上反映了以下三方面的问题。

(1) 软件需求是度量软件质量的基础。

(2) 只满足明确定义的需求，而没有满足应有的隐含需求，软件质量也无法保证。

(3) 不遵循各种标准定义的开发规则，软件质量就得不到保证。

按照 GB/T 16260—1996(等同于 ISO/IEC 9126:1991)《信息技术、软件产品评价、质量特性及其使用指南》，软件质量 (software quality)是与软件产品满足明确或隐含需求的能力有关的特征和特性的总和。

20 世纪 90 年代，Norman 和 Robin 等将软件质量定义为“表征软件产品满足明确的和隐含的需求的能力的特性或特征的集合”。

1994 年，国际标准化组织公布的国际标准 ISO 8042 综合将软件质量定义为“反映实体满足明确的和隐含的需求的能力的特性的总和”。

综上所述，软件质量是产品、组织和体系或过程的一组固有特性，反映它们满足顾客和其他相关方面要求的程度。CMU SEI 的 Watts Humphrey 指出：首先，软件产品必须提供用户所需的功能，如果做不到这一点，什么产品都没有意义；其次，这个产品能够正常工作，如果产品中有很多缺陷，不能正常工作，那么不管这种产品性能如何，用户也不会使用它。而 Peter

Denning 强调：越是关注客户的满意度，软件就越有可能达到质量要求；程序的正确性固然重要，但不足以体现软件的价值。

GB/T 11457—2006《软件工程术语》中定义软件质量如下。

(1) 软件产品中能满足给定需要的性质和特性的总体。

(2) 软件具有所期望的各种属性的组合程度。

(3) 顾客和用户觉得软件满足其综合期望的程度。

(4) 确定软件在使用中将满足顾客预期要求的程度。

简单地讲，软件质量是软件的一些特性的组合，它仅依赖软件本身。也就是说，为满足软件的各项精确定义的功能、性能需求，符合文档化的开发标准，需要相应地给出或设计一些质量特性及其组合，作为在软件开发与维护中的重要考虑因素。如果这些质量特性及其组合都能在产品中得到满足，则这个软件产品质量就是高的。

软件质量反映了以下三方面的问题。

(1) 软件需求是度量软件质量的基础，不符合需求的软件就不具备质量。

(2) 在各种标准中定义了一些开发准则，用来指导软件人员用工程化的方法来开发软件。如果不遵守这些开发准则，软件质量就得不到保证。

(3) 往往会有一些隐含的需求没有被明确地提出，例如软件应具备良好的可维护性。如果软件只满足精确定义了的需求而没有满足隐含的需求，软件质量也不能保证。

软件质量是各种特性的复杂组合。它随着应用的不同而不同，随着用户提出的质量要求不同而不同。用户主要感兴趣的是如何使用软件、软件性能和使用软件的效果。通常，用户关心软件的以下一些特性。

(1) 软件是否具有所需要的功能。

(2) 软件可靠程度如何。

(3) 软件效率如何。

(4) 软件使用是否方便。

(5) 环境开放的程度如何(即对环境、平台的限制，与其他软件连接的限制)。

1.2.2 质量模型

目前，围绕软件质量模型的研究主要分为两个方向：一是根据经验提出软件质量模型；二是给出一种构建软件质量模型的方法。前者主要是建立各种通用的质量模型来描述软件或信息系统，从而对软件的质量进行预测、度量及评估，其中有人把质量分解成各种因素，有人把质量分成多个层次。但是，过去的这些质量模型总是想要以单个的模型广泛地应用于所有软件和信息系统的开发。很明显，这与质量本身的特征多样性是相背驰的。因此，如何针对具体的软件或信息系统建立合适的软件模型依然是一个开放的课题。后者主要是提供了如何建立质量模型的方法，包括如何建立质量属性之间的联系以及如何分析质量属性等。

迄今为止，研究人员已经建立了多个质量模型来帮助理解、度量和预测软件的质量，这些模型是研究人员根据多年的软件工程的实践经验提出的，是有效地组织质量保证活动的基础。目前，主流的软件质量模型分为层次模型和关系模型两类。比较著名的层次模型包括 McCall 模型、Boehm 模型 和 ISO 9126 质量模型；比较著名的关系模型包括 Perry 模型和 Gillies 模型。

McCall模型是最早的质量模型之一，属于层次模型。J. A. McCall等将其模型分为因素、准则、计量三层，并对软件质量因素进行了研究。他们认为，软件质量是正确性、可靠性、效率等构成的函数，而正确性、可靠性、效率等被称为软件质量因素或软件质量特征，其表现了系统可见的行为化特征。每一因素又由一些准则来衡量，而准则是跟软件产品和设计相关的质量特征的属性。例如，正确性由可跟踪性、完全性、相容性来判断；每一准则又由一些定量化指标来计量，指标是捕获质量准则属性的度量。McCall认为软件质量可从两个层次去分析，其上层是外部观察的特性；下层是软件内在的特性。McCall定义了软件外部质量特性，称为软件的质量要素，这些质量特性分别是面向软件产品的运行、修正和转移的，如图1-1所示，它们是正确性、可靠性、易用性、效率、完整性、可维护性、可测试性、灵活性、互联性、可移植性和复用性。同时，还定义了软件的内部质量特征，称为软件的质量属性，它们是完备性、一致性、准确性、容错性、简单性、模块性、通用性、可扩充性、工具性、自描述性、执行效率、存储效率、存取控制、存取审查、可操作性、培训性、通信性、软件系统独立性、机器独立性、通信通用性、数据通用性和简明性，软件的内部质量属性通过外部的质量要素反映出来。然而，实践证明以这种方式获得的结果会有一些问题。例如，本质上并不相同的一些问题有可能会被当成同样的问题来对待，导致通过模型获得的反馈也基本相同。这就使得指标的制定及其定义的结果变得难以评价。

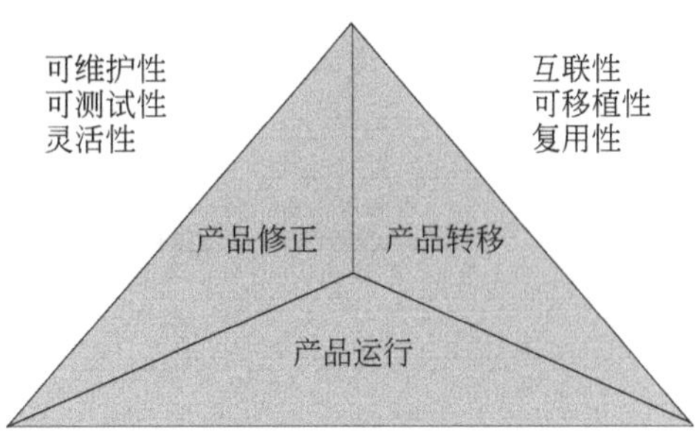

图 1-1 McCall 质量模型

Boehm模型是由Boehm等在1978年提出的质量模型，在表达质量特征的层次性方面与McCall模型非常类似，如图1-2所示。Boehm提出的概念的成功之处在于它包含了硬件性能的特征，这在McCall模型中是没有的。但是，其中与McCall模型类似的问题依然存在。

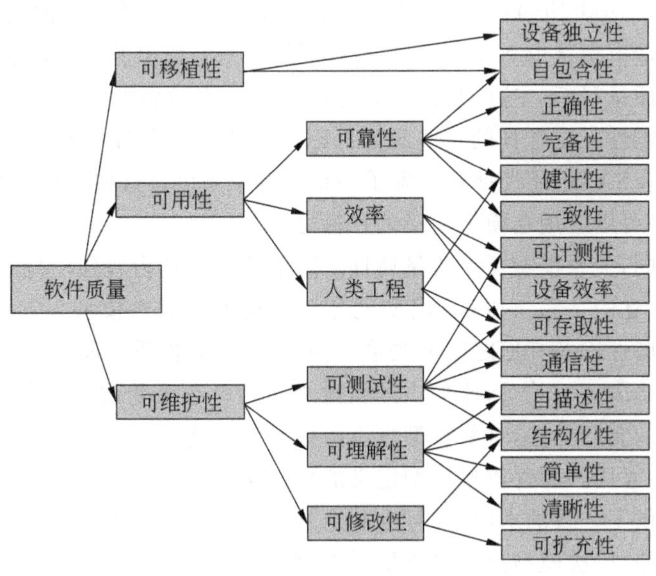

图 1-2 Boehm 质量模型

ISO 9126 质量模型是另一个著名的质量模型,它描述了一个由两部分组成的软件产品质量模型。一部分指定了内在质量和外在质量的 6 个特征,如图 1-3 所示,它们还可以再继续分成更多的子特征。这些子特征在软件作为计算机系统的一部分时会明显地表现出来,并且会成为内在的软件属性的结果。而另一部分则指定了使用中的质量属性,如图 1-4 所示,它们是与针对 6 个软件产品质量属性的用户效果联合在一起的。下面是 ISO 9126 质量模型给出的软件的 6 个质量特征。

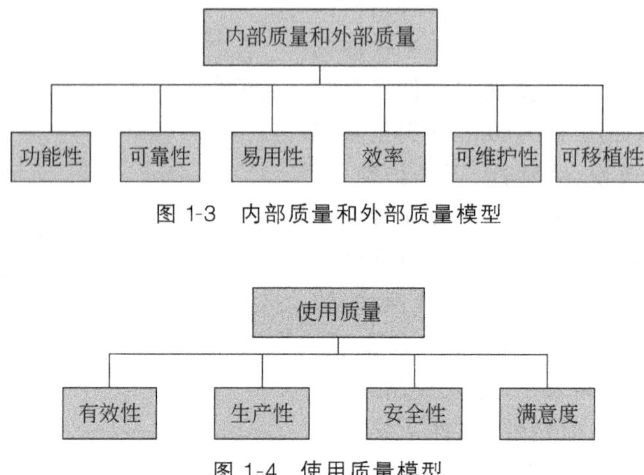

图 1-3 内部质量和外部质量模型

图 1-4 使用质量模型

(1) 功能性(functionality):软件是否满足了客户功能要求。

(2) 可靠性(reliability):软件是否能够一直在一个稳定的状态上满足可用性。

(3) 易用性(usability):衡量用户能够使用软件需要多大的努力。

(4) 效率(efficiency):衡量软件正常运行需要耗费多少物理资源。

(5) 可维护性(maintainability):衡量对已经完成的软件进行调整需要多大的努力。

(6) 可移植性(portability):衡量软件是否能够方便地部署到不同的运行环境中。

SATC 软件质量模型是由 NASA 的软件保证技术中心提出的,它遵循 ISO 9126 的结构,也定义了一系列的质量目标。这些目标与软件产品和过程的属性相关,这些属性揭示了能够达到上述目标的可能性。它选择的这些质量目标既封装了面向过程的质量指标,也封装了面向产品的传统指标。SATC 还选择和开发了一系列标准来度量这些属性。这些标准是与质量属性相关联的,并且可以应用在模型定义的目标之上。

与层次模型不同,关系模型反映质量属性之间关系的表达力较强,它们能够描述质量属性之间正面、反面或中立的关系。Perry 模型就是一个典型的关系模型。它使用一张二维的表格来表达各个质量属性以及它们之间的关系。但是,对于软件质量属性之间一些更为复杂的、用二维表格无法直接表达的关系,比如质量属性之间的动态可变的相互制约关系或者两个以上的质量属性之间的制约关系,这些模型也不能很好地表达。

总之,以上这些通用的软件质量模型定义的标准被应用于各种软件。那些特征和子特征为软件产品质量提供了一致的术语,并且为制定软件的质量需求和确定软件性能的平衡点指定了一个框架。然而,层次模型由一些质量属性、标准及准则等构成,它们只表达了质量属性之间的一些正面的影响关系,对于那些更复杂的关系它们却无能为力。关系模型虽然能够表达质量属性之间的正面、反面及中立的关系,但对于一些更为复杂的关系则同样无法表达,并且它们还有一个相同的弱点，就是现有的这些质量模型总是试图能够适用于所有类型的软件开发，成为一个通用的模型。然而，软件质量是非常复杂的，很难定义出一个能够适用于所有软件质量度量的模型。每个软件系统都有它自己的特征，在使用质量模型时必须考虑各类应用的特殊需求，并且由于计算机应用的飞速发展，人们需要寻找不仅能够在软件质量管理方面提供有效帮助，而且还能够对软件开发中的其他活动提供相应支持的质量模型。

1.3 软件测试的重要性

软件测试是软件工程的重要部分，是保证软件质量的重要手段。软件无处不在，人们在不同的场合都有可能不知不觉地使用软件，例如日常生活中的手机、智能冰箱、数字彩电、计算机等。在日常使用软件过程中，或多或少会碰到一些不愉快的事情，例如信号显示不对、数据不完整、操作不灵活等，但软件问题有时引起的麻烦还不止这些，造成的危害可能会非常严重。本节通过一系列典型的软件质量问题实例，阐述一个简单又重要的道理——软件测试非常重要。

1.3.1 软件所带来的悲剧

软件本身特有的性质决定了只要软件存在一个很小的错误，就有可能带来灾难性的后果。虽然这种情况不是很多，但一旦发生，则后果会很严重。这里介绍几个典型的例子，如千年虫、"冲击波"计算机病毒、火星登陆事故、爱国者导弹防御系统和放射性机器系统等。

1. 千年虫

20 世纪 70 年代，程序员为了节约非常宝贵的内存资源和硬盘空间，在存储日期时，只保留年份的后两位，如 1980 被存为 80。但是，这些程序员万万没有想到他们的程序会一直被用到 2000 年，当 2000 年到来时，就会出现问题。比如银行存款程序在计算利息时，应该用现在的日期 2000 年 1 月 1 日减去当时存款的日期，如 1989 年 1 月 1 日，结果应该是 11 年，如果本金 100 元，年利率 3%，11 年后银行要付给顾客 138.42 元。如果程序没有纠正年份只存储两位的问题，其存款年数就变为－89 年，变成顾客反要付给银行 1388.39 元。所以，当 2000 年快要来到的时候，为了这样一个简单的设计缺陷，全世界付出了几十亿美元的代价。

2. "冲击波"计算机病毒

新浪科技引用《商业周刊》网站在"网络安全"专题中的文章，对"冲击波"计算机病毒进行了分析。2003 年 8 月 11 日，"冲击波"计算机病毒首先在美国发作，使美国的政府、企业及个人用户的成千上万台计算机受到攻击。随后，"冲击波"病毒很快在 Internet 上广泛传播，中国、日本和欧洲的一些国家也相继受到攻击，结果使十几万台邮件服务器瘫痪，给整个 Internet 通信带来惨重损失。

制造"冲击波"病毒的黑客仅仅用了 3 周时间就制造了这个恶毒的程序。"冲击波"病毒仅仅是利用微软公司 Messenger Service 中的一个缺陷，攻破计算机安全屏障，使基于 Windows 操作系统的计算机崩溃。该缺陷几乎影响当前所有微软 Windows 系统，甚至使安全专家产生更大的忧虑：独立的黑客将很快找到利用该缺陷控制大部分计算机的方法。随后，微软公司不得不紧急发布补丁包，修正这个缺陷。

3. 火星登陆事故

仅仅由于两个测试小组单独进行测试，没有很好沟通，缺少一个集成测试的阶段，结果导致 1999 年美国宇航局的火星基地登陆飞船在试图登陆火星表面时突然坠毁失踪。质量管理小组观测到故障,并认定出现误动作的原因极可能是某一个数据位被意外更改。什么情况下这个数据位被修改了?又为什么没有在内部测试时发现呢?

从理论上看,登陆计划是这样的:在飞船降落到火星的过程中,降落伞将被打开,减缓飞船的下落速度。降落伞打开后的几秒钟内,飞船的3条腿将迅速撑开,并在预定地点着陆。当飞船离地面1800m时,它将丢弃降落伞,点燃登陆推进器,在余下的高度缓缓降落地面。

美国宇航局为了省钱,简化了确定何时关闭推进器的装置。为了替代其他太空船上使用的贵重雷达,在飞船的脚上装了一个廉价的触点开关,在计算机中设置一个数据位来关掉燃料。飞船的脚若不"着地",引擎就会点火。不幸的是,质量管理小组在事后的测试中发现,当飞船的脚迅速撑开准备着陆时,机械震动在大多数情况下也会触发着地开关,设置错误的数据位。设想飞船开始着陆时,计算机极有可能关闭推进器,而火星登陆飞船下坠1800m后冲向地面,必然会撞成碎片。

为什么会出现这样的结果?原因很简单。登陆飞船经过了多个小组测试。其中一个小组测试飞船的脚落地过程,但从没有检查那个关键的数据位,因为那不是这个小组负责的范围;另一个小组测试着陆过程的其他部分,但这个小组总是在开始测试前重置计算机、清除数据位。双方本身的工作都没什么问题,就是没有合在一起测试,其接口没有被测试,而问题就出自这里,后一个小组没有注意到数据位已被错误设定。

4. 爱国者导弹防御系统

美国爱国者导弹防御系统是主动战略防御(即星球大战)系统的简化版本,它首次被用在第一次海湾战争对抗伊拉克飞毛腿导弹的防御作战中,总体上看效果不错,赢得各界的赞誉。但它还是有几次失利,没有成功拦截伊拉克飞毛腿导弹,其中一枚在沙特阿拉伯多哈爆炸的飞毛腿导弹造成28名美国士兵死亡。分析专家发现,拦截失败的症结在于一个软件缺陷,当爱国者导弹防御系统的时钟累计运行超过14h后,系统的跟踪系统就不准确。在袭击多哈时,爱国者导弹防御系统运行时间已经累计超过100h,显然那时系统的跟踪系统已经很不准确,从而造成这种结果。

5. 放射性机器系统

由于放射性治疗仪Therac-25中的软件存在缺陷,导致几个癌症病人受到非常严重的过量放射性治疗,其中4人因此死亡。一个独立的科学调查报告显示:即使在加拿大原子能公司(Atomic Energy of Canada Limited,AECL)已经处理了几个特定的软件缺陷,这种事故还是发生了。造成这种低级但致命错误的原因是缺乏软件工程实践,一个错误的想法是软件的可靠性依赖于用户的安全操作。

1.3.2 其他一些例子

除了上述一些实例外,还有一些相对影响较小的由于软件缺陷而造成的事例,软件缺陷给企业带来经济上或商业名誉上巨大的损失。下面介绍几个曾经给北京奥组委和美国迪士尼、微软、英特尔等公司造成损失的例子。

1. 奥运售票系统瘫痪

2007年10月30日上午9时,北京2008年奥运门票第二阶段预售工作正式启动。由于采取的是"先到先得"的售票策略,短时间内庞大的需求几乎压垮售票系统。从2007年10月30日上午11时起,整个售票系统瘫痪:中国银行现场售票点排起长队,票务网站几乎不受理购票要求,电话售票则长时间占线。据了解,官方票务网站的浏览量在第一个小时达到800万次，每秒从网上提交的门票申请超过 20 万张；票务呼叫中心热线从 9 点到 10 点的呼入量超过了 200 万人次。这一流量超出了票务销售系统的数据处理能力。此前，票务系统已经做过多次压力测试，票务系统每小时将能处理 3 万张门票的销售，以及承担 100 万次/时以上的网上浏览量，原本以为这可以确保承受启动时期的压力。访问量过大，票务销售系统数据处理能力相对不足，造成各售票渠道出现售票速度较慢、暂时不能登录系统的情况。

这是一个典型的由对需求估计不足，没有对售票系统进行充分性能测试和压力测试导致系统在上线后很快就因负载压力过大而瘫痪的情况。

2. 迪士尼的圣诞节礼物

1994 年圣诞节前夕，迪士尼公司发布了第一个面向儿童的多媒体光盘游戏《狮子王童话》。尽管此前已有不少公司在儿童计算机游戏市场上运作多年，但对迪士尼公司而言，还是第一次进军该市场。由于迪士尼公司的著名品牌和事先的大力宣传及良好的促销活动，市场销售情况非常不错，该游戏成为父母为孩子过圣诞节的必买礼物。但结果却出人意料，1994 年 12 月 26 日，圣诞节后的第一天，迪士尼公司的客户支持部电话开始响个不停，不断有人咨询、抱怨为什么游戏总是安装不成功或没法正常使用。很快，电话支持部门就淹没在愤怒家长的责问声和玩不成游戏孩子们的哭诉之中，报纸和电视开始不断报道此事。

后来证实，迪士尼公司没有对当时市场上的各种个人计算机(PC)机型进行完整的系统兼容性测试，只是在几种 PC 机型上进行了相关测试。所以，这个游戏软件只能在少数系统中正常运行，但在大众使用的其他常见系统中却不能正常安装和运行。

3. 丹佛新机场启用推迟 16 个月

美国丹佛新国际机场希望建成为现代的机场，它将拥有复杂的、计算机控制的、自动化的包裹处理系统。不幸的是，在包裹处理系统中存在一个严重的程序缺陷，居然出现自动包裹车往墙里面钻，导致行李箱被撞碎的现象。

结果，机场启用推迟 16 个月，使得预算超过 32 亿美元，并且废弃这个自动化的包裹处理系统，而使用手工处理包裹系统。

4. Windows 2000 安全漏洞

微软公司曾经承认，Windows 2000 操作系统远程服务中存在 7 个漏洞，并发布了相应的补丁软件进行修补。微软远程服务是一种用于远程登录到大学、政府机关以及其他机关网站的系统或邮件服务器上的协议。Windows 2000 内运行的远程服务软件所出现的安全漏洞可能导致出现 3 种截然不同的安全隐患——拒绝服务、权限滥用、信息泄露。安全漏洞可能会导致 DOS 攻击，使得系统无法向合法用户提供远程登录服务。而另外两种安全缺陷更严重，都涉及系统管理权限，有可能帮助攻击者通过键盘输入的一个系统功能在无须登录的情况下完全控制 Windows 2000 系统。这样攻击者便可以在计算机上执行任意操作，包括在计算机上添加用户、安装或删除系统组件、添加或删除软件、破坏数据或执行其他操作。

美国军方在 2002 年 3 月 18 日证实，微软网络软件中一个原来未知的缺陷让一名攻击者控制了美国国防部服务器的公开接口。Windows 2000 中的这个缺陷使微软公司的安全团队大吃一惊，因为没有一名安全研究人员曾经发现这个问题。在通常情况下，发现缺陷的安全研究人员或黑客会公布缺陷详情，或者将问题报告提交给软件制作者。

5. 英特尔奔腾芯片缺陷

在计算机的“计算器”程序中输入以下算式：

$$(4195835/3145727)\times 3145727-4195835$$

如果答案是 0,就说明该计算机浮点运算没问题;如果答案不是 0,就表示计算机的浮点除法存在缺陷。1994 年,英特尔奔腾 CPU 芯片就曾经存在这样一个软件缺陷,而且被大批生产出来卖给用户,最后,英特尔为自己处理软件缺陷的行为道歉并拿出 4 亿多美元来支付更换坏芯片。可见这个软件缺陷造成的损失有多大。

这个缺陷是美国 Thomas R. Nicely 博士发现的。他在奔腾 PC 上做除法实验时记录了一个没想到的结果。他把发现的问题放到 Internet 上,随后引发了一场风暴,成千上万的人发现了同样的问题,以及其他得出错误结果的情形。万幸的是,这种情况很少见,仅仅在进行精度要求很高的数学、科学和工程计算中才导致错误。大多数进行财会管理和商务应用的用户不会遇到此类问题。

6. 赛门铁克安全软件的缺陷

安全软件制造商赛门铁克公司曾通知客户,使用该公司联机安全检测服务的用户有可能下载了一个带有缺陷的 ActiveX 控件。该控件有可能被入侵者利用并侵入受害者的计算机。安全检测服务的目的是帮助人们锁定系统并安装一个 ActiveX 控件以对计算机进行扫描。但在扫描后仍存留在计算机中的这个 ActiveX 控件存在一个内存缺陷。该缺陷会被攻击者利用并进入计算机。

后来该问题已经得到了较好的解决,赛门铁克公司已经用一款新的软件替换和覆盖了原来的软件。

1.4 软件缺陷与软件故障

1.4.1 软件缺陷的定义

从上述的案例中可以看到,软件发生错误时将造成灾难性危害或者对用户产生各种影响。在这些事件中,显然软件未按预期目标运行。作为软件测试员,可能会发现大多数缺陷不如上面所列举的实例那么明显,而对于一些简单而细微的错误,很难做到能够区分哪些是真正的错误,哪些不是错误。软件存在的各种问题都称为软件缺陷或软件故障。在英文中,人们喜欢用一个不贴切但已经专用的词 Bug 表示。

软件缺陷是指计算机系统或者程序中存在的任何一种破坏正常运行能力的问题、错误,或者隐藏的功能缺陷、瑕疵。缺陷会导致软件产品在某种程度上不能满足用户的需要。对于软件缺陷的准确定义,通常有以下 5 条描述。

(1) 软件未实现产品说明书要求的功能。

(2) 软件出现了产品说明书指明不会出现的错误。

(3) 软件实现了产品说明书未提到的功能。

(4) 软件未达到产品说明书虽未明确指出但应该实现的目标。

(5) 软件难以理解,不易使用,运行缓慢,或者终端用户认为不好。

为了更好地理解每一条规则,下面以计算器为例进行说明。

计算器的产品说明书,声称它能够准确无误地进行加、减、乘、除运算。当拿到计算器后按下加号“+”键,结果什么反应也没有,根据第(1)条规则,这是一个缺陷。假如得到错误答案,根据第(1)条规则,这同样是一个缺陷。

若产品说明书声称计算器永远不会崩溃、锁死或停止反应。当任意按下键盘,计算器停止接收输入,根据第(2)条规则,这是一个缺陷。

若用计算器进行测试,发现除了加、减、乘、除之外它还可求平方根,说明书中从没提到这一功能,根据第(3)条规则,软件实现了产品说明书未提到的功能,这也是软件缺陷。

若在测试计算器时发现电池没电会导致计算不正确,但产品说明书未指出这个问题,根据第(4)条规则,这也是个缺陷。

如果软件测试员发现某些地方不对劲,无论什么原因都要认定为缺陷。如等号"="键布置的位置极其不好按,或在明亮光下显示屏难以看清,根据第(5)条规则,这些都是缺陷。

美国商务部国家标准和技术研究所(NIST)进行的一项研究表明,软件中的 Bug 每年给美国经济造成的损失高达 595 亿美元,说明软件中存在的缺陷所造成的损失是巨大的,这从反面又一次证明软件测试的重要性。如何尽早彻底地发现软件中存在的缺陷是一项非常复杂,而且需要创造性和高度智慧的工作。同时,软件的缺陷是软件开发过程中的重要属性,反映软件开发过程中需求分析、功能设计、用户界面设计、编程等环节所隐含的问题,也为项目管理、过程改进提供了许多信息。

1.4.2 软件缺陷产生的原因

软件缺陷的产生是不可避免的,但可以从技术问题、团队工作和软件本身等多方面进行分析。现将比较容易确定造成软件缺陷的原因归纳如下。

1) 技术问题

(1) 算法错误。

(2) 语法错误。

(3) 计算和精度问题。

(4) 系统结构不合理,造成系统性能问题。

(5) 接口参数不匹配出现问题。

2) 团队工作

(1) 系统分析时对客户的需求不是十分清楚,或者和用户的沟通存在一些困难。

(2) 不同阶段的开发人员理解不一致,软件设计人员对需求分析结果的理解有偏差,编程人员对系统设计规格说明书中的某些内容重视不够或存在着误解。

(3) 设计或编程上的一些假定或依赖性,没有得到充分沟通。

3) 软件本身

(1) 文档错误、内容不正确或拼写错误。

(2) 数据考虑不周全引起强度或负载问题。

(3) 对边界考虑不够周全,漏掉某几个边界条件造成的错误。

(4) 对一些实时应用系统,应保证精确的时间同步,否则容易引起时间上不协调、不一致带来的问题。

(5) 没有考虑系统崩溃后在系统安全性、可靠性方面的隐患。

(6) 硬件或系统软件上存在的错误。

(7) 软件开发标准或过程上的错误。

1.4.3 软件缺陷的组成

软件缺陷是由很多原因造成的,如果把它们按需求分析结果——规格说明书、系统设计、编写代码等进行归类,比较后会发现规格说明书是软件缺陷出现最多的地方,如图 1-5 所示。

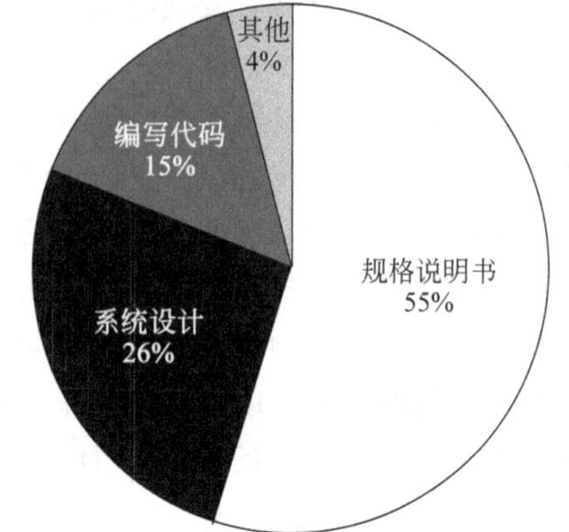

图 1-5 软件缺陷构成

软件产品的规格说明书为什么是软件缺陷存在最多的地方,主要原因有以下几种。

(1) 用户一般是非计算机专业人员,软件开发人员和用户的沟通存在较大困难,对要开发的产品功能理解不一致。

(2) 由于软件产品还没有设计、开发,完全靠想象去描述系统的实现结果,所以有些特性还不够清晰。

(3) 需求变化的不一致性。用户的需求总是在不断变化的,这些变化如果没有在产品规格说明书中得到正确的描述,容易引起前后文、上下文的矛盾。

(4) 对规格说明书不够重视,在规格说明书的设计和写作上投入的人力和时间不足。

(5) 没有在整个开发队伍中进行充分沟通,有时只有设计师或项目经理得到比较多的信息。

1.4.4 软件缺陷的修复费用

软件缺陷造成的修复费用呈指数级增长。软件缺陷发现得越早,则修复这个缺陷的代价就越小,在需求、设计、编码、测试、发布等不同的阶段,发现缺陷后修复的代价都会比在前一个阶段修复的代价高 10 倍左右。当早期编写产品说明书时发现并修复缺陷,费用只要 1 美元甚至更少。同样的缺陷如果直到软件编写完成、开始测试时才发现,费用可能要 10～100 美元。如果是客户发现的,费用可能达到数千美元甚至数百万美元。图 1-6 给出了软件缺陷修复成本趋势图。

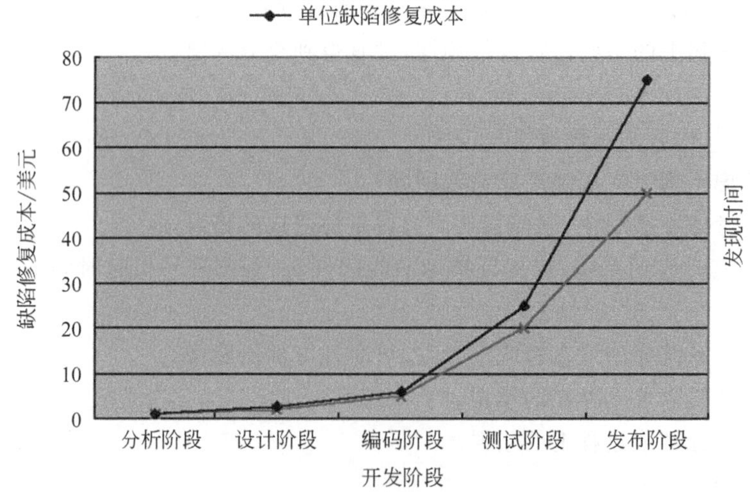

图 1-6 软件缺陷修复成本趋势图

1.5 软件测试

1.5.1 软件测试的定义

随着软件应用领域越来越广泛，其质量问题也日益受到人们的重视。质量保证能力的强弱，直接影响着软件业的生存与发展。软件测试是一个成熟软件企业不可或缺的重要能力，是软件生命周期中一项非常重要且非常复杂的工作，对软件可靠性保证具有极其重要的意义。与此同时，由于人的主观认识常常难以完全符合客观实际，与工程密切相关的各类人员之间的沟通和配合也不可能完美无缺，因此，对于软件来讲，不论采用什么样的技术和方法，软件中都会存在缺陷(更确切地应称为隐性缺陷)。即使标准商业软件里也存在缺陷，只是严重的程度有所不同而已。虽然采用新的编程语言，先进敏捷的开发方式，完善的流程管理可以很大程度地减少缺陷的引入，但最终还是难以杜绝。

除此之外，由于软件缺陷所带来的高额修复费用使人们不得不将项目开发的30%～50%的精力用于测试。据不完全统计，尤其在一些涉及生命科学领域的大型软件的测试上，所花的时间往往是其他软件工程活动时间的3～5倍。可以这样打个比方，软件测试好比工厂流水线中的质量检验部门，对软件产品的阶段性和整体性的质量进行进一步的检测和缺陷的排查(当然软件测试不仅仅是这些)，并修正缺陷，从而达到产品质量的保证。由此可见，软件测试在产品的生存周期中的作用举足轻重。

到底什么是软件测试呢？对于这一基本概念，人们在很长一段时间里有着不同的认识。

1979年，G. J. Myers在他的经典著作《软件测试之艺术》(*The Art of Software Testing*)中给出了软件测试的定义：程序测试是为了发现错误而执行程序的过程。

1983年，IEEE(国际电子电气工程师协会)提出的软件工程标准术语中给软件测试下的定义是：使用人工或自动手段来运行或测定某个系统的过程，其目的在于检验它是否满足规定的需求或是弄清预期结果与实际结果之间的差别。该定义蕴含的含义：①是不是满足既定的需求；②是不是有所差别。如果有差别，说明设计或实践的过程中存在故障，就不会满足既定的需求。也就是说，这一定义强调了软件测试是以检验软件是否满足需求为目标的。

1983年，软件测试领域的先驱Dr. Bill Hetzel对软件测试进行了定义：评价一个程序和系统的特性或能力，并确定它是否达到预期的结果。软件测试就是以此为目的的任何行为。

综上所述，人们对于软件测试的理解是不断深入的，又是从不同的角度加以诠释的。但总的可以理解为：软件测试是在一个可控的环境中分析或执行程序的过程；是对软件产品进行的验证和确认的具体活动过程，其目的在于尽快、尽早地发现软件产品在整个开发过程周期中存在的各种缺陷，提高软件的质量，以评估软件的质量是否达到可发布水平；是帮助识别开发完成(中间或最终版本)的计算机软件(整体或部分)的正确度(correctness)、完全度(completeness)和质量(quality)的软件过程。

1.5.2 软件测试的目的

软件测试的目的决定了如何去组织测试。如果测试的目的是尽可能多地找出错误，那么测试就应该直接针对软件比较复杂的部分或者以前出错比较多的位置。如果测试目的是给最终用户提供具有一定可信度的质量评价，那么测试就应该直接针对在实际应用中会经常用到的商业假设。

在谈到软件测试时，许多人都引用 G. J. Myers 在《软件测试之艺术》(*The Art of Software Testing*)一书中的观点：①软件测试是为了发现错误而执行程序的过程；②测试是为了证明程序有错，而不是证明程序无错误；③一个好的测试用例在于它能发现至今未发现的错误；④一个成功的测试是发现了至今未发现的错误的测试。

这种观点可以提醒人们测试要以查找错误为中心，而不是为了演示软件的正确功能。但是，仅凭字面意思理解这一观点可能会产生误导，认为发现错误是软件测试的唯一目的，查找不出错误的测试就是没有价值的，事实并非如此。

首先，测试并不仅仅是为了要找出错误。通过分析错误产生的原因和错误的分布特征，可以帮助项目管理者发现当前所采用的软件过程的缺陷，以便改进。同时，这种分析也能帮助人们设计出有针对性的检测方法，改善测试的有效性。

其次，没有发现错误的测试也是有价值的，完整的测试是评定测试质量的一种方法。详细而严谨的可靠性增长模型可以证明这一点。总之，测试的目的是要证明程序中有错误存在，并且是最大可能地尽早找出最多的错误。测试不是为了显示程序是正确的，而是应该从软件包含缺陷和故障这个假定去进行测试活动，并从中尽可能多地发现问题。实现这个目的的关键是如何合理地设计测试用例。在设计测试用例时，要着重考虑那些易于发现程序错误的方法策略与具体数据。

软件测试是以发现软件缺陷为目的，并为发现缺陷而执行程序的过程。软件测试的目的就是发现软件缺陷，尽可能早一些，并确保其得以修复。

1.5.3 软件测试的原则

从用户的角度考虑，借助软件测试充分暴露软件中存在的缺陷，从而考虑是否接受该产品；从开发者的角度考虑，软件测试能表明软件已经正确地实现了用户的需求，达到软件正式发布的规格要求。

软件测试的对象不仅包括对源程序的测试，而且开发阶段的文档(例如用户需求规格说明书、概要设计说明书、详细设计说明书等)都是软件测试的重要对象。在整个软件测试过程中，应该努力遵循以下原则。

(1) 尽早开展预防性测试。测试工作进行得越早，就越有利于软件产品的质量提升和成本的降低。由于软件的复杂性和抽象性，在软件生命周期的各阶段都有可能产生错误，所以软件测试不应是独立于开发阶段之外的，而应该是贯穿软件开发的各个阶段之中。确切地说，在需求分析和设计阶段，就应该开始进行测试工作了，只有这样才能充分地保证尽可能多且尽可能早地发现缺陷并及时修正，以避免缺陷或错误遗留到下一个阶段，从而提高软件质量。

(2) 可追溯性。所有的测试都应该追溯到用户需求。软件测试揭示软件的缺陷，一旦修复这些缺陷就能更好地满足用户需求；如果软件实现的功能不是用户所期望的，将导致软件测试和软件开发做了无用功。而这种情况在具体的工程实际中确实时有发生。

(3) 投入/产出原则。根据软件测试的经济成本观点，在有限的时间和资源下进行完全的测试即找出软件所有的错误和缺陷是不可能的，也是软件开发成本所不允许的，因此软件测试不能无限制地进行下去，应该适时终止。不充分的测试是不负责任的，而过分的测试是一种资源的过度浪费，同样是一种不负责任的表现。所以在满足软件质量标准的同时，应确定质量的投入/产出比。

(4) 80/20 原则。测试实践表明：系统中 80%左右的缺陷主要来自 20%左右的模块/子系统，所以应当花较多的时间和精力测试那些具有更多缺陷数目的程序模块/子系统。

(5) 回归测试。由于修改了原来的缺陷，将可能导致更多缺陷的产生。因此，在修改缺陷后，应集中对软件可能受影响的模块/子系统进行回归测试，以确保修改缺陷后不引入新的软件缺陷。

(6) 请独立的软件测试机构或委托第三方测试，可避免开发人员一边开发，一边测试的情况出现。由于思维定式和心理因素等原因，开发工程师难以发现自己的错误，揭露自己程序中的错误也是一件非常困难的事情。因此，软件测试的环节一般应由独立的测试部门或第三方机构进行，但同时需要软件开发工程师的积极参与。

1.5.4 软件测试与质量保证

规范的软件测试一般包括测试计划的创建、测试用例的设计、执行测试、更新测试文档等。软件质量保证(software quality assurance，SQA)的目的是使软件开发过程对管理人员来说是可见的。质量保证的目标是以独立审查方式，从第三方的角度监控软件开发任务的执行，以及软件项目是否遵循已定的计划、标准和规程，给开发人员和管理层提供反映产品和过程的信息和数据，提高项目透明度，同时辅助软件工程组取得高质量的软件产品。

概括地说，有了 SQA，测试工作就可以被客观地检查和评价，同时也可以协助测试流程的改进。而软件测试为 SQA 提供数据和依据，帮助 SQA 更好地了解质量计划的执行情况。

软件测试与质量保证的相同点在于：都是贯穿于整个软件开发生命周期的。二者的不同点在于：SQA 侧重于对流程中各过程的管理与控制，是一项管理工作，侧重于流程和方法，而软件测试是对流程中各过程管理与控制策略的具体执行和实施，其对象是软件产品(包括阶段性的产品)。即软件测试是对软件产品的检验，是一项技术性的工作。软件测试常常被认为是质量控制的最主要手段。

1.6 软件测试模型

软件测试模型是软件测试工作的框架，它描述了软件测试过程中所包含的主要活动以及这些活动之间的相互关系。通过测试模型，软件测试工程师及相关人员可以了解测试何时开始、何时结束，测试过程中主要包含哪些活动以及需要哪些资源等。

软件测试是和软件开发紧密联系的，在进行测试时需要根据软件项目的测试目的、所采用的开发过程模型和组织条件等，选择合适的测试模型。

下面结合开发过程介绍几种常用的软件测试模型。

1.6.1 瀑布模型

在整个软件项目阶段，软件测试的瀑布模型分为测试计划、需求分析、概要设计、详细设计、软件编码、软件测试、运行和维护几个阶段，并像瀑布一样，自顶向下执行各个步骤。每个步骤都要在上一个步骤执行完成以后才能进行，如图 1-7 所示。瀑布模型反映了人们早期对软件工程的认识水平，是人们所熟悉的一种线性思维的体现。瀑布模型强调阶段的划分及其顺序性、各阶段工作及其文档的完备性，是一种严格线性的、按阶段顺序的、逐步细化的开发模式。

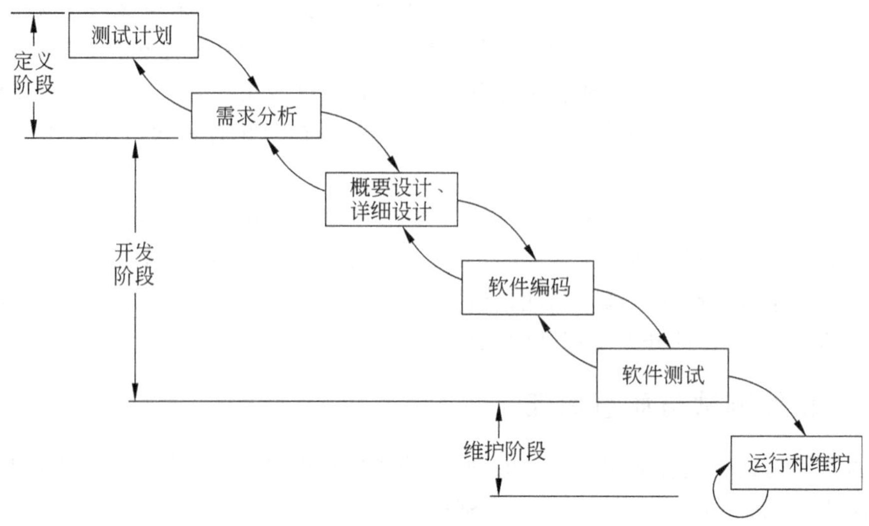

图 1-7 软件测试的瀑布模型

在瀑布模型中各项活动严格按照线性方式进行，当前活动接受上一项活动的工作结果，实施完成所需的工作内容。当前活动的工作结果需要进行验证，如果验证通过，则该结果作为下一项活动的输入，继续进行下一项活动，否则返回修改。瀑布模型强调文档的作用，并要求每个阶段都要仔细验证。

瀑布模型的优点：

(1) 为项目提供了按阶段划分的检查点，如测试计划、需求分析、概要设计、详细设计、编码、测试、运行和维护等。

(2) 当前一阶段完成后，只需关注后续阶段。

但瀑布模型的线性过程太过理想化，也存在一些缺点：

(1) 在项目各个阶段之间极少有反馈。

(2) 只有在项目生命周期的后期才能看到结果，测试作为靠后的阶段，要后期才能介入开发过程中，并且只在开发中占有一小段位置。

(3) 通过过多的强制完成日期和里程碑来跟踪各个项目阶段。

1.6.2 V 模型

软件测试的 V 模型即快速应用开发(rapid application development，RAD)模型。由于其模型构图形似字母 V，故称 V 模型，是属于线性顺序一类的软件开发模型。它通过使用基于构件的开发方法来缩短产品开发的周期，提高开发的速度。V 模型实现的前提是能做好需求分析，并且项目范围明确。V 模型包含如下几个开发阶段。

(1) 业务建模：业务活动中的信息流被模型化。通过回答以下问题来实现：什么信息驱动业务流程？生成什么信息？谁生成该信息？该信息流往何处？谁处理它？

(2) 数据建模：业务建模阶段定义的一部分信息流被细化，形成一系列支持该业务所需的数据对象。标识出每个对象的属性，并定义这些对象间的关系。

(3) 处理建模：将数据建模阶段定义的数据对象变换成要完成一个业务功能所需的信息流。创建处理描述以便增加、修改、删除或获取某个数据对象。

(4) 应用生成：RAD 过程不是采用传统的第三代程序设计语言来创建软件，而是使用 4GL 技术或软件自动化生成辅助工具，复用已有的程序构件(如果可能)或是创建可复用的构件(如果需要)。

(5) 测试及反复：因为 RAD 过程强调复用，许多程序构件已经是测试过的，这减少了测试时间，但新构件必须测试，所有接口也必须测到。

软件测试的 V 模型如图 1-8 所示。显然，加在一个 RAD 项目上的时间约束需要有"一个可伸缩的范围"。如果一个商业应用能够被模块化，使得其中每一个主要功能均可以在不到 3 个月的时间内完成(使用上述的方法)，它就是 RAD 的一个候选件。每一个主要功能可由一个单独的 RAD 组来实现，最后集成起来形成一个整体。

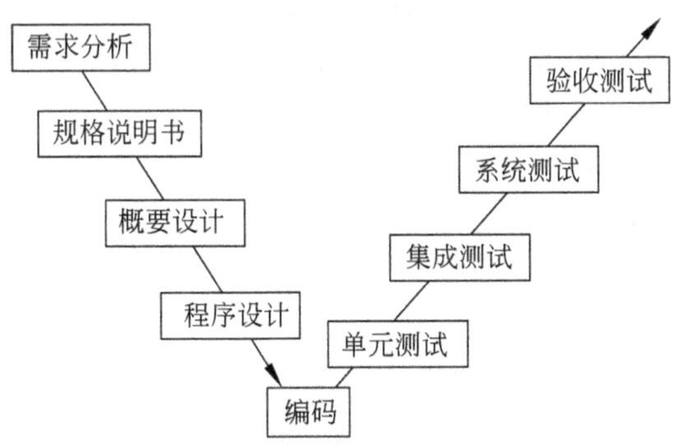

图 1-8 软件测试的 V 模型

软件测试的 V 模型还有一种改进型，将"编码"从 V 字形的顶点移到左侧，和单元测试对应，从而构成水平的对应关系，如图 1-9 所示。

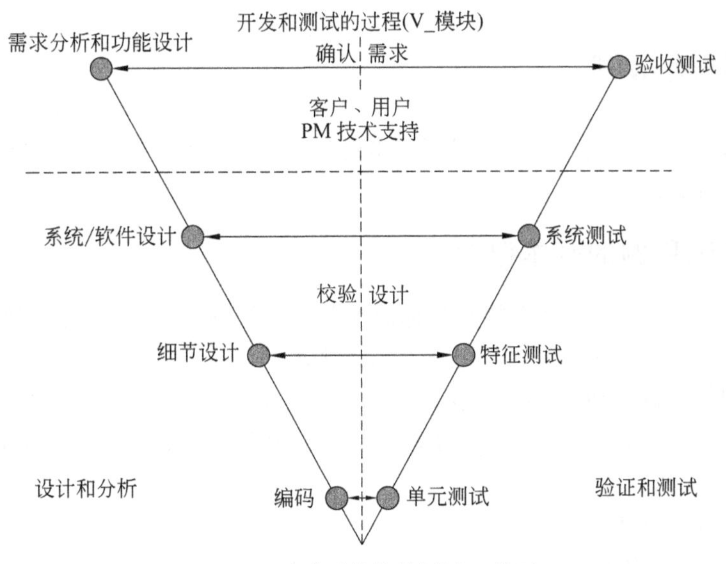

图 1-9 改进后的软件测试 V 模型

下面通过水平和垂直对应关系的比较，使用户能更清楚、全面地了解软件开发过程的特性。

1）从水平对应关系看

图 1-9 垂直虚线左侧是设计和分析，右侧是验证和测试。右侧是对左侧结果的检验，即对设计和分析的结果进行测试，以确认是否满足用户的需求。例如：

（1）需求分析和功能设计对应验收测试，说明在做需求分析、产品功能设计的同时，测试人员就可以阅读、审查需求分析的结果，从而了解产品的设计特性、用户的真正需求，可以准备用例（use case）。

（2）当系统设计人员在做系统设计时，测试人员可以了解系统是如何实现的，基于什么样的平台，这样可以事先准备系统的测试环境，包括硬件和第三方软件的采购。因为这些准备工作，实际上要很长时间才能完成。

（3）在做详细设计时，测试人员就可以准备测试用例。

（4）一面编程，一面进行单元测试，是一种很有效的办法，使我们可以尽快找出程序中的错误。充分的单元测试可以大幅度提高程序质量、减少成本。

从图 1-9 可以看出，RAD 模型避免了瀑布模型所带来的误区——软件测试是在代码完成之后进行。RAD 模型说明软件测试的工作很早就可以开始了，项目一启动，软件测试的工作也就启动了。

2）从垂直方向看

水平虚线上部表明，其需求分析、功能设计和验收测试等主要工作是面向用户的，要和用户进行充分的沟通和交流，或者和用户一起完成。相对来说，水平虚线下部的大部分工作都是技术工作，在开发组织内部进行，由工程师完成。所以，V 模型一般适合信息系统应用软件的开发，而不适合高性能、高技术风险或不易模块化的系统开发。如果一个系统难以被适当地模块化，那么就很难建立 RAD 所需的构件；如果系统具有高性能的指标，且该指标必须通过调整接口使其适应系统构件才能达到，使用 RAD 方法可能会导致整个项目失败。

1.7 软件测试用例

一个好的软件测试用例可以发现尽可能多的软件缺陷，而一个成功的软件测试用例会发现从未发现的软件缺陷。

1.7.1 测试用例的基本概念

测试用例（test case）是为某个特殊目标而编制的一组测试输入、执行条件和预期结果，以便测试某个程序路径或者核实是否满足某个特定需求。

关于测试用例，目前通常的说法是：对一项特定的软件产品进行测试任务的描述，体现测试方案、方法、技术和策略，其内容包括测试目标、测试环境、输入数据、测试步骤、预期结果、测试脚本等，并形成文档。

测试用例具有的特征：

（1）是最有可能抓住错误的。

（2）不是重复的、多余的。

（3）是一组相似测试用例中最有效的。

（4）既不是太简单，也不是太复杂的。

（5）有效的，可执行的，有期望结果的。

不同类别的软件，测试用例是不同的。测试用例是针对软件产品的功能、业务规则和业务处理所设计的测试方案。对软件的每个特定功能或运行操作路径的测试，构成了一个个测试用例。

随着中国软件业的日益壮大和逐步成熟，软件测试也在不断发展——从最初的由软件编程人员兼职测试到软件公司组建独立的专职测试部门；测试工作也从简单测试演变为包括编制测试计划、编写测试用例、准备测试数据、编写测试脚本、实施测试、测试评估等多项内容的正规测试；测试方式则由单纯手工测试发展为手工与自动兼之，并有向第三方专业测试公司发展的趋势。

1.7.2 软件测试用例的作用

测试用例是执行的最小实体。简单地说，测试用例就是设计一个场景，使软件程序在这种场景下，必须能够正常运行并且达到程序所设计的执行结果。

测试用例构成了设计和制定测试过程的基础。测试的“深度”与测试用例的数量成比例。由于每个测试用例反映不同的场景、条件或经由产品的事件流，因而随着测试用例数量的增加，对软件产品质量和测试流程也就越有信心。

判断测试是否完全的一个主要评测方法是基于需求的覆盖，而这又是以确定、实施和执行的测试用例的数量为依据的。类似下面说明“95%的关键测试用例已得以执行和验证”，远比“我们已完成 95%的测试”更有意义。

测试工作量与测试用例的数量成比例。测试设计和开发的类型以及所需的资源主要受控于测试用例。测试用例通常根据其所关联关系的测试类型或测试需求来分类，而且随类型和需求进行相应地改变。最佳方案是为每个测试需求至少编制两个测试用例：一个测试用例用于证明该需求已经满足，通常称作正面测试用例；另一个测试用例反映某个无法接受、反常或意外的条件或数据，用于论证只有在所需条件下才能满足该需求，这个测试用例称作负面测试用例。

1.7.3 测试用例的设计及原则

测试用例是为某个特定的测试目标而设计的，它是测试操作过程序列、条件、期望结果即相关数据的一个特定的集合。在实际的工程中，测试用例通常包括：①用例 ID(test case ID)；②用例名称(test case name)；③测试目标(test target)；④测试级别[test level(test phase, ST,SIT,UAT…)]；⑤测试对象(test objective)；⑥测试环境(test environment)；⑦前提条件(prerequisites/dependencies/assumptions)；⑧测试步骤(test steps/test script)；⑨预期结果(expected result)；⑩设计人员(designer)；⑪ 执行人员(tester)；⑫ 实际的结果/测试的结果(actual result/test result)；⑬ 相关的需求和功能模块，需求描述(requirement description)；⑭ 测试数据(test data)；⑮测试结果的状态(反应测试是否成功)[test case status (passed,failed,hold,attention; also case use colors)]。其中，测试目标、测试对象、测试环境、前提条件、测试步骤、预期结果和测试数据必须给出。

1. 测试用例的设计

设计测试用例时，需要有清晰的测试思路，对要测试什么、按照什么顺序测试、覆盖哪些需求做到心中有数。测试用例编写者不仅要掌握软件测试的技术和流程，而且要对被测软件的设计、功能规格说明、用户试用场景以及程序/模块的结构都有比较透彻的理解。测试用例设计一般包括以下几个步骤。

1）测试需求分析

从软件需求文档中找出待测试软件/模块的需求，通过自己的分析、理解整理成测试需求，清楚被测试对象具有哪些功能。测试需求的特点是：包含软件需求，具有可测试性。

测试需求应该在软件需求基础上进行归纳、分类或细分，方便测试用例设计。测试用例中的测试集与测试需求的关系是多对一的关系，即一个或多个测试用例集对应一个测试需求。

2）业务流程分析

软件测试不单纯是基于功能的黑盒测试，还需要对软件的内部处理逻辑进行测试。为了不遗漏测试点，需要清楚地了解软件产品的业务流程。建议在做复杂的测试用例设计前，先画出软件的业务流程。如果设计文档中已经有业务流程设计，可以从测试角度对现有流程进行补充。如果无法从设计中得到业务流程，测试工程师应通过阅读设计文档，与开发人员交流，最终画出业务流程图。业务流程图可以帮助理解软件的处理逻辑和数据流向，从而指导测试用例的设计。

从业务流程上应得到：①主流程是什么？②条件备选流程是什么？③数据流向是什么？④关键的判断条件是什么？

3）测试用例设计

完成测试需求分析和软件流程分析后，就可以开始着手设计测试用例。测试用例设计的类型包括功能测试、边界测试、异常测试、性能测试、压力测试等。在用例设计中，除了功能测试用例外，应尽量考虑边界、异常、性能的情况，以便发现更多的隐藏问题。

如果从功能性测试和非功能性测试的目标进行设计，常用到的框架如图 1-10 所示。

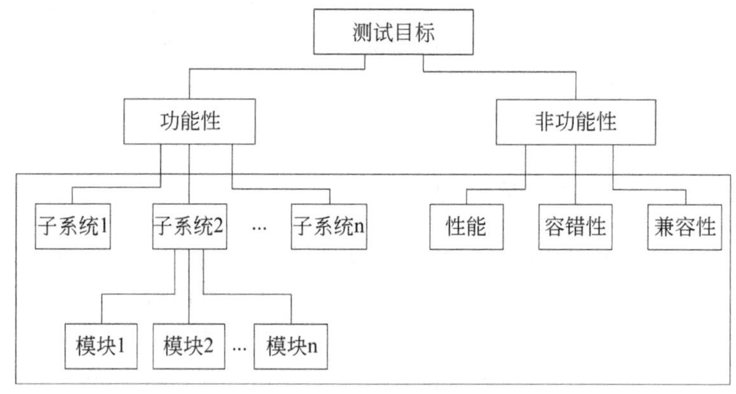

图 1-10　软件测试用例框架示意图

4）测试用例评审

测试用例设计完成后，为了确认测试过程和方法是否正确，是否有遗漏的测试点，需要进行测试用例的评审。测试用例评审一般由测试经理安排，参加的人员包括测试用例设计者、测试经理、项目经理、开发工程师以及其他相关开发测试工程师。测试用例评审完毕，测试工程师根据评审结果对测试用例进行修改，并记录修改日志。

5）测试用例更新完善

测试用例编写完成之后需要不断完善，软件产品新增功能或更新需求后，测试用例必须配套修改更新。在测试过程中发现设计测试用例时考虑不周，需要对测试用例进行修改完善；在软件交付使用后客户反馈的软件缺陷，而缺陷又是因测试用例存在漏洞造成的，也需要对测试用例进行完善。一般小的修改完善可在原测试用例文档上修改，但文档要有更改记录。若软件的版本升级更新，则测试用例一般也应随之编制升级更新版本。

2. 测试用例设计的原则

测试用例设计中应尽可能遵守下列原则。

(1) 测试用例的代表性：能够代表并覆盖各种合理的和不合理的、合法的和非法的、边界的和越界的，以及极限的输入数据、操作和环境设置等。

(2) 测试结果的可判定性：测试执行结果的正确性应是可判定的，每一个测试用例都应有相应的期望结果。

(3) 测试结果的可再现性：对同样的测试用例，系统的执行结果应当是相同的。

1.7.4 测试用例设计实例

例 1-1 对 Windows 记事本程序进行测试，选取其中的一个：

(1) 测试项——文件菜单栏的测试；

(2) 测试对象——记事本程序文件菜单栏（测试用例标识 10000，下同）。

所包含的子测试用例：文件|新建(1001)、文件|打开(1002)、文件|保存(1003)、文件|另存为(1004)、文件|页面设置(1005)、文件|打印(1006)、文件|退出(1007)。

选取其中的一个子测试用例——文件|退出(1007) 作为例子，测试用例如表 1-1 所示。

表 1-1 测试用例示例

字段名称	描述
标识符	1007
测试项	记事本程序，“文件”菜单栏中的“文件”|“退出”命令的功能测试
测试环境要求	Windows 2000 Professional 中文版
输入标准	(1) 打开记事本程序，不输入任何字符，单击“文件”|“退出”命令。 (2) 打开记事本程序，输入一些字符，不保存文件，单击“文件”|“退出”命令。 (3) 打开记事本程序，输入一些字符，保存文件，单击“文件”|“退出”命令。 (4) 打开一个记事本文件(＊.txt)，不做任何修改，单击“文件”|“退出”命令。 (5) 打开一个记事本文件，修改后不保存，单击“文件”|“退出”命令
输出标准	(1) 记事本未做修改，单击“文件”|“退出”命令，能正确地退出应用程序，无提示信息。 (2) 记事本做修改未保存或者另存，单击“文件”|“退出”命令，会提示“未定标题文件的文字已经改变，想保存文件吗?”单击“是”按钮，Windows 将打开“保存”/“另存为”对话框；单击“否”按钮，文件将不被保存并退出记事本程序；单击“取消”按钮，将返回记事本窗口
测试用例间的关联	无

1.8 软件测试人员应具备的素质

工程实际中的测试工作往往枯燥乏味，只有热爱测试工作才能做好测试工作。作为一名优秀的软件测试工程师应该具有以下素质。

(1) 沟通能力。一名理想的测试者必须能够同测试所涉及的所有人进行沟通,具有与技术人员(开发者)和非技术人员(客户、管理人员)的交流能力。既要和用户谈得来,又能同开发人员说得上话。测试小组的成员必须能够同等地同用户和开发者沟通,和用户谈话的重点应放在系统可以正确地处理什么和不可以处理什么上。与开发者谈相同的信息时,应重新组织语言,站在如何完善软件开发的角度进行交流。

(2) 移情能力。与系统开发有关的所有人员,都会处在一种既关心又担心的状态中。用户担心将来使用一个不符合自己要求的系统;开发者则担心由于系统要求不正确而不得不重新开发整个系统;管理部门则担心这个系统突然崩溃而使其声誉受损。测试者必须和每一类人打交道,因此需要测试小组的成员对每个人都能足够理解。只有具备了这种能力,才可以将测试人员与相关人员之间的冲突和对抗减少到最低程度。

(3) 技术能力。开发人员有时会对那些不懂技术的人持一种轻视的态度。一旦测试小组的某个成员做出了一个错误的断定,那么他们的可信度就会立刻被传扬出去。一个测试者必须既明白被测软件系统的概念,又要会使用工程中的工具。要做到这一点,测试者至少需要有多年的编程经验。前期的开发经验可以帮助测试者对软件开发过程有较深入的理解,从开发人员的角度正确地评价测试者,简化自动测试工具编程的学习曲线。

(4) 自信心。开发者指责测试者出了错是常有的事,测试者必须对自己的观点有足够的自信心。

(5) 外交能力。当想告诉某开发人员出错了时,测试者就需要使用一些外交方法。外交方法有助于维护与开发人员的协作关系。如果采取的方法过于强硬,对测试者来说,在以后和开发部门的合作方面就相当于“赢了战争却输了战役”。

(6) 幽默感。在遇到狡辩的情况下,一个幽默的批评是很有帮助的。

(7) 耐心。一些质量保证工作需要耐心。有时需要花费惊人的时间去分离、识别和更正一个错误,这些工作是那些坐不住的人无法胜任的。

(8) 洞察力。一个好的测试工程师要具有“测试是为了破坏”的观点,具备捕获用户观点的能力、强烈的质量追求能力及对细节的关注能力。

本章小结

本章重点介绍了软件测试的必要性以及软件测试的相关概念。在此基础上,介绍了软件质量和具体工程领域常用的软件测试模型。围绕软件测试工作介绍了测试的目的、原则及其与质量保证之间的关系。最后,给出了软件测试人员应该着重培养的素质要求。

习　　题

1. 什么是软件测试?软件测试的目的和意义是什么?
2. 软件测试和软件质量保证有什么关系?
3. 什么是软件质量?软件质量与哪些因素有关?
4. 常用到的软件测试模型有哪些?
5. 软件测试人员需要具备哪些素养?

第2章 "艾斯医药商务系统"项目案例概述

学习目的与要求

本书采用先进的"**项目驱动式**"教学法，通过完整的"艾斯医药商务系统"项目贯穿软件测试的学习过程。"艾斯医药商务系统"在完成初步开发后存在各种质量问题，不论是代码规范、功能和性能上都存在缺陷。这个项目的测试过程将会贯穿在之后的各个章节中结合相关知识点详细讲解和实现。这里先介绍这个项目的背景知识。

本章主要内容

- 项目需求分析。
- 项目结构分析。
- 项目运行指南。
- 测试需求说明。

"艾斯医药商务系统"是由亚思晟科技有限公司开发并实施的一个基于网络的应用软件。通过它能了解到已公开发布的商品，可以对需要的商品进行采购，包括查询商品、购买商品、下订单等流程，方便快捷地完成购物过程。为了配合本书的使用，使读者更好地理解软件测试过程，这里提供一个不完善、待测试的版本。这个版本涉及 Java Web 中的 JSP、Servlet 和 JavaBean 等技术。下面简单介绍这个案例。

2.1 项目需求分析

"艾斯医药商务系统"包括用户管理、商品浏览、商品查询、购物管理和后台管理等模块。其中，用户管理负责用户注册及用户登录；登录成功的用户可以浏览商品，查询特定商品的信息；购物管理对选中的商品进行购买，包括加入购物车和生成订单；后台管理处理从购物网站转过来的订单，并进行商品管理和用户管理。

1. 用户登录管理

1）注册用户信息

（1）对于新用户，单击“注册”按钮，进入用户注册页面。

（2）填写相关注册信息，* 为必填项；填写完成后单击“确定”按钮。

（3）弹出“注册成功”对话框，即成功注册。

2）用户登录验证

（1）对于已注册的用户，进入用户登录页面，如图 2-1 所示。

（2）填写您的用户名和密码。

（3）单击“登录”按钮。

（4）用户名和密码正确，登录成功，进入电子商务网站。

图 2-1　用户登录页面

2. 浏览商品

网站的商品列表列出当前网站所有的商品名称。当用户单击某一商品名称时，会列出该商品的详细信息，包括商品名称、商品编号、图片等，如图 2-2 所示。

编号	名称	catalogno	MDLNumber	价格	库存	图片	购买
001	2018-11-28	西药	ss	45	100		购买
004	2017-2-1	生化药	ee	24	100		购买
005	2017-7-1	保健	dd	38	120		购买
008	2016-5-8	维生素	dd	97	520		购买
006	2018-12-16	西药	null	45	14		购买
009	uuu	aaaaa	ddd	55	3		购买

图 2-2　浏览商品页面

3. 查询商品

用户可以在网站的商品查询页面选择查询条件，输入查询关键字，单击“查询”按钮可以查看网站是否有此商品，如图 2-3 所示。系统将查找结果(如果有此商品，返回商品的详细信息；如果没有，返回当前没有此商品的信息)反馈给用户。

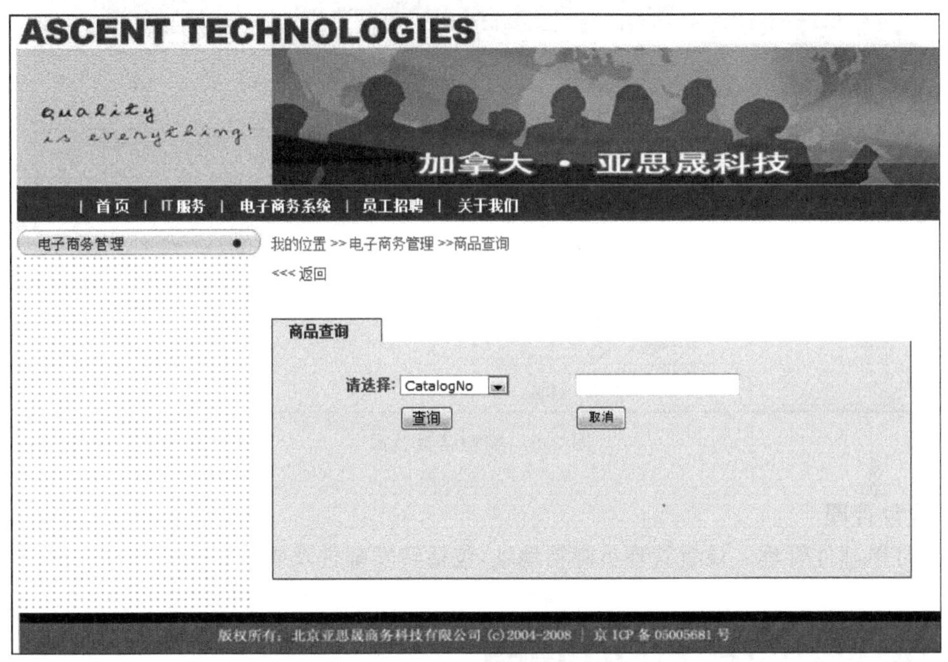

图 2-3 查找商品页面

4. 购物管理

(1) 用户可以在浏览商品时添加此商品到购物车，可以随时查看自己的购物车，可以添加或删除购物车中的商品，也可以修改商品购买量，如图 2-4 所示。

图 2-4 购物车管理页面

(2) 添加完毕可以选择继续购物或结算。如果选择结算，要填写一个购物登记表，如图 2-5 所示。该表包括购物人姓名、地址、E-mail、所购商品的列表等内容。

图 2-5 购物结算页面

5. 后台管理

(1) 订单邮件管理。设置管理员邮箱地址,包括转发邮件及管理员接收邮件地址,如图 2-6 所示。

图 2-6 邮件管理页面

(2) 商品管理页面如图 2-7 所示。

① 添加商品:添加商品的各项信息和图片的上传等。

② 修改商品:修改商品的信息。

③ 批量添加商品:以 Excel 文件形式的批量添加。

④ 删除商品:管理员对商品进行删除操作。

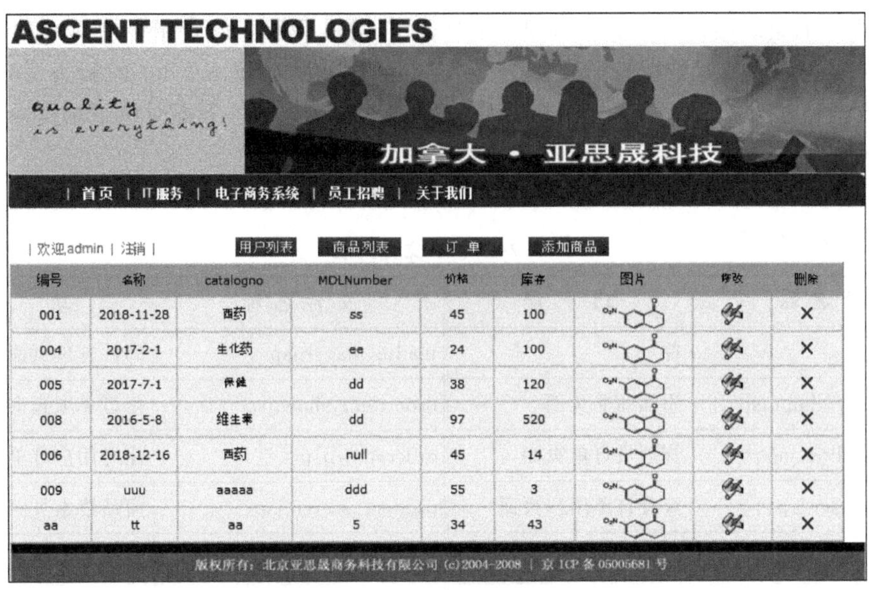

图 2-7 商品管理页面

(3) 用户管理页面如图 2-8 所示。

图 2-8 用户管理页面

① 用户修改：用户各项信息的修改。

② 用户权限管理：管理员对用户进行权限的授权。

③ 用户分配商品：管理员给高权限注册用户进行商品分配，分配的商品可以显示价格等高权限项。

④ 用户删除：管理员对用户进行删除操作，该删除为“软删除”，还可以恢复操作。

2.2 系统结构分析

本项目使用基于 Servlet/JSP/JavaBean 的 MVC(Model-View-Controller)框架开发。其中，JSP 处理前端的显示，Servlet 作为控制器，而 JavaBean 用来处理数据。

应用程序的组织结构可以分为5部分：Web应用根目录下放置用于前端展现的JSP文件、com.ascent.bean放置数据持久化类、com.ascent.servlet放置Servlet控制类、com.ascent.dao放置数据存取类、com.ascent.util放置帮助类和一些其他类。下面对组织结构中的各部分分别进行介绍。

(1) JSP文件如表2-1所示，表中列出了每个JSP文件实现的功能。

表2-1 JSP文件列表

文件名称	功能	文件名称	功能
index.jsp	首页	mailmamager.jsp	邮件管理页面
add_products_admin.jsp	添加商品页面	orderitem_show.jsp	修订单项查询页面
admin_ordarshow.jsp	管理员订单页面	ordershow.jsp	注册用户订单查看页面
admin_orderuser.jsp	查看订单用户页面	product_search.jsp	商品搜索页面
admin_products_show.jsp	管理员管理商品页面	products_search_show.jsp	商品搜索结果页面
carthow.jsp	购物车管理页面	products_showusers.jsp	注册用户管理页面
changesuperuser.jsp	修改用户角色页面	products.jsp	电子政务介绍页面
checkout.jsp	结算页面	register.jsp	注册页面
checkoutsucc.jsp	结算成功页面	regist_succ.jsp	注册成功页面
contactus.jsp	联系我们页面	update_products_admin.jsp	修改商品信息页面
employee.jsp	管理员添加用户页面	updateproductuser.jsp	修改用户信息页面
itservice.jsp	修改项目类别页面	error.jsp	错误页面

(2) Servlet中包括的控制器文件如表2-2所示。

表2-2 Servlet中的控制器文件列表

文件名称	功能	文件名称	功能
LoginServlet.java	用户登录控制器	ProductServlet.java	商品管理控制器
MailServlet.java	邮件管理控制器	ShopCartServlet.java	购物管理控制器
OrderServlet.java	订单管理控制器	UserManagerServlet.java	用户管理控制器

(3) JavaBean包括的类文件如表2-3所示。

表2-3 JavaBean中的类文件列表

文件名称	功能	文件名称	功能
Mailtb.java	邮件类	Product.java	商品类
Orderitem.java	订单项类	Productuser.java	用户类
Orders.java	用订单类	UserProduct.java	用户和商品类

(4) Util 中的类文件如表 2-4 所示。

表 2-4 Util 中的类文件列表

文件名称	功　　能
SetCharacterEncodingFilter.java	将提交过来的信息中的特殊字符进行处理类
DataAccess.java	数据库连接类
DatabaseConfigParser.java	解析数据库配置文件类
XMLConfigParser.java	解析 XML 类
SendMail.java	发送邮件类
ShopCart.java	购物车类
AuthImg.java	验证码生成类

(5) DAO 数据存取类文件如表 2-5 所示。

表 2-5 DAO 数据存取类文件列表

文件名称	功　　能
LoginDAO.java	处理登录和登出业务的类
MailDAO.java	处理邮件管理相关功能的类
OrderDAO.java	处理订单管理的类(删除、修改和询等)相关
ProductDAO.java	处理商品管理相关功能的类
UserManagerDAO.java	处理用户管理相关功能的类

数据库表结构可参考脚本文件 ascent.sql。

2.3 项目运行指南

(1) 所需要的环境：①MySQL 8.0.19；②Tomcat 8.5.34；③集成开发环境(IDE)为 MyEclipse 2017 CI 7。

注意：这些软件的版本很重要，版本太高或太低都可能带来部署和运行问题。请读者特别留意，需要和以上软件的版本保持一致！

(2) 创建数据库：首先需要建立数据库并导入数据。具体步骤如下。

① 启动 MySQL 命令行，输入正确的数据库密码，按回车键进入 MySQL，如图 2-9 所示。

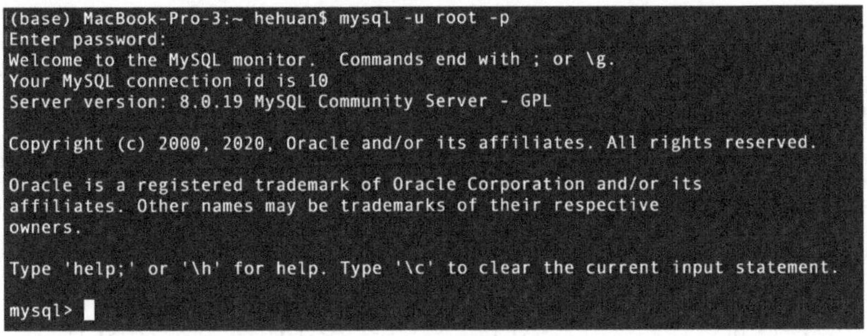

```
(base) MacBook-Pro-3:~ hehuan$ mysql -u root -p
Enter password:
Welcome to the MySQL monitor.  Commands end with ; or \g.
Your MySQL connection id is 10
Server version: 8.0.19 MySQL Community Server - GPL

Copyright (c) 2000, 2020, Oracle and/or its affiliates. All rights reserved.

Oracle is a registered trademark of Oracle Corporation and/or its
affiliates. Other names may be trademarks of their respective
owners.

Type 'help;' or '\h' for help. Type '\c' to clear the current input statement.

mysql> 
```

图 2-9　进入 MySQL

② 创建 ascent 数据库，并使用 ascent 数据库，如图 2-10 所示。

③ 执行导入命令

```
mysql> source /Users/hehuan/Desktop/ascent.sql;
```

其中，/Users/hehuan/Desktop/ascent.sql 是 SQL 脚本，可以把它放在任意目录下，本例放在/Users/hehuan/Desktop 下，按 Enter 键执行导入命令，具体如图 2-11 所示。

```
mysql> create database ascent;
Query OK, 1 row affected (0.01 sec)

mysql> use ascent;
Database changed
```

图 2-10　创建并使用 ascent 数据库

```
Query OK, 0 rows affected (0.00 sec)

Query OK, 0 rows affected (0.00 sec)

Query OK, 0 rows affected (0.00 sec)

Query OK, 0 rows affected (0.00 sec)

Query OK, 0 rows affected (0.00 sec)

Query OK, 0 rows affected (0.00 sec)

Query OK, 0 rows affected (0.00 sec)

Query OK, 0 rows affected (0.00 sec)

Query OK, 0 rows affected (0.00 sec)

Query OK, 0 rows affected (0.00 sec)

mysql>
```

图 2-11　导入数据

成功导入后，数据库建立成功。读者也可以使用 MySQL GUI 客户端进行类似操作。

(3) 将 Ascent.war 解压后的 Ascent 文件夹复制到 tomcat\webapps 下，找到 tomcat\webapps\Ascent\WEB-INF\classes\database.conf.properties 文件，打开并修改 dataSource 相关信息为自己的数据库信息。

database.conf.properties 内容如下：

```
dataSource.driver=com.mysql.cj.jdbc.Driver
dataSource.url=jdbc:mysql://localhost:3306/ascent?useUnicode=
true&ampcharacterEncoding=gb2312&ampuseSSL=false&ampserverTimezone=UTC
dataSource.user=数据库用户名
dataSource.password=数据库密码
```

修改完成，工程就可以启动运行了。

注意：在修改过程中不要破坏 database.conf.properties 文件格式，否则项目无法正常启动。

如果遇到以下错误：

The server time zone value '?й???????' is unrecognized or represents more than one time zone. You must configure either the server or JDBC driver (via the 'serverTimezone' configuration property) to use a more specific time zone value if you want to utilize time zone support.

at com.mysql.cj.jdbc.exceptions.SQLError.createSQLException(SQLError.java:129)

解决方法：修改数据库时区，如图 2-12 所示。

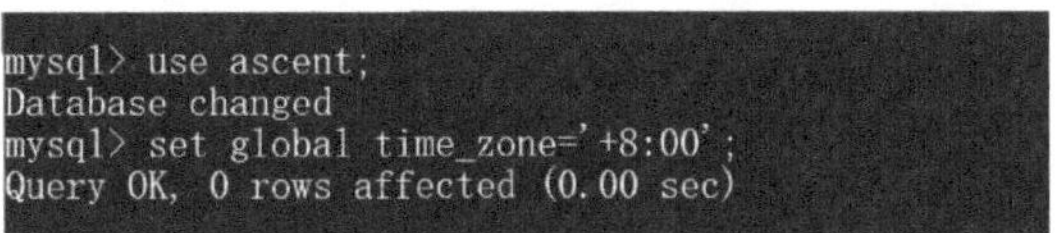

```
mysql> use ascent;
Database changed
mysql> set global time_zone='+8:00';
Query OK, 0 rows affected (0.00 sec)
```

图 2-12 修改数据库时区

(4) 启动 Tomcat，输入 http://localhost:8080/Ascent，项目正确启动并可运行。

(5) 管理员用户名为 admin，密码为 123456，登录试运行。

(6) 用户还可以作为普通人员登录网站试运行。

常见的用户实际名字、登录名和密码信息如表 2-6 所示。

具体信息可查询数据库中的 productuser 表。

表 2-6 用户信息

登录名	密码
lixing	lixing
ascent	ascent
shang	shang

2.4 案例测试需求

上述提供的“艾斯医药商务系统”在完成初步开发后存在各种质量问题，不论是代码规范、功能和性能上都存在缺陷。接下来各章将结合“艾斯医药商务系统”项目案例，从软件测试计划开始，针对黑盒测试、白盒测试、单元测试、集成测试、系统测试、验收测试及软件测试管理等不同方法和阶段，详细介绍软件测试流程中必备而实用的测试原理、技术和实施技巧。

本章小结

本章介绍了“艾斯医药商务系统”的需求分析、项目结构、运行指南和测试需求说明。这个项目的测试过程将会贯穿在之后的各个章节中结合相关知识点详细讲解和实现。

习　　题

1. “艾斯医药商务系统”包括哪些主要模块？
2. “艾斯医药商务系统”的 Web 应用程序组织结构可以分为哪几部分？
3. “艾斯医药商务系统”的测试需求是什么？

第3章 软件测试计划与策略

学习目的与要求

本章介绍软件测试计划与软件测试策略的基本概念。通过本章的学习，能够掌握软件测试计划制订的原则、内容和标准及其软件测试策略等。要求学会如何制订软件测试计划，需要重点掌握软件测试策略，以及软件测试和软件开发过程的关系。

本章主要内容

- 软件测试计划。
- 软件测试策略。
- 软件测试过程。
- 软件测试与软件开发过程。
- 软件自动化测试概述。

3.1 软件测试计划

软件测试是有计划、有组织和有系统的软件质量保证活动，而不是随意的、松散的、杂乱的实施过程。为了规范软件测试内容、方法和过程，在对软件进行测试之前，必须创建测试计划，编写软件测试计划文档，以保证软件测试的有效、顺利进行。测试计划描述了如何进行测试。有效的测试计划会驱动测试工作的完成，使测试执行、测试分析以及测试报告的工作开展更加顺利。

软件测试计划是整个开发计划的重要组成部分，同时又依赖于软件产品开发过程、项目的总体计划、质量保证体系。在测试计划活动中，首先要确认测试目标、范围和需求，然后制定测试策略，并对测试任务、时间、资源、成本和风险等进行估算或者评估。测试计划是为了解决项目的测试目标、任务、方法、资源、进度和风险等问题，当这些问题解决或找到相应的解决对策和措施后，就是编制好测试计划文档。测试计划是一个过程，不仅仅是编制一个测试文档，还必须随项目情况的变化而不断进行调整，以便优化资源和提高测试效率。

在《ANSI/IEEE 软件测试文档标准 829—1983》中，测试计划被定义为："一个叙述了预定的测试活动的范围、途径、资源及进度安排的文档。它确认了测试项、被测特征、测试任务、人员安排，以及任何偶发事件的风险。"

软件测试计划是指导测试过程的文件，包含了产品概述、测试策略、测试方法、测试区域、测试配置、测试周期、测试资源、测试交流和风险分析等内容。借助软件测试计划，参与测试的项目成员（尤其是测试管理人员）可以明确测试任务和测试方法，保持测试实施过程的顺畅沟通、跟踪和控制测试进度，应对测试过程中的各种变更。

测试计划描述了所有要完成的测试工作，包括被测试项目的背景、目标、范围、方式、资源、进度安排、测试组织以及与测试有关的风险等。

编写测试计划具有以下好处。

（1）使软件测试工作进行更顺利。一般讲"预则立"，计划便是软件测试工作的预先安排，为整个测试工作指明方向。

（2）促进项目参加人员彼此沟通。测试人员能够了解整个项目测试情况以及项目测试不同阶段所要进行的工作等。这种形式使测试工作与开发工作紧密地联系起来。

（3）使软件测试工作更易于管理。领导能够根据测试计划做宏观调控，进行相应资源配置等；其他人员了解测试人员的工作内容，进行有关配合工作。按照这种方式，资源变更成为可控制的风险。

3.1.1 制订测试计划的原则

通常，在测试需求分析前编制总体测试计划书，在测试需求分析后编制详细测试计划书。测试计划的编写是一项系统工作，编写者必须对项目了解，对测试工作所接触到的方方面面都要有系统的把握，因此一般情况下由具有丰富经验的项目测试负责人进行编写。在编制测试计划时，应该遵循以下原则。

（1）制订测试计划应尽早开始。尽早进行测试计划，就可以从最根本的地方去了解所要测试的对象及内容，对完善测试计划很有好处。

（2）保持测试计划的灵活性。测试计划不是固定的，在测试进行过程中会有一定的变动，测试计划的灵活性为持续测试提供了很好的支持。

（3）保持测试计划简洁和易读。测试计划制订出来后应该能够让测试人员明白自己的任务和计划。避免测试计划的"大而全"，即测试计划文档应包含详细的测试技术指标、测试步骤和测试用例，避免篇幅冗长且重点不突出。最好把详细的测试技术指标包含到独立创建的测试详细规格文档中，把用于指导测试小组执行测试过程的测试用例，放到独立创建的测试用例文档或测试用例管理数据库中。

（4）尽量争取多渠道评审测试计划。通过不同的人来发现测试计划中的不足及缺陷，可以很好地改进测试计划的质量。

（5）计算测试计划的投入。投入测试中的项目经费是有一定限额的，制订测试计划时一定要注意测试计划的费用情况，要量力而行。

3.1.2 制订测试计划

软件测试必须以一个好的测试计划为基础。尽管测试的每一个步骤都是独立的，但是必定要有一个起到框架结构作用的测试计划。测试计划应该作为测试的起始步骤和重要环节。一个测试计划应包括产品基本情况调研、测试需求说明、测试策略和记录、测试资源配置、计划表、问题跟踪报告、测试计划的评审等。

1）产品基本情况调研

这部分应包括产品的一些基本情况介绍，例如产品的运行平台和应用的领域，产品的特点和主要功能模块等。对于大的测试项目，还要包括测试的目的和侧重点。

2）测试需求说明

这部分要列出所有要测试的功能项。凡是没有出现在清单里的功能项都排除在测试的范围外。万一有一天在一个没有测试的部分里发现了一个问题，应该高兴有了这个记录在案的文档，可以证明自己测了什么，没测什么。具体要点包括以下方面。

（1）功能的测试：理论上测试是要覆盖所有的功能项，例如在数据库中添加、编辑、删除记录等。

（2）设计的测试：对于一些用户界面、菜单的结构、窗体的设计是否合理等的测试。

（3）整体考虑：这部分测试需求要考虑数据流从软件中的一个模块到另一个模块的过程中的正确性。

3）测试策略和记录

这是整个测试计划的重点，描述如何公正客观地开展测试，要考虑模块、功能、整体、系统、版本、压力、性能、配置和安装等因素的影响。要尽可能地考虑到细节，越详细越好，并制作测试记录文档的模板，为即将开始的测试做准备。测试记录主要包括以下部分。

（1）公正性声明：要对测试的公正性、遵照的标准做一个说明，证明测试是客观的。整体上，软件功能要满足需求，实现正确，与用户文档的描述保持一致。

（2）测试案例：描述测试案例是什么样的，采用了什么工具，工具的来源是什么，如何执行的，用了什么样的数据。测试记录中要为将来的回归测试留有余地，当然也要考虑同时安装的其他软件对正在测试的软件可能会造成的影响。

（3）特殊考虑：有时针对外界环境的影响，要对软件进行特殊的测试。

（4）经验判断：对在以往的测试中经常出现的问题加以考虑。

（5）设想：采取一些发散性的思维，往往能帮助找到测试的新途径。

4）测试资源配置

制订项目资源配置计划，包含每一个阶段的任务、所需要的资源，当发生类似到了使用期限或者资源共享时，要更新项目资源计划。

5）计划表

测试的计划表可以做成一个或多个项目通用的形式，根据大致的时间来制作，操作流程要以软件测试的常规周期作为参考，也可以根据什么时间测试哪一个模块来制定。

6）问题跟踪报告

在测试的计划阶段，应该明确如何准备去做一个问题跟踪报告，以及如何去界定一个问题的性质。问题跟踪报告要包括问题的发现者和修改者，问题发生的频率，用了什么样的测试案例测出该问题的，以及明确问题产生时的测试环境。

7）测试计划的评审

测试计划的评审又称测试规范的评审。在测试实施开展前，必须认真负责地检查一遍，并获得整个测试部门人员的认同，包括部门的负责人的同意和签字。

3.2 软件测试策略

测试策略是指制定测试整体策略、所使用的测试技术和方法。为了检验开发的软件能否符合规格说明书的要求，测试活动可以采用各种不同的策略。这些策略的区别在于它们表明了不同的出发点、不同的思路，以及采用的不同手段和方法，具体包括要使用的测试技术和工具、测试完成标准、影响资源分配的特殊考虑等。在此，着重讨论要使用的测试技术。

3.2.1 静态测试与动态测试

根据是否运行程序，软件测试技术可分为静态测试与动态测试。

1. 静态测试

静态测试是一种不通过执行程序，只通过检查和审阅而进行测试的技术。可以由人工进行，充分发挥人的逻辑思维优势，也可以借助软件工具自动进行。其关键功能是检查软件的表示和描述是否一致，有没有冲突或者有没有歧义。它瞄准的是纠正软件系统在描述、表示和规格上的错误，是进一步测试的前提。静态测试包括代码检查、静态结构分析、代码质量度量等。经验表明，使用这种方法能够有效地发现 30％～70％的逻辑设计和编码错误。

1）代码检查

代码检查包括代码走查、代码审查等，主要检查代码和设计的一致性，代码对标准的遵循、可读性，代码的逻辑表达的正确性，代码结构的合理性等方面。代码检查可以发现违背程序编写标准的问题，程序中不安全、不明确和模糊的部分，找出程序中不可移植部分、违背程序编程风格的问题，包括变量检查、命名和类型审查、程序逻辑审查、程序语法检查和程序结构检查等内容。

2）编码风格与规范

在程序设计中要使程序结构合理、清晰，形成良好的编程习惯，对程序的要求不仅是可以在机器上执行，给出正确的结果，而且要便于程序的调试和维护，这要求程序员编写的程序不仅自己看得懂，而且也要让别人能看懂。程序如同一篇文章，应该易于被别人看懂，读起来流畅，必要时又容易修改。好的程序设计风格有助于提高程序的正确性、可读性、可维护性、可用性。

好的风格对于好的程序设计具有关键性作用。写好一个程序，当然需要使它符合语法规则、修正其中的错误和使它运行得足够快，但是实际做的远比这多得多。一个写得好的程序比那些写得差的程序更容易读、更容易修改。

3）代码审查

代码走查和代码审查的对比如表 3-1 所示。

代码审查是提高代码质量的良药。代码审查中通常要检查如下几方面的错误。

（1）数据引用错误：是指使用未经正确初始化用法和引用方式的变量、常量、数组、字符串或记录而导致的软件缺陷。例如，变量未初始化，数组和字符串下标越界，对数组的下标操作遗漏[0]，变量与赋值类型不一致，引用的指针未分配内存。

表 3-1 代码走查和代码审查对比

项　目	代码走查	代码审查
准备	通读设计和编码	应准备好需求描述文档、程序设计文档、程序的源代码清单、代码编码标准和代码缺陷检查表
形式	非正式会议	正式会议
参加人员	开发人员为主	项目组成员包括测试人员
主要技术方法	—	缺陷检查表
注意事项	限时、不要现场修改代码	限时、不要现场修改代码
生成文档	会议记录	静态分析错误报告
目标	代码标准规范，无逻辑错误	代码标准规范，无逻辑错误

(2) 数据声明错误：产生的原因是不正确的声明或者使用变量和常量。

(3) 计算错误：计算或运算错误是基本的数学逻辑问题，计算将无法得到预期结果。例如，不同数据类型或数据类型相同但长度不同的变量计算，计算过程中或计算结果溢出，赋值的目的变量上界小于赋值表达式的值，除数/模为 0，变量的值超过有意义的范围(如概率的计算结果不在 0～1 内)。

(4) 比较错误：小于、大于、等于、不等于、真、假，在这些比较和判断时出现的错误很可能是边界条件问题。例如，混淆小于和小于或等于，逻辑表达式中的操作数不是逻辑值，等等。

(5) 控制流程错误：产生该错误的原因是编程语言中循环等控制结构未按预期方式工作，通常由计算或者比较错误直接或间接造成。例如，模块或循环无法终止，存在从未执行的代码，由于变量赋值错误而意外进入循环。

(6) 子程序参数错误：产生该错误的原因是软件子程序不正确地传递了数据。例如，实际传送的参数类型或次序与定义不一致，更改了仅作为输入值的参数。

(7) 输出错误：包括文件读取、接收键盘或鼠标输入以及向打印机或屏幕等输出设备写入错误。例如，软件没有严格遵守外部设备读写数据的专用格式，文件或外设不存在或者未准备好的错误情况发生时没有相应处理，未以预期的方式处理预计错误，错误提示信息不正确或不准确。

(8) 其他检查：包括软件是否使用其他外语，处理字符集的范围(ASCII 或 Unicode)，是否需要移植，是否考虑兼容性，编译时是否产生警告或提示信息，等等。

4) 静态结构分析

静态结构分析主要是以图形的方式表现程序的内部结构。例如，函数调用关系图、函数内部控制流图。其中，函数调用关系图以直观的图形方式描述一个应用程序中各个函数的调用和被调用关系；函数内部控制流图显示一个函数的逻辑结构，它由许多节点组成，一个节点代表一条语句或数条语句，连接节点的叫边，边表示节点间的控制流向。

5) 代码质量度量

ISO/IEC 9126 国际标准所定义的软件质量包括 6 方面：功能性、可靠性、易用性、效率、可维护性和可移植性。软件的质量是软件属性的各种标准度量的组合。

2. 动态测试

动态测试直接执行被测试程序以提供测试支持。一般情况下，动态测试在完成静态测试之后进行，包括功能确认与接口测试、覆盖率分析、性能分析、内存分析等。

覆盖率分析可以对测试质量提供定量的分析，即覆盖率分析对所涉及的程序结构元素或数据流信息（如对变量的定义及其使用途径）进行度量，以最终确定测试运行的充分性。

根据动态测试在软件开发过程中所处的阶段和作用，动态测试可分为如下几个步骤。

1）单元测试

单元测试是对软件中的基本组成单位进行测试，其目的是检验软件基本组成单位的正确性。

2）集成测试

集成测试是在软件系统集成过程中所进行的测试，其主要目的是检查软件单位之间的接口是否正确。在实际工作中，把集成测试分为若干次的组装测试和确认测试。

（1）组装测试：是单元测试的延伸，除对软件基本组成单位的测试外，还需增加对相互联系模块之间接口的测试。

（2）确认测试：是对组装测试结果的检验，主要目的是尽可能地排除单元测试、组装测试中发现的错误。

3）系统测试

系统测试是对已经集成好的软件系统进行彻底的测试，以验证软件系统的正确性和性能等是否满足其规约所指定的要求。系统测试应该按照测试计划进行，其输入、输出和其他动态运行行为应该与软件规约（即软件的设计说明书、软件需求说明书等文档）进行对比，同时测试软件的强壮性和易用性。

4）验收测试

验收测试是软件在投入使用之前的最后测试，是购买者对软件的试用过程。在公司实际工作中，通常采用请客户试用或发布 Beta 版软件来实现。

5）回归测试

回归测试即软件维护阶段，其目的是对验收测试结果进行验证和修改。

3.2.2 白盒测试与黑盒测试

静态测试强调不运行程序，通过人工对程序和文档进行分析和检查，实际上是对软件中的需求说明书、设计说明书、程序源代码等进行评审。动态测试是通过人工或使用工具运行程序进行检查、分析程序的执行状态和程序的外部表现。动态测试一般分为白盒测试和黑盒测试。

1）白盒测试

白盒测试又称结构测试，是清楚地了解程序结构和处理过程，检查所有的结构及路径是否都是正确的，检查软件内部动作是否是按照设计说明的规定进行的。白盒测试作为测试人员常用的一种测试方法，越来越受到测试工程师的重视。白盒测试并不是简单地按照代码设计用例，而是需要根据不同的测试需求，结合不同的测试对象，使用适合的方法进行测试。因为对于不同复杂度的代码逻辑，可以衍生出许多种执行路径，只有通过适当的测试方法，才能帮助我们从代码的迷雾森林中找到正确的方向。

白盒测试与程序内部结构相关，需要利用程序结构的实现细节等知识，才能有效进行测试用例的设计工作。白盒测试方法有程序控制流分析、数据流分析、逻辑驱动测试、域测试、符号测试、路径测试、程序插桩及程序变异等。

2）黑盒测试

黑盒测试也称功能测试或数据驱动测试，是把测试对象看成一个黑盒子，完全不考虑程序的内部结构和处理过程，通常在程序界面处进行测试。黑盒测试只是检查程序或软件是否按照需求规格说明书的规定正常运行，程序是否能适当地接收输入数据而产生正确的输出信息，并且保持外部信息（如数据库或文件）的完整性。

黑盒测试方法主要有等价类划分、边界值分析、因果图、错误推测等，主要用于软件确认测试。黑盒测试法着眼于程序外部结构，不考虑内部逻辑结构，针对软件界面和软件功能进行测试。黑盒测试法是穷举输入测试，只有把所有可能的输入都作为测试情况使用，才能以这种方法查出程序中的所有错误。实际上测试情况有无穷多种，人们不仅要测试所有合法的输入，而且还要对那些不合法但是可能的输入进行测试。

3.3 软件测试过程

在软件测试的过程中，没有最好的过程可以遵循，但可以选择通过实践检验证明是更佳的测试过程。掌握并应用测试过程可以带来以下的诸多益处。

（1）测试的一致性。有了规范的过程，可以一致的方式从一个测试过程过渡到下一个测试。过程的运用有效地减少了测试活动的不确定性。

（2）可持续地改进测试过程。在过程实施过程中，通过过程数据的收集、分析和处理，可以发现过程的优缺点。一旦发现了过程的不足和缺点，就可以持续地改进测试过程。

（3）便于管理。测试经理可以通过测试过程进行有效管理。从控制的角度来看，管理一个过程比管理一个人要简单得多。

软件测试是软件开发过程的一个重要环节，是在软件投入运行之前，对软件需求分析、实际规格说明书和编码实现的最终审定，贯穿于软件定义和开发的整个过程，它们是应相辅相成和相互依赖的。其整个测试过程如图 3-1 所示。

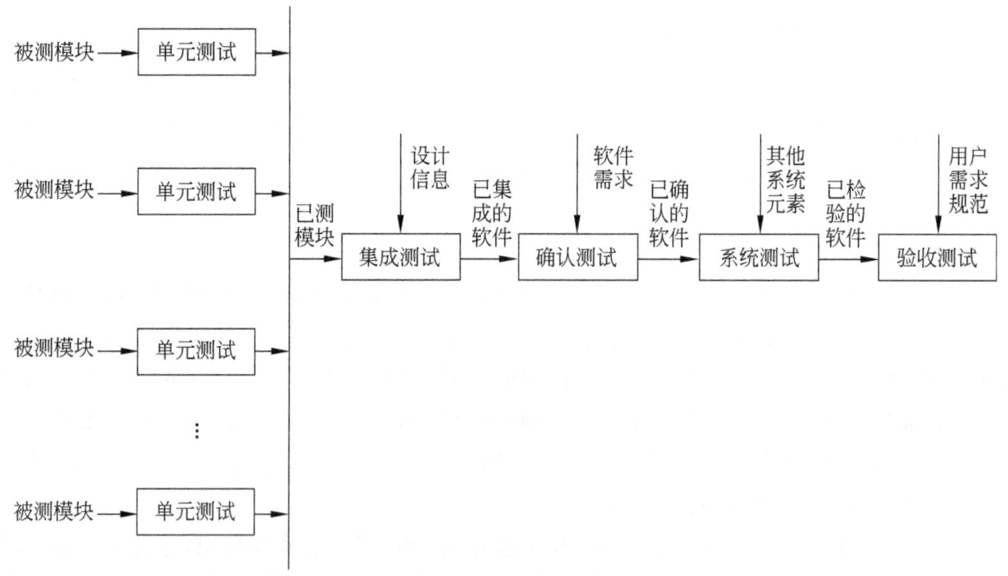

图 3-1 软件测试过程

软件测试由一系列不同的测试阶段组成，即单元测试、集成测试、确认测试、系统测试和验收测试。软件开发是一个自顶向下逐渐细化的过程。软件测试则是自底向上逐步集成的过程。低一级的测试为上一级的测试准备条件。

(1) 单元测试：又称模块测试，其目的在于检查每个单元能否正确满足详细设计说明书中的功能、性能、接口和设计约束等要求，发现单元内部可能存在的各种缺陷。单元测试大多采用白盒测试的方法。

(2) 集成测试：又称组装测试，主要测试单元之间的接口关系，逐步集成为符合概要设计要求的整个系统。集成测试大多采用黑盒测试的方法。

(3) 确认测试：以规格说明书规定的要求为尺度，检验开发的软件能否满足所有的功能和性能需求。

(4) 系统测试：在真实或模拟系统运行的环境下，为验证和确认是否达到需求规格说明书规定的要求，而对集成的硬件和软件系统进行的测试。

(5) 验收测试：按照项目任务书或合同、供需双方约定的验收。根据文档进行的对整个系统的评测，决定是否接收或是拒绝系统。

在系统测试阶段，软件开发项目和测试之间的交互，主要出现在被测件被提交给测试小组进行测试时。若缺乏系统测试计划，将经常看到这个关键的交接点变成混乱的现象。例如，每当开发小组的任何一个成员修复了一个缺陷，软件开发经理就将被测件的新版本发送给整个开发部和测试小组，这样测试小组在一天之内将收到很多测试版本。为规范测试版本的管理和提高测试效率，采用多个测试循环来组成某个阶段的系统测试，如图 3-2 所示，即每隔一定周期发布一个新的软件版本。任何特定的测试阶段至少包含一个测试循环。测试循环的周期和软件的规模大小、测试过程和测试自动化水平等有关，如可采取 1～3 周为一次循环。

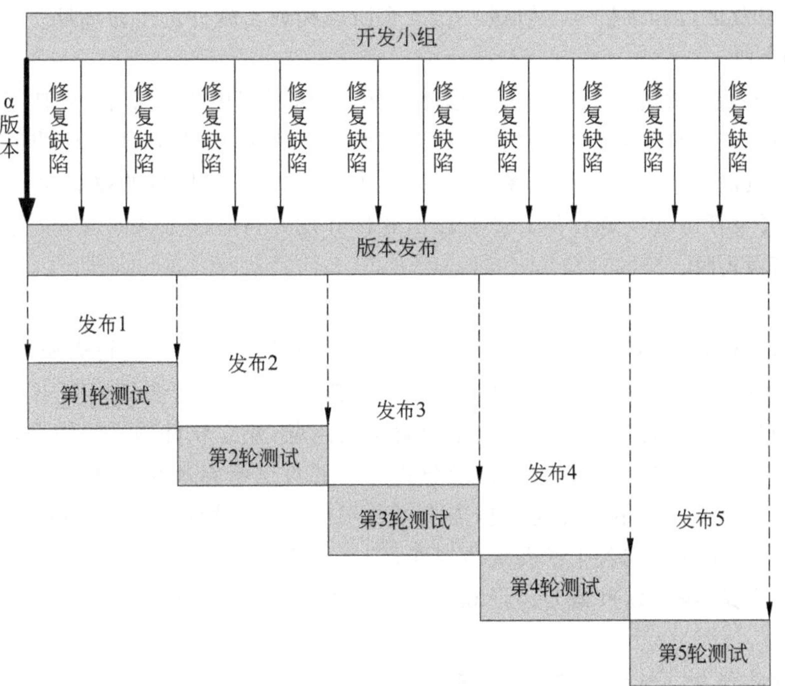

图 3-2 测试循环

3.4 软件测试与软件开发过程的关系

软件测试贯穿在软件开发过程中，在每个开发阶段具有不同的任务。在需求分析阶段，主要进行测试需求分析、系统测试计划的制订；在概要设计和详细设计阶段，主要确保集成测试计划和单元测试计划完成；在编码阶段，主要由开发人员测试自己负责的模块的代码，若项目较大，则由专业人员进行编码阶段的测试任务；在测试阶段，主要对系统进行测试，并提交相应的测试结果和测试分析报告。

大体来说，软件测试阶段和开发阶段的对应关系如图 3-3 所示。

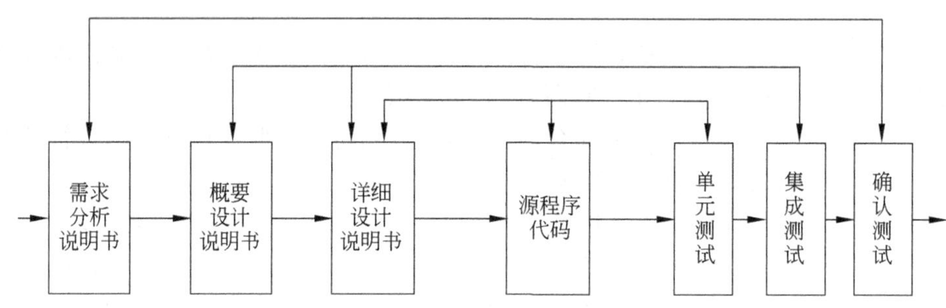

图 3-3 软件测试阶段和软件开发阶段的对应关系

3.4.1 软件开发过程

在软件工程领域，正规的软件开发过程一般包括制订计划、需求分析、软件设计、程序编码、软件测试以及运行和维护 6 个阶段。这 6 个阶段构成了软件的生命周期。

1）制订计划

制订计划要对所要解决的问题进行总体定义，包括了解用户的需求，从技术、经济和社会因素 3 方面研究并论证本软件项目的可行性，编写可行性研究报告，探讨解决问题的方案，并对可供使用的资源（如计算机硬件、系统软件、人力等）、成本、可取得的效益和开发进度做出估计，制订完成开发任务的实施计划。此阶段由软件开发方与需求方共同讨论，主要确定软件的开发目标及其可行性。

2）需求分析

软件需求分析就是回答做什么的问题。它是一个对用户的需求进行去粗取精、去伪存真、正确理解，然后把它用软件工程开发语言（形式功能规约，即需求规格说明书）表达出来的过程。本阶段的基本任务是和用户一起确定要解决的问题，建立软件的逻辑模型，编写需求规格说明书文档并最终得到用户的认可。需求分析的主要方法有结构化分析方法、数据流程图和数据字典等方法。本阶段的工作是根据需求说明书的要求，设计建立相应的软件系统的体系结构，并将整个系统分解成若干子系统或模块，定义子系统或模块间的接口关系，对各子系统进行具体设计定义，编写软件概要设计和详细设计说明书、数据库或数据结构设计说明书，组装测试计划。

在确定软件开发、可行的情况下，对软件需要实现的各个功能进行详细分析。需求分析阶段是一个很重要的阶段，这一阶段做得好，将为整个软件开发项目的成功打下良好的基础。同样，需求在整个软件开发过程中也是不断变化和深入的。因此，必须制订需求变更计划来应付这种变化，以保证整个项目的顺利进行。

3）软件设计

软件设计可以分为概要设计和详细设计两个阶段。实际上，软件设计的主要任务就是将软件分解成多个模块。模块是指能实现某个功能的数据和程序说明、可执行程序的程序单元，可以是一个函数、过程、子程序、一段带有程序说明的独立的程序和数据，也可以是可组合、可分解和可更换的功能单元。概要设计就是结构设计，其主要目标就是给出软件的模块结构，常用软件结构图表示。详细设计的首要任务就是设计模块的程序流程、算法和数据结构，其次是设计数据库，常用结构化程序设计方法实现。

4）程序编码

程序编码是指把软件设计转换成计算机可以识别的程序代码，即写成以某一程序设计语言表示的"源程序清单"。充分了解软件开发语言、工具的特性和编程风格，有助于开发工具的选择以及保证软件产品的开发质量。

5）软件测试

软件测试的目的是以较小的代价发现尽可能多的错误。要实现这个目标，关键在于设计一套出色的测试用例（测试数据和预期的输出结果组成了测试用例）。如何才能设计出一套出色的测试用例，关键在于理解测试方法，不同的测试方法有不同的测试用例设计方法。白盒测试法的对象是源程序，依据的是程序内部的逻辑结构来发现软件的编程错误、结构错误和数据错误。结构错误包括逻辑、数据流、初始化等错误。用例设计的关键是以较少的用例覆盖尽可能多的内部程序逻辑结果。黑盒测试法依据的是软件的功能或软件行为描述，发现软件的接口、功能和结构错误，其中接口错误包括内部或外部接口、资源管理、集成化及系统错误。

6）运行和维护

维护是指在已完成对软件的研制（分析、设计、编码和测试）工作并交付使用以后，对软件产品所进行的一些软件工程的活动，即根据软件运行的情况，对软件进行适当修改，以适应新的要求，以及纠正运行中发现的错误，并编写软件问题报告、软件修改报告。软件维护是软件生命周期中持续时间最长的阶段。

一个中等规模的软件，如果研制阶段需要 1～2 年的时间，在它投入使用以后，其运行或工作时间可能持续 5～10 年。那么，它的维护阶段也是运行的这 5～10 年期间。在这段时间，人们几乎需要着手解决研制阶段所遇到的各种问题，同时还要解决某些维护工作本身特有的问题。做好软件维护工作，不仅能排除障碍，使软件能正常工作，而且还可以使它扩展功能，提高性能，为用户带来明显的经济效益。然而遗憾的是，对软件维护工作的重视往往远不如对软件研制工作的重视。事实上，和软件研制工作相比，软件维护的工作量和成本都要大得多。

在实际开发过程中，软件开发并不是从第一步进行到最后一步，而是在任何阶段，在进入下一阶段前一般都有一步或几步的回溯。测试过程中的问题可能要求修改设计，用户可能会提出一些需要来修改需求说明书等。

完整的软件开发流程如图 3-4 所示。

3.4.2 软件测试在软件开发过程中的作用

从软件开发的生命周期可以看出，在经过了软件制订计划、需求分析、软件设计阶段之后，才进入到软件编码阶段。显然，在软件整个的生命周期中产生的故障或缺陷并不一定是软件编码阶段所引起的，很可能是制订计划、需求分析、概要设计、详细设计阶段所产生的问题引起

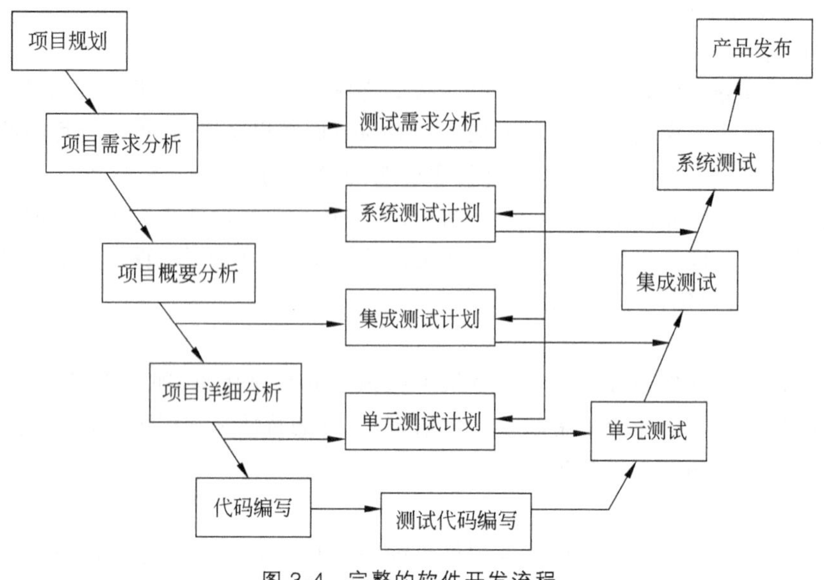

图 3-4　完整的软件开发流程

的。因而，旨在排除故障完善缺陷的软件测试，应该追溯到软件开发生命周期前期的阶段之中。将软件测试贯穿于整个生命周期是必要的。

完整的软件测试流程如图 3-5 所示。

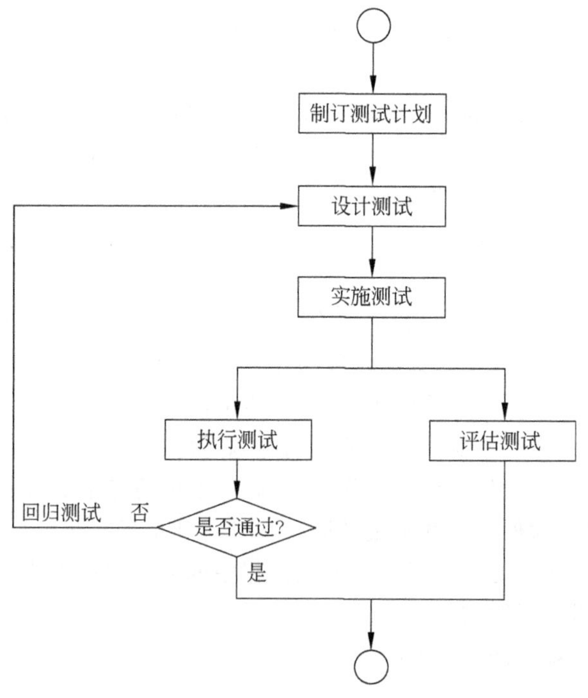

图 3-5　完整的软件测试流程

软件测试在软件开发各阶段的作用如下。

(1) 项目规划阶段：负责从单元测试到系统测试的整个测试阶段的监控。

(2) 需求分析阶段：确定测试需求分析、系统测试计划的制订、评审等。

(3) 详细设计和概要设计阶段：确保集成测试计划和单元测试计划的完成。

(4) 编码阶段：由开发人员进行自己负责部分的测试代码。在项目较大时，由专人进行编码阶段的测试任务。

(5) 测试阶段(单元、集成、系统测试)：依据测试代码进行测试，并提交相应的测试状态报告和测试结束报告。

软件测试的目标是致力于“揭示至今为止尚未发现的错误”，从这方面看来，软件测试工作和软件开发工作并行进行既能揭示不同类型的错误，又能耗费最少的时间和最少的工作量。图 3-6 是软件测试与软件开发二者并行进行的示意图。

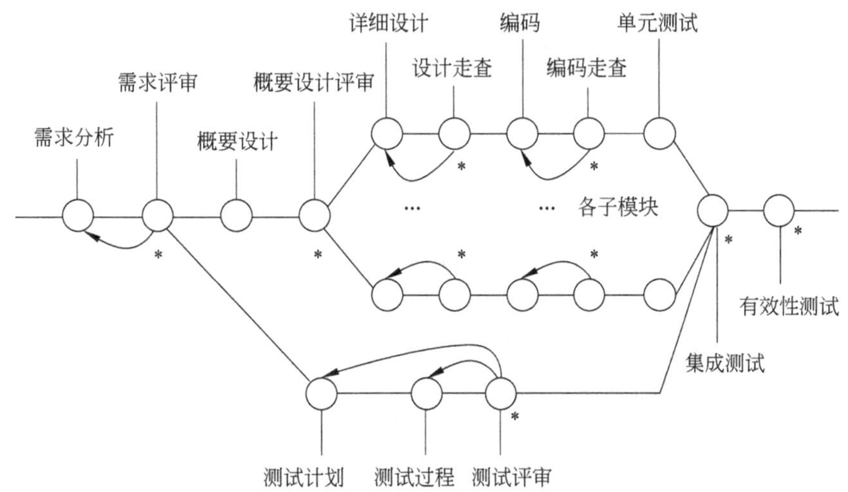

图 3-6 软件测试与软件开发二者并行进行

3.5 软件自动化测试

3.5.1 软件自动化测试概述

通常，软件测试的工作量很大。据统计，测试会占用 40% 的开发时间；一些可靠性要求非常高的软件，测试时间甚至占到开发时间的 60%。而测试中的许多操作是重复性的、非智力性的和非创造性的，只要求做准确细致的工作，软件自动化测试就适合代替人工去完成这样的任务。

软件自动化测试是相对手工测试而存在的，主要是通过所开发的软件测试工具、脚本等来实现的，具有良好的可操作性、可重复性和高效率等特点。

1. 手工测试的局限性

手工测试主要有以下局限性。

(1) 通过手工测试无法做到覆盖所有代码路径。

(2) 简单的功能性测试用例在每一轮测试中都不能少，而且具有一定的机械性、重复性，工作量往往较大。

(3) 许多与时序、死锁、资源冲突、多线程等有关的错误，通过手工测试很难捕捉到。

(4) 进行系统负载、性能测试时,需要模拟大量数据或大量并发用户等应用场合时,很难通过手工测试来进行。

(5) 进行系统可靠性测试时,需要模拟系统运行十年甚至几十年,以验证系统能否稳定运行,这也是手工测试无法模拟的。

(6) 如果有大量的(如几千个)测试用例,需要在短时间(如 1 天)内完成,手工测试几乎不可能做到。

2. 自动化测试的好处

自动化测试有如下好处。

(1) 缩短软件开发测试周期,可以让产品更快地投放市场。

(2) 测试效率高,充分利用硬件资源。

(3) 节省人力资源,降低测试成本。

(4) 增强测试的稳定性和可靠性。

(5) 提高软件测试的准确度和精确度,增加软件信任度。

(6) 软件测试工具使测试工作相对比较容易,能产生更高质量的测试结果。

(7) 手工不能做的事情,自动化测试能做(如负载、性能测试)。

软件测试实行自动化进程,绝不是因为厌烦了重复的测试工作,而是因为测试工作的需要,更准确地说是回归测试和系统测试的需要。

3. 自动化测试的原理和方法

软件测试自动化实现的原理和方法主要有直接对代码进行静态和动态分析、测试过程的捕获和回放、测试脚本技术等。

1) 代码分析

代码分析类似于高级编译系统,一般针对不同的高级语言去构造分析工具,在工具中定义类、对象、函数、变量等定义规则、语法规则;在分析时对代码进行语法扫描,找出不符合编码规范的地方;根据某种质量模型评价代码质量,生成系统的调用关系图等。

2) 捕获和回放

代码分析是一种白盒测试的自动化方法,捕获和回放则是一种黑盒测试的自动化方法。

(1) 捕获。捕获是将用户每一步操作都记录下来。这种记录的方式有:程序用户界面的像素坐标或程序显示对象(窗口、按钮、滚动条等)的位置,以及相对应的操作、状态变化或属性变化,将所有的记录转换为一种脚本语言所描述的过程,以模拟用户的操作。

(2) 回放。回放时,将脚本语言所描述的过程转换为屏幕上的操作,然后将被测系统的输出记录下来,同预先给定的标准结果作比较。回放可以大大减少黑盒测试的工作量,在迭代开发的过程中,能够很好地进行回归测试。

目前的自动化负载测试解决方案几乎都是采用"录制—回放"的技术。所谓"录制—回放"技术,就是先由手工完成一遍需要测试的流程,同时由计算机记录下这个流程期间客户端和服务器端之间的通信信息,这些信息通常是一些协议和数据,并形成特定的脚本程序(script)。然后在系统的统一管理下同时生成多个虚拟用户,并运行该脚本,监控硬件和软件平台的性能,提供分析报告或相关资料。这样,通过几台机器就可以模拟出成百上千的用户对应用系统进行负载能力的测试。

3) 脚本技术

脚本是一组测试工具执行的指令集合,也是计算机程序的一种形式。脚本可以通过录制测试的操作产生，然后再做修改，这样可以减少脚本编程的工作量。当然，也可以直接用脚本语言编写脚本。脚本技术可以分为以下几类。

(1) 线性脚本：由录制手工执行的测试用例得到的脚本。

(2) 结构化脚本：类似于结构化程序设计，具有各种逻辑结构(顺序、分支、循环结构)，而且具有函数调用功能。

(3) 共享脚本：指某个脚本可被多个测试用例使用，即脚本语言允许一个脚本调用另一个脚本。

(4) 数据驱动脚本：将测试输入存储在独立的数据文件中。

(5) 关键字驱动脚本：是数据驱动脚本的逻辑扩展。

3.5.2 软件自动化测试工具

软件自动化测试通常借助测试工具进行。测试工具可以进行部分的测试设计、实现、执行和比较的工作。部分的测试工具可以实现测试用例的自动生成，但通常的工作方式为人工设计测试用例，使用工具进行用例的执行和比较。如果采用自动比较技术，还可以自动完成测试用例执行结果的判断，从而避免人工比对产生的疏漏问题。下面简单介绍主要的软件自动化测试工具。

1. QuickTest Professional(QTP)

1) QTP 简介

QTP 是新一代自动化测试解决方案，它可以覆盖绝大多数的软件开发技术，简单高效，并具备测试用例可重用的特点。它是一款先进的自动化测试解决方案，用于创建功能和回归测试。它自动捕获、验证和重放用户的交互行为，可为每一个重要软件应用和环境提供功能和回归测试自动化的行业最佳解决方案。

2) QTP 的测试流程

(1) 制订测试计划。自动测试的测试计划是根据被测项目的具体需求，以及所使用的测试工具而制订的，完全用于指导测试全过程。

QTP 是一个功能测试工具，主要帮助测试人员完成软件的功能测试，与其他测试工具一样，QTP 不能完全取代测试人员的手工操作，但是在某个功能点上，使用 QTP 的确能够帮助测试人员做很多工作。在测试计划阶段，首先要做的是分析被测应用程序的特点，决定应该对哪些功能点进行测试，可以考虑细化到具体页面或具体控件。对于一个普通的应用程序来说，QTP 应用在某些界面变化不大的回归测试中是非常有效的。

(2) 创建测试脚本。当测试人员浏览站点或在应用程序上操作的时候，QTP 的自动录制机制能够将测试人员的每一个操作步骤及被操作的对象记录下来，自动生成测试脚本语句。与其他自动测试工具录制脚本有所不同，QTP 除了以 VBScript 脚本语言的方式生成脚本语句外，还将被操作的对象及相应的动作按照层次和顺序保存在一个基于表格的关键字视图中。例如，当测试人员单击一个链接，然后选择一个 CheckBox 或者提交一个表单，这样的操作流程都会被记录在关键字视图中。

(3) 增强测试脚本的功能。录制脚本只是为了实现创建或者设计脚本的第一步，基本的脚本录制完毕后，测试人员可以根据需要增加一些扩展功能。QTP 允许测试人员通过在脚本中增加或更改测试步骤来修正或自定义测试流程，如增加多种类型的检查点功能，既可以让 QTP 检查在程序的某个特定位置或对话框中是否出现了需要的文字，还可以检查一个链接是否返回了正确的URL地址等,还可以通过参数化功能使用多组不同的数据驱动整个测试过程。

(4) 运行测试。QTP从脚本的第一行开始执行语句,运行过程中会对设置的检查点进行验证,用实际数据代替参数值,并给出相应的输出结构信息。测试过程中测试人员还可以调试自己的脚本,直到脚本完全符合要求。

(5) 分析测试。运行结束后系统会自动生成一份详细完整的测试结果报告。

2. Web测试工具——Selenium

1) Selenium简介

Selenium是ThoughtWorks专门为Web应用程序编写的一个开源验收测试工具。Selenium测试直接在浏览器中运行,就像真实用户所做的一样。Selenium测试可以在Windows、Linux和Macintosh上的Internet Explorer、Mozilla和Firefox浏览器中运行。

Selenium不同于一般的测试工具。一般的脚本测试工具录制脚本,都是通过拦截浏览器收发的HTTP请求来实现的,事实上并没有办法录制用户对HTML页面的操作。Selenium的脚本录制工具是通过监听用户对HTML页面的操作来录制脚本的。Selenium是真正能够监听用户对HTML页面操作的录制工具。Selenium完全了解用户操作的HTML页面。

2) Selenium执行原理

(1) SeleniumServer通过网络与Selenium客户端通信,接收Selenium测试指令。

(2) SeleniumServer通过向浏览器发出JavaScript调用实现对HTML页面的全面追踪,并通过网络把执行结果返回给Selenium客户端。

(3) Selenium客户端一般使用单元测试技术实现,通过判断返回的结果与预期是否一致来决定程序是否运行正确。

(4) Selenium是通过JavaScript来实现对HTML页面操作的。它提供了丰富的指定HTML页面元素和操作页面元素的方法。

(5) Selenium打开浏览器时把自己的JavaScript文件嵌入网页中,然后Selenium的网页通过框架嵌入目标网页,这样就可使用Selenium的JavaScript对象来控制目标网页。

(6) Selenium的JavaScript对象中,最重要的就是Selenium对象。它的作用是代表Java中的Selenium接口执行一系列的命令,让浏览器执行。

3. 性能测试工具——LoadRunner

1) LoadRunner简介

LoadRunner是一种预测系统行为和性能的工业标准级负载测试工具。通过以模拟上千万用户实施并发负载及实时性能监测的方式来确认和查找问题,LoadRunner能够对整个企业架构进行测试。通过使用LoadRunner,企业能最大限度地缩短测试时间,优化性能,缩短应用系统的发布周期。

LoadRunner的测试对象是整个企业的系统,它通过模拟实际用户的操作行为和实行实时性能监测,来帮助更快地查找和发现问题。此外,LoadRunner能支持广泛的协议和技术,为特殊环境提供特殊的解决方案。

2) LoadRunner基本原理

使用LoadRunner的Virtual User Generator,能很简便地建立系统负载。该引擎能够生成虚拟用户,以虚拟用户的方式模拟真实用户的业务操作行为。它先记录下业务流程(如下订单或机票预定),然后将其转换为测试脚本。利用虚拟用户,可以在Windows、UNIX或Linux

系统上同时产生成千上万个用户访问。所以，LoadRunner 能极大地减少负载测试所需的硬件和人力资源。另外，LoadRunner 的 TurboLoad 专利技术能提供很高的适应性。TurboLoad 可以产生每天几十万名在线用户和数以百万计的点击数的负载。

用 Virtual User Generator 建立测试脚本后，可以对其进行参数化操作，利用不同的实际发生数据来测试应用程序，从而反映出本系统的负载能力。以一个订单输入过程为例，参数化操作可将记录中的固定数据，如订单号和客户名称，由可变值来代替。在这些变量内随意输入可能的订单号和客户名，来匹配多个实际用户的操作行为。

LoadRunner 通过它的 Data Wizard 来自动实现其测试数据的参数化。Data Wizard 直接连接数据库服务器，从而可以获取所需的数据，并直接将其输入测试脚本。这样避免了人工处理数据。

为了进一步确定 Virtual User 能够模拟真实用户，可以利用 LoadRunner 控制某些行为特性。例如，只需单击鼠标就能轻易控制交易的数量、交易频率、用户的思考时间和连接速度等。

4. 性能测试工具——JMeter

1) JMeter 简介

Apache JMeter 是 Apache 组织基于 Java 开发的压力测试工具，用于对软件做压力测试。它最初被设计用于 Web 应用测试，但后来扩展到其他测试领域。它可以用于测试静态和动态资源，如静态文件、Java 小服务程序、CGI 脚本、Java 对象、数据库、FTP 服务器等。JMeter 可以用于对服务器、网络或对象模拟巨大的负载，在不同压力类别下测试它们的强度和分析整体性能。

JMeter 能够对应用程序做功能/回归测试，通过创建带有断言的脚本来验证用户的程序是否返回了期望的结果。为了有最大限度的灵活性，JMeter 允许使用正则表达式创建断言。

Apache JMeter 可以用于对静态的和动态的资源（文件、Servlet、Perl 脚本、Java 对象、数据库和查询、FTP 服务器等）的性能进行测试。它可以用于对服务器、网络或对象模拟繁重的负载来测试它们的强度或分析不同压力类型下的整体性能。可以使用它做性能的图形分析或在大并发负载测试服务器、脚本、对象。

2) JMeter 的特性

(1) 能够对 HTTP 和 FTP 服务器进行压力和性能测试，也可以对任何数据库进行同样的测试（通过 JDBC）。

(2) 完全的可移植性和 100%的纯 Java。

(3) 完全的 Swing 和轻量组件支持（预编译的 JAR 使用 javax.swing. * ）包。

(4) 完全的多线程框架允许通过多个线程并发取样和通过单独的线程组对不同的功能同时取样。

(5) 精心的 GUI 设计允许快速操作和更精确的计时。

(6) 缓存和离线分析/回放测试结果。

(7) 高可扩展性：①可链接的取样器允许无限制的测试能力；②各种负载统计表和可链接的计时器可供选择；③数据分析和可视化插件提供了很好的可扩展性及个性化；④具有提供动态输入到测试的功能（包括 JavaScript）；⑤支持脚本变成的取样器。

3.6 项目案例

3.6.1 学习目标

制订测试计划的步骤：

(1) 决定系统测试类型。

(2) 确定系统测试进度。

(3) 组织系统测试小组。

(4) 建立系统测试环境。

(5) 安装系统测试工具。

3.6.2 案例描述

本章通过“艾斯医药商务系统”来学习如何制订软件测试计划。

3.6.3 案例要点

制订测试计划要点：

(1) 明确工作的目标。

(2) 工作的范围，计划针对哪些内容。

(3) 工作任务的分派(时间、人力、物力、技术)。

(4) 明确工作完成的标准。

(5) 明确工作中存在的风险。

3.6.4 案例实施

变更记录表如表 3-2 所示。

表 3-2 变更记录表

日 期	版 本	变更说明	作 者
2010-08-09	V1.0	新建	—
⋮	⋮	⋮	⋮

签字确认表如表 3-3 所示。

表 3-3 签字确认表

职 务	姓 名	签 字	日 期

1. 引言

1.1 编写目的

本测试计划主要用于控制整个“艾斯医药商务系统”项目测试，本文档主要实现以下目标。

(1) 通过此测试计划能够合理、全面、准确、协调地完成整个测试项目控制。

(2) 为软件测试提供依据。

(3) 项目管理人员根据此计划,可以对项目进行宏观调控。

(4) 测试人员根据此计划,能够明确自己的权利、职责,准确定位自己在项目中的任务。

(5) 相关部门可以根据此计划,对相关资源进行准备。

1.2 背景

本测试计划从属于亚思晟科技有限公司,为×××医药公司实现"艾斯医药商务系统"的测试。项目任务的提出者为亚思晟公司项目管理部;系统的开发者为亚思晟公司;系统的使用者为×××医药公司。此测试项目的进行,将在需求确认后开始执行,基准是准确、全面的需求文档。测试重点是对开发实现的功能和性能进行测试。

1.3 定义

无。

1.4 参考资料

(1)《"艾斯医药商务系统"需求规格说明书》1.0 版本;

(2)《"艾斯医药商务系统"测试计划编写规范》。

1.5　控制信息

本项目测试经理:×××;电话号码:(010)×××××××××。

1.6 测试目标

本测试项目将通过设计和执行接受测试、界面测试、功能测试和性能测试,对软件实现的功能,以及软件的性能、兼容性、安全性、实用性、可靠性、扩展性等方面进行全面系统的测试。基于本系统的业务复杂性强和开发周期短的特性,系统测试的重点将放在功能测试和性能测试上。通过测试提高软件的质量,为用户提供更好的服务,并合理地避免软件的风险和减少软件的成本。

2. 计划

2.1 测试过程

测试过程参考本章内容。

2.2 进度安排及里程碑

进度安排及里程碑如图 3-7 所示。

给出进行各项测试的日期和工作内容(如熟悉环境、培训、准备输入数据、实施测试等),如表 3-4 所示。

表 3-4　各项测试的日期和工作内容

里程碑任务	工作人员	开始日期	结束日期
制订测试计划	安××	2020-08-09	2020-08-10
设计测试	安××	2020-08-10	2020-08-13
实施测试	安××	2020-08-16	2020-08-25
对测试进行评估	郭××	2020-08-26	2020-08-27

2.3 测试角色

测试角色如表 3-5 所示。

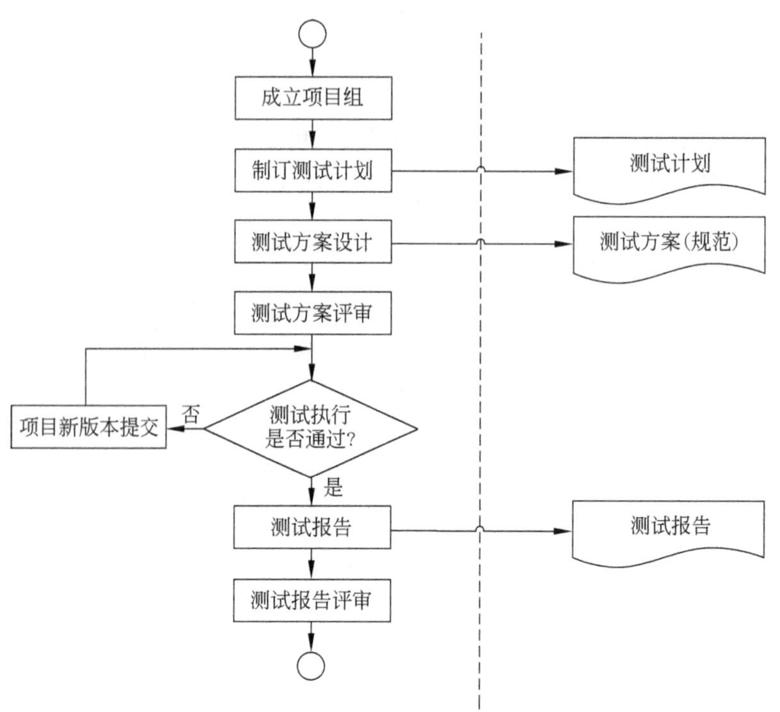

图 3-7　进度安排及里程碑

表 3-5　测试角色

负　责　人	郭××	其他负责人	职　　责	联系信息
职责:负责制订测试计划;负责编写和验收用例;完成项目实测;负责与外部合作部门交互;负责协调内部人员的工作;负责编写测试报告				

测试组成员		
姓　　名	职　　责	联系信息
安××	负责功能测试用例的编写和实施	
孙××	负责性能和其他非功能测试用例的编写和实施	

2.4 系统资源

表 3-6 列出了测试项目所需的系统资源。

表 3-6　测试项目所需的系统资源

系统资源	
资　　源	名称/类型
数据库服务器	MySQL
网络或子网	
服务器名称	

续表

资　源	名称/类型
数据库名称	Ascent
客户端测试 PC	IE 8
包括特殊的配置需求	Tomcat
测试存储库	Bug
网络或子网	
服务器名称	
测试开发 PC	Windows XP
硬件环境	Intel Core(TM) CPU 2.0GHz;内存 1GB

2.5 可交付工件

(1) 测试计划：一份。

(2) 测试用例：一份。

(3) 测试缺陷记录：一份。

(4) 测试报告：一份。

2.5.1 测试模型

Ascent 医药商务系统 1.0。

2.5.2 测试记录

采用测试用例的形式提交测试过程,详见《测试用例》文档。

2.5.3 缺陷报告

采用缺陷记录的形式,详见《测试缺陷记录》文档。

2.6 测试资料

(1) 测试文档：测试相关模块。

(2) 需求文档：项目需求文档。

2.7 项目风险分析

项目风险分析如表 3-7 所示。

表 3-7　项目风险分析

风险类型	风险综述
现有人力资源严重不足。在确保质量的前提下,人力资源与项目周期比例失调,因此人员不到位,将存在项目风险	增加人员
测试中使用 IE,因此在 IE 7 等其他环境下运行存在风险	与客户确定为争取时间保证质量仅使用 IE 进行测试
进度存在风险	实际进度将按照开发进度进行,预期度按照开发进度进行,但是实际开发度变更时将按照实际开发进度及时更正测试进度
测试环境各服务器的配置低于实际产品使用时的服务器配置	与客户商议达成一致

续表

风险类型	风险综述
人员变动风险	通过培训等措施使变更后的人员了解统的业务流程，对系统深入了解，以求在最大限度内保证测试质量
数据库测试中存在风险	因测试周期的限制，将根据实际情况选择的测试策略存在的风险情况反映给客户，与客户商议达成一致
版本部署风险	版本在部署时可能会由于数据库的导入错误等原因导致系统出错，因此在实际给客户部署时同样存在此种风险
数据迁移部分增加了一个测试策略以验证迁移数据的完整性，该策略是以自建的小数据来模拟大数据。因此，对于实际超大数据量的数据迁移存在一定风险	该方法能够验证数据迁移的迁移方法的正确性，并且能够非常直观地查看结果

3. 测试设计说明(大纲)

3.1 概述

3.1.1 测试方法和测试用例选取的原则

系统：根据《系统需求说明书》对系统进行单元测试、集成测试、系统测试、验收测试、性能测试，并结合可能用户测试。

全面：要求测试用例能够覆盖每一个测试点的要点。

合理：从可行性角度考虑，测试不可能全面覆盖，所以设置好等价类划分，测试用例的选择避免重复测试，选择最好的测试方法将测试点合理覆盖。

3.1.2 测试的控制方式

(1) 测试用例的实现必须遵守测试计划的安排，实际测试必须以测试用例为基准。实际测试中测试用例的状态记载。

① failed：如果某一步测试用例失败，但不影响以后测试用例处理。

② block：如果某一步测试用例失败，并影响以后测试用例处理。

③ good：测试成功。

(2) 实际测试与外部交互使用缺陷记录清单进行交流。测试人员必须详细、准确填写缺陷记录内容，开发修改人员要详细、准确地填写修改情况，通过缺陷记录清单的状态进行测试和修改交互。

① open：当开始一个问题报告单时，为 open；开发返回后，错误仍存在为 re-open。

② fixed/return：开发人员对错误进行了修改，为 fixed；开发人员对错误没有进行修改，返回测试部为 return。

③ close/cancel：测试人员确认错误已经修改，为 close；测试人员确认错误的无效或可以接受(标记)为 cancel。

(3) 测试版本的控制：由项目开发组随版本发布时提交版本提交单，测试组完成测试后提交版本测试报告，版本更新时由开发组填写更新记录。

(4) 测试用例的命名原则：[测试点]-编号，例如，XDL-01。

(5) 缺陷记录清单命名原则：缺陷记录清单+_测试人员名称+_日期，例如，缺陷记录清单_刘飞_20020101。

3.1.3 数据选择策略

数据的选择全面覆盖所有数据，并要求避免冗余数据的使用（采用边界值、特殊值及普通值）。

3.1.4 测试过程描述和操作步骤

1）测试过程描述

（1）书写测试计划。

（2）参考测试计划、需求、概要设计以及部分详细设计文档进行用例设计。

（3）参考测试计划和测试用例进行实际测试操作。

（4）测试总结和报告。

2）操作步骤

（1）测试基本流程（简易的 IVT）。

（2）测试功能块（重点为容错测试）。

（3）统计信息的测试（IVT）。

3.2 软件说明

“艾斯医药商务系统”主要涵盖管理员、普通用户、游客 3 种角色登录，实现功能主要有用户管理、商品管理、邮件管理、购物功能、订单管理，详见《需求规格说明书》。

3.3 测试内容及策略

本测试将通过用户界面测试、集成测试、系统测试、验收测试、性能测试、负载测试、强度测试、容量测试、安全性和访问控制测试、故障转移和恢复测试、配置测试、安装测试等方面对系统进行测试。

用户界面测试用于核实用户与软件之间的交互，测试用户界面的正确性和易用性。

3.3.1 用户界面及易用性测试

目的：确保用户界面通过测试对象的功能来为用户提供相应的访问或浏览功能；UI 测试还可以确保 UI 中的对象按照预期的方式运行，并符合公司或行业标准。

内容：对系统的功能页面进行各种可操作性测试。

重点：容错检测，易用性。

3.3.2 集成测试

目的：检测系统是否达到需求，对业务流程及数据流的处理是否符合标准，检测系统对业务流程处理是否存在逻辑不严谨及错误，检测需求是否存在不合理的标准和要求。

内容：利用有效的和无效的数据来执行各个用例、用例流或功能，以核实在使用有效数据时得到的预期结果，在使用无效数据时显示相应的错误消息或警告消息，每个业务规则都得到正确的应用。

重点：测试单元模块之间的接口和调用是否正确，集成后是否实现了某个功能。

3.3.3 系统测试

目的：将软件整合为一体，看各个功能是否全部实现。

内容：将整个软件系统看作一个整体进行测试，测试功能是否能满足需求、是否全部实现，后期主要包括系统运行的性能是否满足需求，以及系统在不同的软硬件环境中的兼容性等。

重点：系统在配置好的环境中是否可以正常运行。

3.3.4 压力测试

目的：了解(被测应用程序)一般能够承受的压力，同时能够承受的用户访问量(容量)，最多支持多少用户同时访问某个功能。

内容：

(1) 因为事先不知道将有多少用户访问是临界点，所以在测试过程中需要多次改变用户数来确定。

(2) 计划的设置，每×时间后加载 10 个用户(根据总用户数设置)，完全加载后持续运行不超过 5min(根据需要设置)。

(3) 当运行中的用户数 100%达到集合点时释放。

重点：找到系统的临界值点。

3.3.5 功能测试

目的：功能测试就是对系统的各功能进行验证，根据功能测试用例，逐项测试，检查产品是否达到用户要求的功能。

内容：

(1) 页面链接检查：每一个链接是否都有对应的页面，并且页面之间切换正确。

(2) 相关性检查：删除/增加一项会不会对其他项产生影响，如果产生影响，这些影响是否都正确。

(3) 检查按钮的功能是否正确：如 update、cancel、delete、save 等功能是否正确。

(4) 字符串长度检查：输入超出需求所说明的字符串长度的内容，看系统是否检查字符串长度，会不会出错。

(5) 字符类型检查：在应该输入指定类型的内容的地方输入其他类型的内容(如在应该输入整型的地方输入其他字符类型)，看系统是否检查字符类型，是否会报错。

(6) 标点符号检查：输入内容包括各种标点符号，特别是空格、各种引号、回车键，看系统处理是否正确。

(7) 中文字符处理：在可以输入中文的系统输入中文，看是否出现乱码或出错。

(8) 检查带出信息的完整性：在查看信息和 update 信息时，查看所填写的信息是不是全部带出，带出信息和添加的是否一致。

(9) 信息重复：在一些需要命名，且名字应该唯一的信息输入重复的名字或 ID，看系统有没有处理，是否报错，重名包括是否区分大小写，以及在输入内容的前后输入空格，系统是否能正确处理。

(10) 检查删除功能：在一些可以一次删除多个信息的地方，不选择任何信息，按 Delete 键，看系统如何处理，是否出错；然后选择一个和多个信息进行删除，看是否正确处理。

(11) 检查添加和修改是否一致：检查添加和修改信息的要求是否一致，例如添加要求必填的项，修改也应该必填；添加规定为整型的项，修改也必须为整型。

(12) 检查修改重名：修改时把不能重名的项改为已存在的内容，看是否处理、报错。同时，也要注意会不会报出和自己重名的错。

(13) 重复提交表单：一条已经成功提交的记录，按 Backspace 键后再提交，看系统是否做出处理。

(14) 检查多次按 Backspace 键的情况：在有 Backspace 键的地方，按 Backspace 键，回到原来页面，再按 Backspace 键，重复多次，看是否出错。

(15) Search 检查：在有 Search 功能的地方输入系统存在和不存在的内容，看搜索结果是否正确。如果可以输入多个搜索条件，可以同时添加合理和不合理的条件，看系统处理是否正确。

(16) 输入信息位置：注意在光标停留的地方输入信息时，光标和所输入的信息是否跳到别的地方。

(17) 上传、下载文件检查：上传、下载文件的功能是否实现，上传文件是否能打开。对上传文件的格式有何规定，系统是否有解释信息，并检查系统是否能够做到。

(18) 必填项检查：应该填写的项没有填写时系统是否都做了处理，对必填项是否有提示信息，如在必填项前加 *。

(19) 组合键检查：是否支持常用组合键，如 Ctrl＋C、Ctrl＋V、Backspace 等，对一些不允许输入信息的字段，如选人、选日期对组合方式是否也做了限制。

(20) 回车键检查：在输入结束后直接按回车键，看系统如何处理，是否报错。

重点：确保各项功能和用需求一致。

3.3.6 性能测试

目的：核实性能是否满足用户需求，将测试对象的性能行为当作条件的一种函数进行评测和微调。

内容：负载测试、强度测试。

(1) 单个事务、单个用户时，在每个事务所处理的时间范围内成功完成测试脚本，没有发生任何故障；多个事务、多个用户时，可完成脚本没有发生故障的情况临界值。

(2) 使测试系统承担不同的工作量，得出系统持续正常运行的能力。

(3) 找出因资源不足或资源争用导致的错误。

重点：确保性能指标满足用户需求。

3.3.7 容量测试

目的：所计划的测试全部执行，而且达到或超出指定的系统限制时，没有出现任何软件故障。

内容：在客户机长时间执行相同的、最坏的业务时系统维持的时间。

重点：核实系统能否在连续或模拟了最多数量的客户机下正常运行。

3.3.8 安全性和访问控制测试

目的：保证只有访问权限的用户才能访问系统，核实用户以不同身份登录不同的访问权限。

内容：数据或业务功能访问的安全性，包括系统登录或远程访问。

重点：确保具备系统访问权限的用户才能访问应用程序，而且只能通过相应的网关来访问。

3.3.9 故障转移和恢复测试

目的：检测系统可否在意外数据损失、数据完整性破坏、各种硬软件、网络故障中恢复数据。

内容：

(1) 客户机断电、服务器断电时事务可否发生回滚。

(2) 网络服务器中断时是否崩溃。

重点：看数据库的恢复情况，以及系统在经历意外时是否发生崩溃现象。

3.3.10 配置测试

目的：核实是否可以在所需的硬件和软件配置中正常运行。

内容：核实该系统在不同系统、不同软件和硬件配置中的运行情况。

重点：软硬件配置不同时对系统的影响。

3.3.11 安装测试

目的：此 1.0 版本重点在检查系统首次安装是否可以正常运行。

内容：启动或执行安装，使用预先确定的功能测试脚本子集来运行事务。

重点：异常情况处理：如磁盘空间不足、缺少目录创建权限等，核实软件安装后是否可以正常运行。

3.3.12 验收测试

目的：对整个系统(包括软硬件)进行试运行，看全部功能是否能够实现。

内容：由软件测试工程师、用户等根据需求规格说明书对整个系统进行试运行，看是否可以满足全部功能。

重点：在可移植环境和并发访问环境中，系统是否可以正常运行。

3.4 测试用例范围

3.4.1 功能测试

将测试的重点放在功能测试上，按照管理员、普通用户、游客登录 3 种角色进行测试。每种角色包括如下模块。

1) 管理员

管理员功能测试如表 3-8 所示。

表 3-8 管理员功能测试

模块	编号	测 试 项
登录	1	以管理员身份登录，登录成功则跳转到电子商务管理主界面
	2	用户账号被屏蔽，无法登录成功
	3	输入非法标识符，提示输入错误字符
	4	输入用户名错误，提示用户不存在
	5	输入密码错误，提示密码错误
用户管理	1	可设置每个用户的开启或屏蔽权限，进行开启用户或删除用户
	2	单击“角色修改”按钮，进入角色修改页面，单选角色，修改成功，跳转到登录界面
	3	对用户信息进行修改，输入已注册用户新信息，提交后跳转到登录界面
	4	被管理员屏蔽或删除的用户，无法进行设置，提示重新激活账号

续表

模块	编号	测　试　项
商品管理	1	单击“商品管理”按钮，进入商品列表页面
	2	可以添加商品信息，对添加商品信息进行简单的输入信息验证，若输入非法标识符，则指明错误；验证成功并添加商品信息后，则跳转到商品列表界面
	3	可以修改商品信息，对商品修改信息进行简单输入信息验证，若输入非法标识符，则指明错误；验证成功并修改商品信息后，则跳转到商品列表界面
	4	可以删除商品信息，提示“是否删除？”，确认删除后则跳转到商品列表界面
邮件管理	1	进入邮件管理界面，单击“查看已设邮箱”，展示邮箱设置详细信息
	2	若想修改邮箱，可以填写发件和收件地址、密码，提交后返回邮件管理界面
	3	输入非法标识符，指明输入错误
订单管理	1	进入订单管理界面，单击用户 ID 可以查看指定用户订单
	2	进入订单管理界面，单击用户 ID 可以删除指定用户订单

2）普通用户

普通用户功能测试如表 3-9 所示。

表 3-9　普通用户功能测试

模块	编号	测　试　项
注册	1	用户单击登录入口的注册链接，输入相关注册信息，单击“注册”按钮，验证用户信息，核实无误则跳转到登录成功提示页面
	2	用户单击登录入口的注册链接，若输入非法标识符，则弹出指明错误的警示框
登录	1	以普通用户身份登录，若登录成功，则跳转到电子商务管理主界面
	2	用户账号被屏蔽，无法登录成功
	3	输入非法标识符，提示输入错误字符
	4	输入用户名错误，提示用户不存在
	5	输入密码错误，提示密码错误
商品搜索	1	登录成功，单击浏览商品页可以浏览商品
	2	登录成功，单击查询商品浏览商品可以查询特定商品
	3	查询商品时，如果合法输入且没有该商品，则弹出无商品的提示框
	4	查询商品时，如果输入非法标识符，则弹出提示框指明错误
购物	1	在商品列表中，单击购买链接，可以将所选商品添加到购物车
	2	单击购物车链接，进入购物车界面，可以修改购物车里的信息，如商品数量
	3	单击购物车链接，进入购物车界面，可以删除已选商品
	4	单击“结算中心”按钮，进入结算页面，生成订单并发送到管理员邮箱
	5	单击“订单”按钮，可以查看订单详细信息

3）游客

游客功能测试如表 3-10 所示。

表 3-10 游客功能测试

模块	编号	测 试 项
商品搜索	1	进入网站，单击浏览商品页可以浏览商品
	2	进入网站，单击查询商品浏览商品可以查询特定商品
	3	输入查询条件后，如果没有该商品，则弹出无商品的提示框
	4	输入查询条件后，如果输入非法标识符，则弹出提示框指明错误
购物	1	在商品列表中，单击购买链接可以将所选商品添加到购物车
	2	单击购物车链接，进入购物车界面，可以修改购物车里商品数量
	3	单击购物车链接，进入购物车界面，可以删除已选商品
	4	单击“结算中心”按钮，进入结算页面，生成订单并发送到管理员邮箱
	5	单击“订单”按钮，可以查看订单详细信息

3.4.2 用户界面及易用性测试

用户界面及易用性测试如表 3-11 所示。

表 3-11 用户界面及易用性测试

编号	测 试 项	测试结果
1	软件窗口的长度和宽度接近黄金比例，使用户赏心悦目	
2	窗口上按钮的布局要与界面相协调，不要过于密集和松散	
3	页面字体大小适中，无错别字、中英文混杂	
4	页面颜色搭配要赏心悦目，与 Windows 标准窗体协调	
5	将功能相同或相近的空间划分到一个区域，方便用户查找	
6	按钮或链接命名方式与功能吻合，方便用户使用	
7	提供友好的联机帮助	

3.4.3 系统测试

系统测试如表 3-12 所示。

表 3-12 系统测试

编号	测 试 项	测试结果
1	系统在配置好的环境中是否可以正常运行	
2	将软件整合为一体，看各个功能是否全部实现	

3.4.4 性能测试

性能测试如表 3-13 所示。

表 3-13 性能测试

编号	测 试 项	测试结果
1	用户的访问时间平均值是否在可忍受的速度之内	
2	当并发访问用户过多时，找到并发数据量大小值	

3.4.5 故障转移和恢复测试

故障转移和恢复测试如表 3-14 所示。

表 3-14 故障转移和恢复测试

编号	测 试 项	测试结果
1	检测系统在意外数据损失、数据完整性破坏时,数据可否被回滚	
2	系统在各种硬件、软件、网络故障中是否有数据自恢复能力	

3.4.6 配置测试

配置测试如表 3-15 所示。

表 3-15 配置测试

编号	测 试 项	测试结果
1	软件系统在规定的标准配置计算机中可否完成运行、多方访问	

3.4.7 验收测试

验收测试如表 3-16 所示。

表 3-16 验收测试

编号	测 试 项	测试结果
1	内部测试人员检测系统各项功能已经实现,系统可以正常运行	
2	用户检测系统是否可以正常运行	
3	用户运行系统,查看各项功能与需求说明书中是否相符	

3.5 评价

3.5.1 范围

要求:

(1) 功能测试涵盖测试全过程。

(2) 界面测试涵盖测试全过程。

(3) 测试路径的涵盖率为 85%以上。

3.5.2 准则

1) 测试参数结果判定准则

(1) 完全通过:其对应测试用例通过率达到 100%。

(2) 基本通过:其对应的测试用例通过率大于或等于 70%,并且不存在非常严重和严重的缺陷。

(3) 不通过:其对应的测试用例通过率未达到 70%,或者存在非常严重和严重的缺陷。

2) 测试入口出口准则

(1) 测试进入准则。

进入测试的基本条件:

① 开发部/开发人员应提供软件说明书、详细需求或系统设计等必要文档。

② 被测样品已通过无病毒检测。

③ 被测样品已通过单元测试(可选)。

④ 被测样品已通过冒烟测试。

⑤ 测试环境(场地、网络、硬件、软件等)已全部准备完备。

（2）测试暂停和再启动准则。

测试暂停标准：

① 测试环境发生变化（场地、网络、硬件、软件等），又处于不可使用状态。

② 被测样品有大量错误或严重错误，以至于继续测试没有任何意义。

测试再启动标准：

① 错误得到修改后，需要重新启动测试。

② 开发组提供错误修改后的安装程序以及再启动测试的相关说明。

③ 测试组安装修改后的程序。如有必要，需要重新初始化测试数据，重新执行测试规程，恢复到发生错误前的状态。

（3）测试退出的准则。

测试结论达到完全通过、基本通过或不通过的标准时，测试可以退出。

3.6.5 特别提示

测试计划的制订要注意：①明确需求（需求范围）；②细化测试范围；③细化测试目标；④有可能在需求提到的环境配置要求；⑤明确测试方法；⑥明确测试工具。

3.6.6 拓展与提高

在搭建好“艾斯医药商务系统”后，首先进行静态测试。

（1）代码走读：打开被测试系统的源代码，对代码中变量的定义、常量、全局变量的使用是否得当，算法的逻辑、模块接口的正确性、输入参数的合法性等方面进行测试。

（2）技术评审（同行评审）在实际项目中需要专家来参与。

（3）正规检视（重要的工件，如需求规格说明书）需要项目组成员来参与。

接下来自己动手编写一些程序，对“艾斯医药商务系统”进行动态测试。

（1）路径测试：使程序执行尽可能多的逻辑路径。

（2）分支测试：需要程序中的每个分支至少被经过一次。

本章小结

本章重点介绍了软件测试计划和策略的相关概念。在遵循制订测试计划的原则下进行测试计划的制订，完成后还需进一步按照衡量标准进行修正完善。最后，介绍了软件测试过程及其与软件测试的关系。

习　题

1. 什么是软件测试计划？
2. 制订软件测试计划的原则有哪些？
3. 怎样衡量软件测试计划？
4. 什么是静态测试？什么是动态测试？
5. 什么是白盒测试？什么是黑盒测试？二者之间的关系如何？
6. 简述软件测试的过程。
7. 软件测试和软件开发过程的关系如何？

第4章 黑盒测试

学习目的与要求

本章介绍黑盒测试的基本概念和类型，以及黑盒测试的基本测试用例设计方法，并以实例说明如何设计和组织测试用例。

本章主要内容

- 黑盒测试的概念。
- 等价类测试。
- 边界值分析法。
- 决策表。
- 因果图。
- 正交试验法。
- 错误推测法。

4.1 黑盒测试的概念

黑盒测试也称为功能测试、行为测试、数据驱动测试，主要是根据功能需求来测试程序是否按照预期要求工作。黑盒测试的基本观点是：任何程序都可被看作从输入定义域到输出值域的映射，这种观点将被测程序看作一个打不开的黑盒，黑盒里面的内容(实现)是完全不知道的，只知道软件要做什么。如图 4-1 所示，因无法看到盒子中的内容，所以不知道软件是如何实现的，也不关心黑盒里面的结构，只关心软件的输入数据和输出结果。

图 4-1 黑盒测试

使用黑盒测试方法，测试人员所使用的唯一信息就是软件的规格说明。在测试时，把被测程序视为一个不能打开的黑盒子，在完全不考虑程序内部结构和内部特性的情况下进行如下的检查。

(1) 检查程序功能能否按需求规格说明书的规定正常使用，测试各个功能是否有遗漏，检测性能等特性是否满足要求。

(2) 检测人机交互是否有错误，检测数据结构或外部数据库访问是否有错误，程序是否能适当地接收输入数据而产生正确的输出结果，并保持外部信息(如数据库或文件)的完整性。

(3) 检测程序初始化和终止方面是否有错误。

黑盒测试的目的是尽量发现代码所表现的外部行为的错误，主要有以下几类错误。

(1) 功能不正确或不完整。

(2) 接口错误。

(3) 接口所使用的数据结构错误。

(4) 行为或性能错误。

(5) 初始化和终止错误。

黑盒测试的示意图如图 4-2 所示。可以看出黑盒测试只须考虑程序的输入和输出，无须考虑程序的内部代码。

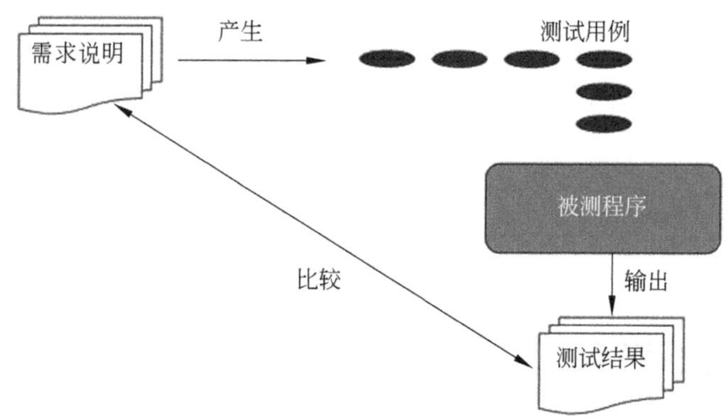

图 4-2 黑盒测试的示意图

黑盒测试着眼于软件的外部特征，通过上述各项检测，确定软件所实现的功能是否按照软件规格说明书的预期要求正常工作。

黑盒测试有两个显著的优点：

(1) 黑盒测试与软件具体实现无关，所以如果软件实现发生了变化，测试用例仍然可以使用。

(2) 设计黑盒测试用例可以和软件实现同时进行，因此可以压缩项目总的开发时间。

穷举测试是不现实的。这就需要认真研究测试方法，以便能开发出尽可能少的测试用例，发现尽可能多的软件故障。常用的黑盒测试方法有等价类测试、边界值分析、决策表、因果图、正交实验和错误推测等方法，每种方法各有所长，应针对软件开发项目的具体特点，选择合适的测试方法，有效地解决软件开发中的测试问题。

4.2 等价类测试

软件测试有一个致命的缺陷，就是测试的不彻底性和不完全性。由于穷举测试的办法数量太大，实际中无法完成，需要在大量的可能数据中选择一部分作为测试用例，同时既要考虑测试的效果，又要考虑软件测试实际的经济性，这样一来如何选取合适的测试用例就成为关键问题，由此引入了等价类的思想。使用等价类测试的最主要目的是为了在有限的测试资源的情况下，用少量有代表性的数据得到比较好的测试结果。

等价类测试是一种典型的黑盒测试方法，它完全不考虑程序的内部结构，只根据程序规格说明书对输入范围进行划分，把所有可能的输入数据，即程序输入域划分为若干互不相交的子集(称为等价类)，然后从每个等价类中选取少数具有代表性的数据作为测试用例，进行测试。

4.2.1 等价类测试的原理

1. 等价类的划分

等价类的重要问题就是它们构成的集合的划分。此处的划分是指一组互不相交的子集，而这一组子集的并则构成全集。

等价类是指输入域的某个子集，在该子集中，各个输入数据对于揭露程序中的错误都是等效的，并合理地假定：测试某等价类的代表值就等于对这一类其他值的测试。因此，可以把全部输入数据合理划分为若干等价类，在每一个等价类中取一个数据作为测试的输入条件，就可以用少量代表性的测试数据取得较好的测试结果。等价类是输入域的某个子集合，而所有等价类的并集就是整个输入域。因此，等价类对于测试有两个重要的意义：①完备性——整个输入域提供一种形式的完备性；②无冗余性——若互不相交，则可保证一种形式的无冗余性。

软件不能都只接收有效的、合理的数据，还要经受意外的考验，即接收无效的或不合理的数据，这样的软件可靠性较高。因此，在划分等价类时，可有两种不同的情况：有效等价类和无效等价类。

(1) 有效等价类，是指对于程序的规格说明来说是合理的、有意义的输入数据构成的集合。利用有效等价类可检验程序是否实现了规格说明中所规定的功能和性能。

(2) 无效等价类，与有效等价类的定义恰巧相反。无效等价类指对程序的规格说明是不合理的或无意义的输入数据所构成的集合。对于具体的问题，无效等价类应至少有一个，也可能有多个。

2. 划分等价类的标准

下面给出确定等价类的重要原则。

(1) 在输入条件规定了取值范围或值的个数的情况下，则可以确立一个有效等价类和两个无效等价类。例如，输入值是学生成绩，范围是 0～100，则等价类的划分如图 4-3 所示。其中，有效等价类：0≤成绩≤100。无效等价类：成绩<0；成绩>100。

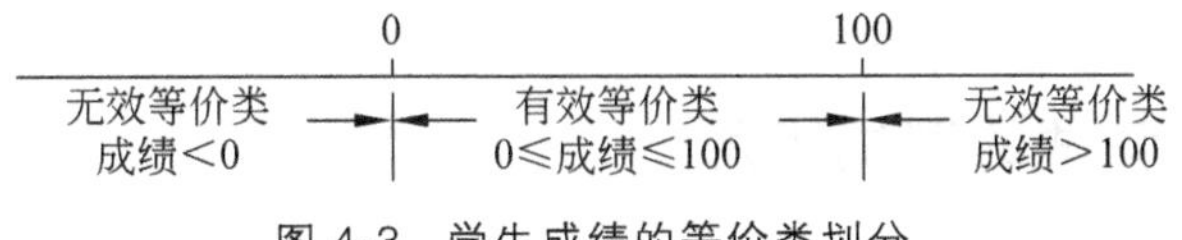

图 4-3 学生成绩的等价类划分

(2) 在输入条件规定了输入值的集合或者规定了"必须如何"的情况下,可确立一个有效等价类和一个无效等价类。

(3) 在输入条件是一个布尔量的情况下,可确定一个有效等价类和一个无效等价类。

(4) 在规定了输入数据的一组值(假定 n 个),并且程序要对每一个输入值分别处理的情况下,可确立 n 个有效等价类和一个无效等价类。例如,输入条件说明学历可为专科、本科、硕士、博士 4 种之一,则分别取这 4 种(4 个值)作为 4 个有效等价类,另外把这 4 种学历之外的任何学历作为无效等价类。

(5) 在规定了输入数据必须遵守的规则的情况下,可确立一个有效等价类(符合规则)和若干无效等价类(从不同角度违反规则)。例如,若某个输入条件说明了一个必须成立的情况(如输入数据必须为数字),则可划分为一个有效等价类(输入数据是数字)和一个无效等价类(输入数据为非数据)。

(6) 在确知已划分的等价类中各元素在程序处理中的方式不同的情况下,则应再将该等价类进一步地划分为更小的等价类。

例如,每个学生可选修 1～3 门课程。可以划分一个有效等价类:选修 1～3 门课程。可以划分两个无效等价类:未选修课,选修课超过 3 门。又如,标识符的第一个字符必须是字母。可以划分为一个有效等价类:第一个字符是字母。可以划分一个无效等价类:第一个字符不是字母。

在确立了等价类后,可建立等价类表,列出所有划分出的等价类,其模板如表 4-1 所示。

表 4-1　等价类表(输入条件)模板

输入条件	有效等价类	无效等价类

也可以根据输出条件,列出输出域值的等价类,其模板如表 4-2 所示。

表 4-2　等价类表(输出条件)模板

输出条件	有效等价类	无效等价类

3. 等价类划分测试用例设计

在划分完等价类后,可以根据列出的等价类表,按照以下步骤设计测试用例。

(1) 为每一个等价类规定一个唯一的编号。

(2) 设计一个新的测试用例,使其尽可能多地覆盖尚未被覆盖的有效等价类,重复这一步,直到所有的有效等价类都被覆盖为止。

(3) 设计一个新的测试用例,使其仅覆盖一个尚未被覆盖的无效等价类,重复这一步,直到所有的无效等价类都被覆盖为止。

4.2.2　等价类测试的测试运用

1. 准考证号码

对招干考试系统"输入学生成绩"子模块设计测试用例。招干考试分 3 个专业,准考证号第一位为专业代号,例如,1 代表行政专业;2 代表法律专业;3 代表财经专业。行政专业准考证号码为 110001～111215,法律专业准考证号码为 210001～212006,财经专业准考证号码为 310001～314015。

准考证号码的等价类划分设计如下。

1) 有效等价类

(1) 110001～111215。

(2) 210001～212006。

(3) 310001～314015。

2) 无效等价类

(1) $-\infty$～110000。

(2) 111216～210000。

(3) 212007～310000。

(4) 314016 ～$+\infty$。

2. 电话号码

城市的电话号码由两部分组成。这两部分的名称和内容分别为①地区码:以 0 开头的 3 位或者 4 位数字(包括 0);②电话号码:以非 0、非 1 开头的 7 位或 8 位数字。

假定被调试的程序能接收一切符合上述规定的电话号码,拒绝所有不符合规定的号码,就可用等价分类法来设计它的调试用例。

(1) 划分等价类并编号,电话号码的等价类设计如表 4-3 所示。

表 4-3 电话号码的等价类设计

输入数据	有效等价类	无效等价类
地区码	① 以 0 开头的 3 位数串 ② 以 0 开头的 4 位数串	③ 以 0 开头的含有非数字字符的串 ④ 以 0 开头的小于 3 位的数串 ⑤ 以 0 开头的大于 4 位的数串 ⑥ 以非 0 开头的数串
电话号码	⑦ 以非 0、非 1 开头的 7 位数串 ⑧ 以非 0、非 1 开头的 8 位数串	⑨ 以 0 开头的数串 ⑩ 以 1 开头的数串 ⑪ 以非 0、非 1 开头的含有非法字符的 7 位或 8 位数串 ⑫ 以非 0、非 1 开头的小于 7 位的数串 ⑬ 以非 0、非 1 开头的大于 8 位的数串

(2) 为有效等价类设计测试用例,电话号码的有效等价类测试用例设计如表 4-4 所示。

表 4-4 电话号码的有效等价类测试用例设计

测试数据	期望结果	覆盖范围
010 23145678	显示有效输入	①和⑧
023 2234567	显示有效输入	①和⑦
0851 3456789	显示有效输入	②和⑦
0851 23145678	显示有效输入	②和⑧

(3) 为每一个无效等价类至少设计一个测试用例，电话号码的无效等价类测试用例设计如表 4-5 所示。

表 4-5　电话号码的无效等价类测试用例设计

测试数据	期望结果	覆盖范围
0a34 23456789	显示无效输入	③
05 23456789	显示无效输入	④
01234 23456789	显示无效输入	⑤
2341 23456789	显示无效输入	⑥
028 01234567	显示无效输入	⑨
028 12345678	显示无效输入	⑩
028 qw123456	显示无效输入	⑪
028 623456	显示无效输入	⑫
028 886234569	显示无效输入	⑬

3. 三角形问题的等价类测试

三角形问题是软件测试中最经典的一个例子。输入 3 个整数 a、b 和 c，分别作为三角形的 3 条边，通过程序判断，由这 3 条边构成的三角形是等边三角形、等腰三角形、一般三角形或非三角形(不能构成一个三角形)中的哪一种类型。

分析问题中给出和隐含的对输入条件的要求：

条件 1：整数；

条件 2：3 个数；

条件 3：非零数；

条件 4：正数；

条件 5：两边之和大于第三边；

条件 6：等腰；

条件 7：等边。

如果 a、b、c 满足条件 1～4，则输出下列 4 种情况之一：

- 如果不满足条件 5，则程序输出为“非三角形”。
- 如果 3 条边相等即满足条件 7，则程序输出为“等边三角形”。
- 如果只有两条边相等，即满足条件 6，则程序输出为“等腰三角形”。
- 如果 3 条边都不相等，则程序输出为“一般三角形”。

(1) 划分等价类并编号，三角形问题的等价类如表 4-6 所示。

(2) 为有效等价类设计测试用例，三角形问题的有效等价类测试用例设计如表 4-7 所示。

(3) 为每一个无效等价类至少设计一个测试用例，三角形问题的无效等价类测试用例设计如表 4-8 所示。

表 4-6 三角形问题的等价类

		有效等价类	无效等价类
输入条件	输入 3 个整数	① 整数	⑫ a 为非整数 ⑬ b 为非整数 ⑭ c 为非整数 ⑮ a 和 b 为非整数 ⑯ b 和 c 为非整数 ⑰ a 和 c 为非整数 ⑱ a、b、c 为非整数
		②三个数	⑲ 只输入 a ⑳ 只输入 b ㉑ 只输入 c ㉒ 只输入 a、b ㉓ 只输入 b、c ㉔ 只输入 a、c ㉕ 输入 3 个以上
		③非零数	㉖ a 为 0 ㉗ b 为 0 ㉘ c 为 0 ㉙ a 和 b 为 0 ㉚ b 和 c 为 0 ㉛ a 和 c 为 0 ㉜ a、b、c 为 0
		④正数	㉝ a<0 ㉞ b<0 ㉟ c<0 ㊱ a<0 且 b<0 ㊲ a<0 且 c<0 ㊳ c<0 且 c<0 ㊴ a<0 且 b<0 且 c<0
输出条件	一般三角形	⑤ a+b>c ⑥ b+c>a ⑦ a+c>b	㊵ a+b=c ㊶ a+b<c ㊷ b+c=a ㊸ b+c<a ㊹ a+c=b ㊺ a+c<b
	等腰三角形	⑧ a=b 但 a≠c ⑨ b=c 但 a≠b ⑩ a=c 但 a≠b	
	等边三角形	⑪ a=b=c	

表 4-7　三角形问题的有效等价类测试用例设计

输入 a	输入 b	输入 c	预期输出	覆盖范围
3	4	5	一般三角形	①～⑦
4	4	5	等腰三角形	①～⑧
4	5	5	等腰三角形	①～⑦;⑨
5	4	5	等腰三角形	①～⑦;⑩
4	4	4	等边三角形	①～⑦;⑪

表 4-8　三角形问题的无效等价类测试用例设计

输入 a	输入 b	输入 c	覆盖等价类	输入 a	输入 b	输入 c	覆盖等价类
2.5	4	5	⑫	0	0	5	㉙
3	4.5	5	⑬	3	0	0	㉚
3	4	5.5	⑭	0	4	0	㉛
3.5	4.5	5	⑮	0	0	0	㉜
3	4.5	5.5	⑯	−3	4	5	㉝
3.5	4	5.5	⑰	3	−4	5	㉞
4.5	4.5	5.5	⑱	3	4	−5	㉟
3	空	空	⑲	−3	−4	5	㊱
空	4	空	⑳	−3	4	−5	㊲
空	空	5	㉑	3	−4	−5	㊳
3	4	空	㉒	−3	−4	−5	㊴
空	4	5	㉓	3	1	5	㊵
3	空	5	㉔	3	2	5	㊶
3	4	5	㉕	3	1	1	㊷
0	4	53	㉖	3	2	1	㊸
3	0	5	㉗	1	4	2	㊹
3	4	0	㉘	3	4	1	㊺

4. 保险公司计算保险费率的程序

某保险公司人寿保险的保费计算方式为

投保额×保险费率

其中，保险费率依点数不同而有别，10 点及 10 点以上保险费率为 0.6％，10 点以下保险费率为 0.1％；而点数又由投保人的年龄、性别、婚姻状况和抚养人数来决定，具体规则如表 4-9 所示。

表 4-9 保险公司计算保险费率的规则

年龄/岁			性　别		婚　姻		抚养人数
20～39	40～59	其他	M	F	已婚	未婚	1 人扣 0.5 点 最多扣 3 点 （四舍五入取整）
6 点	4 点	2 点	5 点	3 点	3 点	5 点	

分析程序规格说明中给出和隐含的对输入条件的要求，列出等价类表(包括有效等价类和无效等价类)。

年龄：一位或两位非零整数，值的有效范围为 1～99。

性别：一位英文字符，只能取值“M”或“F”。

婚姻：字符，只能取值“已婚”或“未婚”。

抚养人数：空白或一位非零整数(1～9)。

点数：一位或两位非零整数，值的范围为 1～99。

根据表 4-10 所示的等价类表，设计能覆盖所有等价类的测试用例如表 4-11 所示。

表 4-10 保险公司人寿保险保费计算程序的等价类表

输入条件	有效等价类	编号	无效等价类	编号
年龄/岁	20～39	①		
	40～59	②		
	1～19 60～99	③	小于 1	⑫
			大于 99	⑬
性别	单个英文字符	④	非英文字符	⑭
			非单个英文字符	⑮
	M	⑤	除“M”和“F”外的其他单个字符	⑯
	F	⑥		
婚姻	已婚	⑦	除“已婚”和“未婚”外的其他字符	⑰
	未婚	⑧		
抚养人数	空白	⑨	除空白和数字外的其他字符	⑱
	1～6	⑩	小于 1	⑲
	6～9	⑪	大于 9	⑳

表 4-11 保险公司人寿保险保费费率计算程序的等价类测试用例

测试用例编号	输入数据				预期输出
	年龄/岁	性　别	婚　姻	抚养人数	保险费率/%
①	27	F	未婚	空白	0.6
②	50	M	已婚	2	0.6
③	70	F	已婚	7	0.1
④	0	M	未婚	空白	无法推算

续表

测试用例编号	输入数据				预期输出
	年龄/岁	性　别	婚　姻	抚养人数	保险费率/%
⑤	100	F	已婚	3	无法推算
⑥	99	男	已婚	4	无法推算
⑦	1	Child	未婚	空白	无法推算
⑧	45	N	已婚	5	无法推算
⑨	38	F	离婚	1	无法推算
⑩	62	M	已婚	没有	无法推算
⑪	18	F	未婚	0	无法推算
⑫	40	M	未婚	10	无法推算

4.3 边界值分析法

人们从长期的测试工作经验得知，大量的错误发生在输入和输出范围的边界上，而不是在输入范围内部。对此，可以用一句谚语“缺陷遗漏在角落里，聚集在边界上”来具体形象地形容软件缺陷的出现。

4.3.1 边界值分析法的原理

边界值分析法就是对输入或输出的边界值进行测试的一种黑盒测试方法。那么，怎样用边界值分析法设计测试用例？

(1) 确定边界情况。通常输入或输出等价类的边界就是应该着重测试的边界情况。

(2) 选取正好等于、刚刚大于或刚刚小于边界的值作为测试数据，而不是选取等价类中的典型值或任意值。

下面介绍几组相关概念。

1. 边界条件

一般来说，边界条件就是一些特殊情况。例如，在给定条件 C 下，软件执行一种操作，对给定任意小的 δ，在条件 $C+\delta$ 或 $C-\delta$ 时会执行另外的操作，则条件 C 就是这种操作的一个边界。

程序在处理大量的中间数值时都是无误的，但在边界处可能会出现各种各样的错误。例如，一个字所能表示(单字时)的最大的数值是 $2^{16}-1$(即 65535)，但经常会发现很多时候处理的是 2^{16}(65536)，这会让程序产生很多意外的错误。类似的问题恰恰就出现在那些很容易忽视的边界条件上。

通常情况下，软件测试所包含的边界检验有数字、位置、质量、字符、速度、尺寸、大小、方位和空间等类型。与此同时，考虑这些数据类型的下述特征：第一个和最后一个、最小值和最大值、开始和完成、超过和在内、空和慢、最短和最长、最慢和最快、最早和最迟、最高和最低、相邻和最远等。例如，对 16 位的整数而言，32767 和 −32768 是边界；屏幕上光标在最左上、最右下位置；报表的第一行和最后一行；数组元素的第一个和最后一个；循环的第 0 次、第 1 次和倒数第 2 次、最后一次。

表 4-12 给出了几种边界值情况。

表 4-12 几种边界值情况

项	边　界　值	测试用例的设计思路
字符	起始－1 个字符；结束＋1 个字符	假设一个文本输入区域允许输入 1～255 个字符，输入 1 个和 255 个字符作为有效等价类；输入 0 个和 256 个字符作为无效等价类，这几个数值都属于边界条件值
数值	最小值－1；最大值＋1	假设某软件的数据输入域要求输入 5 位的数据值，可以用 10000 作为最小值、99999 作为最大值；然后用刚好小于 5 位和大于 5 位的数值来作为边界条件
空间	小于空余空间一点；大于满空间一点	例如在用 U 盘存储数据时，使用比剩余磁盘空间大一点（几千字节）的文件作为边界条件

软件测试中经常碰到的边界条件主要有以下几种。

(1) 在计算机软件中，字符也是很重要的表示元素，其中 ASCII 和 Unicode 是常见的编码方式。表 4-13 中列出了一些常用字符对应的 ASCII 码值。

表 4-13 常用字符对应的 ASCII 码值

字　符	ASCII 码值	字　符	ASCII 码值
空(null)	0	A	65
空格(space)	32	a	97
斜杠(/)	47	Z	90
0	48	z	122
冒号(:)	58	单引号(')	96
@	64		

(2) 计算机是基于二进制进行工作的，因此软件的任何数值运算都有一定的范围限制。表 4-14 列出了几种计算机中常用数值运算的值或范围。

表 4-14 计算机中常用数值运算的值或范围

项	值 或 范 围	项	值 或 范 围
位(bit)	0 或 1	千(K)	1024
字节(byte)	0～255	兆(M)	1048576
字(word)	0～65535(单字)或 0～4294967295(双字)	吉(G)	1073741824

(3) 还有一些其他的情况经常被忽视。例如，在文本框中没有输入任何内容就按“确认”按钮。因此，在实际的测试中还需要考虑程序对默认值、空白、零值、空值、无输入等情况的处理。

在进行边界值测试时怎样确定边界条件的取值呢？一般应该遵循以下原则。

(1) 如果输入条件规定了值的范围，则应取刚达到这个范围的边界值以及刚刚超过这个范围边界的值作为测试输入数据。

(2) 如果输入条件规定了值的个数,则用最大个数、最小个数和比最大个数多 1 个、比最小个数少 1 个的数作为测试数据。

(3) 根据程序规格说明的每个输出条件,使用原则(1)。

(4) 根据程序规格说明的每个输出条件,使用原则(2)。

(5) 如果程序的规格说明给出的输入域或输出域是有序集合(如有序表、顺序文件等),则应选取集合中的第一个和最后一个元素作为测试用例。

(6) 如果程序中使用了一个内部数据结构,则应当选择这个内部数据结构的边界上的值作为测试用例。

(7) 分析程序规格说明,找出其他可能的边界条件。

2. 边界值分析测试

采用边界值分析测试的基本思想是:故障往往出现在输入变量的边界值附近。

因此,边界值分析法利用输入变量的最小值(min)、略大于最小值(min+)、输入值域内的任意值(nom)、略小于最大值(max-)和最大值(max)来设计测试用例。

边界值分析法是基于可靠性理论中称为"单故障"的假设,即有两个或两个以上故障同时出现而导致软件失效的情况很少,也就是软件失效基本上是由单故障引起的。

因此,在边界值分析法中获取测试用例的方法是:

(1) 每次保留程序中一个变量,让其余的变量取正常值,被保留的变量依次取 min、min+、nom、max-和 max。

(2) 对程序中的每个变量重复(1)。

例 4-1 有两个输入变量 $x_1(a \leqslant x_1 \leqslant b)$和 $x_2(c \leqslant x_2 \leqslant d)$的程序 P 的边界值分析测试用例是:

{**<$x_1$nom, $x_2$min>, <$x_1$nom, $x_2$min+>, <$x_1$nom, $x_2$nom>, <$x_1$nom, $x_2$max>, <$x_1$nom, $x_2$max->, <$x_1$min, $x_2$nom>, <$x_1$min+, $x_2$nom>, <$x_1$max, $x_2$nom>, <$x_1$max-, $x_2$nom>**}(如图 4-4 所示)

例 4-2 有二元函数 f(x,y),其中 x∈[1,12],y∈[1,31]。

采用边界值分析法设计的测试用例是:

{<1,15>,<2,15>,<11,15>,<12,15>,<6,15>,<6,1>,<6,2>,<6,30>,<6,31>}

由此,可以得出推论:对于一个含有 n 个变量的程序,采用边界值分析法测试程序会产生 4n+1 个测试用例。

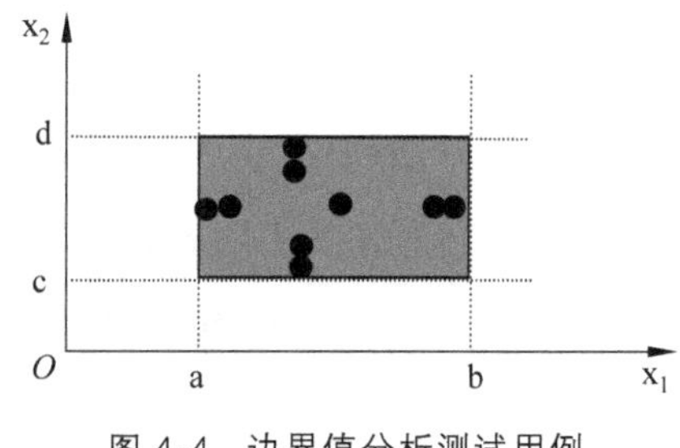

图 4-4 边界值分析测试用例

3. 健壮性边界值测试

健壮性测试是作为边界值分析的一个简单的扩充,它除了对变量的 5 个边界值分析取值外,还需要增加一个略大于最大值(max+)以及略小于最小值(min-)的取值,检查超过极限值时系统的情况。因此,对于有 n 个变量的函数采用健壮性测试需要 6n+1 个测试用例。

前面例 4-1 中的程序 P 的健壮性测试如图 4-5 所示。

健壮性测试最关心的不是输入,而是预期的输出。其最大的价值在于观察处理异常情况,它是检测软件系统容错性的重要手段。

4. 最坏情况测试

最坏情况测试拒绝单缺陷假设，它关心的是当多个变量取极值时会出现的情况。在最坏情况中，对每一个输入变量首先获得包括最小值、略小于最小值、正常值、略小于最大值和最大值的 5 个元素结合的测试，然后对这些集合进行笛卡儿积计算，以生成测试用例。

对于有两个变量的程序 P1，其最坏情况测试的用例如图 4-6 所示。

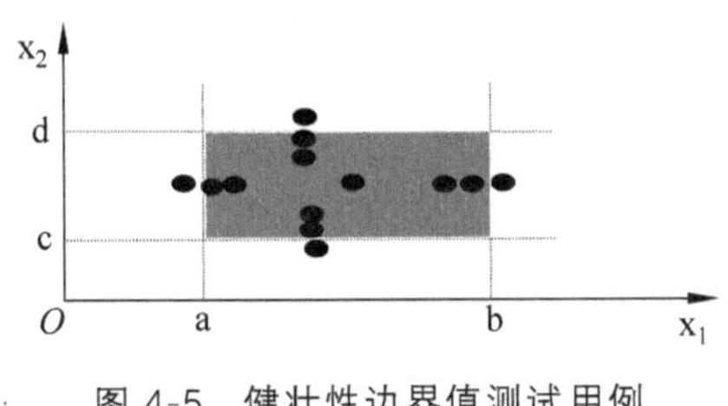

图 4-5 健壮性边界值测试用例

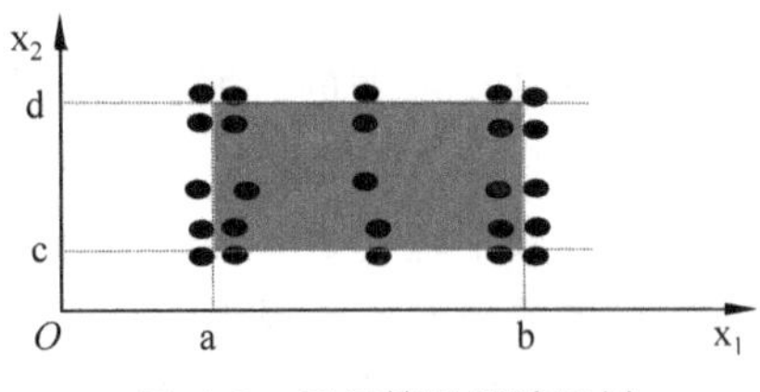

图 4-6 最坏情况测试用例

显而易见，最坏情况测试将更加彻底，因为边界值分析测试是最坏情况测试用例的子集。进行最坏情况测试意味着更多的测试工作量。n 个变量的函数，其最坏情况测试将会产生 5^n 个测试用例，而边界值分析只会产生 4n+1 个测试用例。

由此，可以推知健壮性最坏情况测试是对最坏情况测试的扩展，这种测试使用健壮性测试的 7 个元素集合的笛卡儿积，将会产生 7^n 个测试用例。图 4-7 给出了两个变量函数的最坏情况的测试用例。

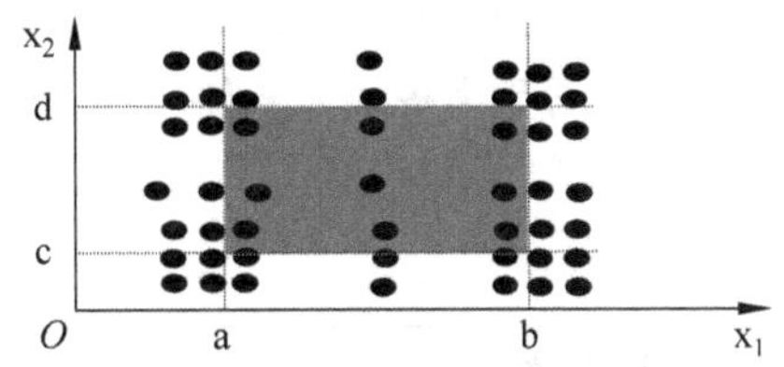

图 4-7 健壮性最坏情况测试用例

4.3.2 边界值分析法的测试运用

1. 标准化考试成绩统计的测试用例

例 4-3 现有一个学生标准化考试批阅试卷，产生成绩报告的程序。其规格说明是：程序的输入文件由一些有 80 个字符的记录组成(如图 4-8 所示)所有记录分为标题、试卷各题标准答案记录、每个学生的答卷描述 3 组。

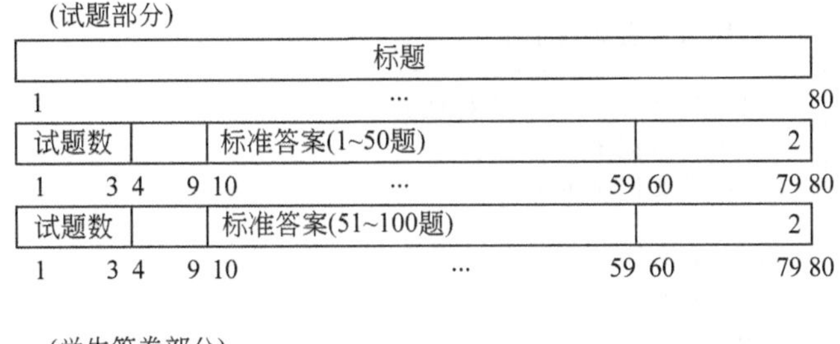

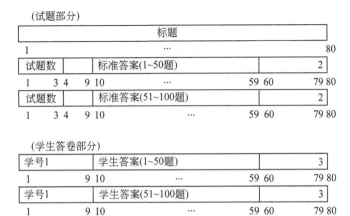

图 4-8 程序输入条件

(1) 标题：这一组只有一个记录，其内容为输出成绩报告的名字。

（2）试卷各题标准答案记录：每个记录均在第 80 个字符处标以数字“2”。该组的第一个记录的第 1～3 个字符为题目编号(取值为 1～999)。第 10～59 个字符给出第 1～50 题的答案(每个合法字符表示一个答案)。该组的第 2 个、第 3 个等记录相应为第 51～100、第 101～150 等题的答案。

（3）每个学生的答卷描述：该组中每个记录的第 80 个字符均为数字“3”。每个学生的答卷在若干记录中给出。如甲的首记录第 1～9 字符给出学生姓名及学号，第 10～59 字符列出的是甲所做的第 1～50 题的答案。若试题数超过 50，则第 2 个、第 3 个等记录分别给出他的第 51～100、第 101～150 等题的解答。然后是学生乙的答卷记录。

（4）学生人数不超过 200，试题数不超过 999。

（5）程序的输出有 4 个报告：

① 按学号排列的成绩单，列出每个学生的成绩、名次。

② 按学生成绩排序的成绩单。

③ 平均分数及标准偏差的报告。

④ 试题分析报告。按试题号排序，列出各题学生答对的百分比。

解答：分别考虑输入条件、输出条件以及边界条件。输入条件及相应的测试用例如表 4-15 所示。

表 4-15　输入条件及相应的测试用例

输 入 条 件	测 试 用 例
输入文件	空输入文件
标题	没有标题 标题只有 1 个字符 标题有 80 个字符
试题数	试题数为 1 试题数为 50 试题数为 51 试题数为 100 试题数为 0 试题数含有非数字字符
标准答案记录	没有标准答案记录，有标题 标准答案记录多于一个 标准答案记录少于一个
学生人数	0 个学生 1 个学生 200 个学生 201 个学生
学生答题	某学生只有一个回答记录，但有两个标准答案记录 该学生是文件中的第一个学生 该学生是文件中的最后一个学生(记录出错的学生)
学生答题	某学生只有一个回答记录，但有两个标准答案记录 该学生是文件中的最后一个学生(记录出错的学生) 该学生是文件中的第一个学生

续表

输入条件	测试用例
学生成绩	所有学生的成绩都相等 每个学生的成绩都不相等 部分学生的成绩相同 (检查是否能按成绩正确排名次) 有个学生 0 分 有个学生 100 分

输出条件及相应的测试用例如表 4-16 所示。

表 4-16 输出条件及相应的测试用例

输出条件	测试用例
输出报告 a、b	有个学生学号最小(检查按序号排序是否正确) 有个学生学号最大(检查按序号排序是否正确) 适当的学生人数,使产生的报告刚好满一页(检查打印页数) 学生人数比刚才多出 1 人(检查打印换页)
输出报告 c	平均成绩 100 平均成绩 0 标准偏差为最大值(有一半的 0 分,其他 100 分) 标准偏差为 0(所有成绩相等)
输出报告 d	所有学生都答对了第一题 所有学生都答错了第一题 所有学生都答对了最后一题 所有学生都答错了最后一题 选择适当的试题数,使第四个报告刚好打满一页 试题数比刚才多 1,使报告打满一页后,刚好剩下一题未打

2. NextDate 函数的边界值分析测试用例

例 4-4 NextDate 问题也是软件测试中的一个经典问题。在 NextDate 函数中,隐含规定了变量 month 和变量 day 的取值范围为 1≤month≤12 和 1≤day≤31,并设定变量 year 的取值范围为 1911≤year≤2050,如表 4-17 所示。

表 4-17 NextDate 函数测试用例

测试用例	month	day	year	预期输出
Test 1	6	15	1911	1911.6.16
Test2	6	15	1912	1912.6.16
Test3	6	15	1913	1913.6.16
Test4	6	15	1975	1975.6.16
Test5	6	15	2049	2049.6.16
Test6	6	15	2050	2050.6.16
Test7	6	15	2051	2051.6.16
Test8	6	−1	2001	day 超出[1,31]

续表

测试用例	month	day	year	预期输出
Test9	6	1	2001	2001.6.2
Test10	6	2	2001	2001.6.3
Test11	6	30	2001	2001.7.1
Test12	6	31	2001	输入日期超界
Test13	6	32	2001	day 超出[1,31]
Test14	−1	15	2001	month 超出[1,12]
Test15	1	15	2001	2001.1.16
Test16	2	15	2001	2001.2.16
Test17	11	15	2001	2001.11.16
Test18	12	15	2001	2001.12.16
Test19	13	15	2001	month 超出[1,12]

3. 加法器边界值测试用例设计

例 4-5 加法器程序计算两个 1～100 内整数的和。

对于加法器程序，根据输入要求可将输入空间划分为 3 个等价类，即一个有效等价类(1～100)，两个无效等价类(<1，>100)。但这种等价类划分不是很完善，我们只考虑了输入数据的取值范围，而没有考虑输入数据的类型，我们认为输入应为整数，但用户输入什么都有可能。加法器程序测试用例如表 4-18 所示。

表 4-18 加法器程序测试用例

测试用例	输入数据		预期输出
	加数 1	加数 2	和
Test1	1	50	51
Test2	2	50	52
Test3	99	50	149
Test4	100	50	150
Test5	50	1	51
Test6	50	2	52
Test7	50	99	149
Test8	50	100	150
Test9	0	50	提示“请输入 1～100 的整数”
Test10	50	0	提示“请输入 1～100 的整数”
Test11	101	50	提示“请输入 1～100 的整数”
Test12	50	101	提示“请输入 1～100 的整数”

续表

测试用例	输入数据		预期输出
	加数 1	加数 2	和
Test13	0.2	50	提示“请输入 1～100 的整数”
Test14	50	0.2	提示“请输入 1～100 的整数”
Test15	A	50	提示“请输入 1～100 的整数”
Test16	50	A	提示“请输入 1～100 的整数”
Test17	@	50	提示“请输入 1～100 的整数”
Test18	50	@	提示“请输入 1～100 的整数”
Test19	空格	50	提示“请输入 1～100 的整数”
Test20	50	空格	提示“请输入 1～100 的整数”
Test21		50	提示“请输入 1～100 的整数”
Test22	50		提示“请输入 1～100 的整数”

4. 三角形问题的边界值分析测试用例设计

例 4-6 在三角形问题描述中，除了要求边长是整数外，没有给出其他的限制条件。在此将三角形各边边长的取值范围设置为[1,100]，如表 4-19 所示。

说明：如果程序规格说明中没有显式地给出边界值，则可以在设计测试用例前先设定取值的下限和上限。

表 4-19 三角形问题测试用例

测试用例	a	b	c	预期输出
Test1	60	60	1	等腰三角形
Test2	60	60	2	等腰三角形
Test3	60	60	60	等边三角形
Test4	50	50	99	等腰三角形
Test5	50	50	100	非三角形
Test6	60	1	60	等腰三角形
Test7	60	2	60	等腰三角形
Test8	50	99	50	等腰三角形
Test9	50	100	50	非三角形
Test10	1	60	60	等腰三角形
Test11	2	60	60	等腰三角形
Test12	99	50	50	等腰三角形
Test13	100	50	50	非三角形

4.4 决策表

决策表(decision table)又称判定表,是分析和表达多逻辑条件下执行不同操作的工具。在一些数据问题的处理当中,某些操作的实施依赖于多个逻辑条件的组合,即针对不同逻辑条件的组合值,分别执行不同的操作。决策表很适合处理这类问题。

决策表能够将复杂的问题按照各种可能的情况全部列举出来,简明并避免遗漏。因此,利用决策表能够设计出完整的测试用例集合。

4.4.1 决策表的原理

在所有的黑盒测试方法中,基于决策表的测试是最严格、最具有逻辑性的测试方法。

在实际的软件测试中,决策表并不是作为因果图的一个辅助工具而应用的。它特别适合应用于当有很多的输入输出时,并且输入和输出之间互相制约的条件比较多的情况。

1. 决策表

决策表一般由条件桩、条件项、动作桩和动作项 4 部分构成,如图 4-9 所示。

(1) 条件桩:列出问题的所有条件。

(2) 条件项:针对条件桩给出的条件列出所有可能的取值。

(3) 动作桩:列出问题规定的可能采取的操作。

(4) 动作项:指出在条件项的各组取值情况下应采取的动作。

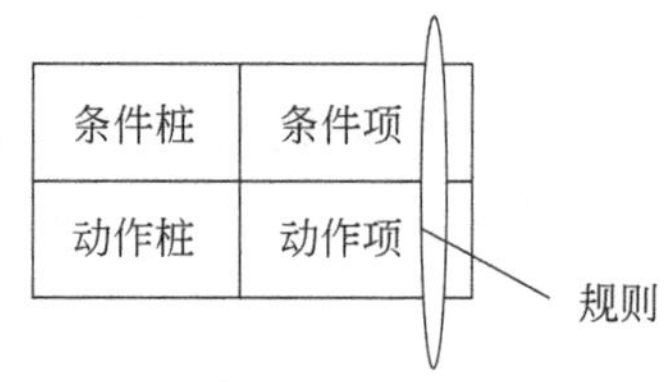

图 4-9 决策表的组成

动作项和条件项紧密相关,指出在条件项的各组取值情况下应采取的动作。

将任何一个条件组合的特定取值以及相应要执行的动作称为一条规则。在决策表中贯穿条件项和动作项的一列就是一条规则。

在实际应用中也可以看到决策表的运用(见表 4-20)。

表 4-20 “阅读指南”决策表

		1	2	3	4	5	6	7	8
问题	觉得疲倦?	Y	Y	Y	Y	N	N	N	N
	感兴趣吗?	Y	Y	N	N	Y	Y	N	N
	糊涂吗?	Y	N	Y	N	Y	N	Y	N
建议	重读					√			
	继续						√		
	跳到下一章							√	√
	休息	√	√	√	√				

不难看出,规则贯穿于条件项和动作项的一列。决策表中能列出多少组条件项的取值,就会有多少条规则。

2. 决策表的构造及进一步化简

一般来说，构造决策表有 5 个步骤：

(1) 确定规则的个数。有 n 个条件的决策表有 2^n 个规则(每个条件取真、假值)。

(2) 列出所有的条件桩和动作桩。

(3) 填入条件项。

(4) 填入动作项，得到初始决策表。

(5) 简化决策表，合并相似规则。

若表中有两条以上规则具有相同的动作，并且在条件项之间存在极为相似的关系，便可以合并。

合并后的条件项用符号"－"表示，说明执行的动作与该条件的取值无关，称为无关条件。

如图 4-10(a)左端，两规则动作项一样，条件项类似，在 1、2 条件项分别取 Y、N 时，无论条件 3 取何值，都执行同一操作。即要执行的动作与条件 3 无关，于是可合并。符号"－"表示与取值无关。与图 4-10(a)类似，图 4-10(b)中，无关条件项"－"可包含其他条件项取值，具有相同动作的规则可合并。

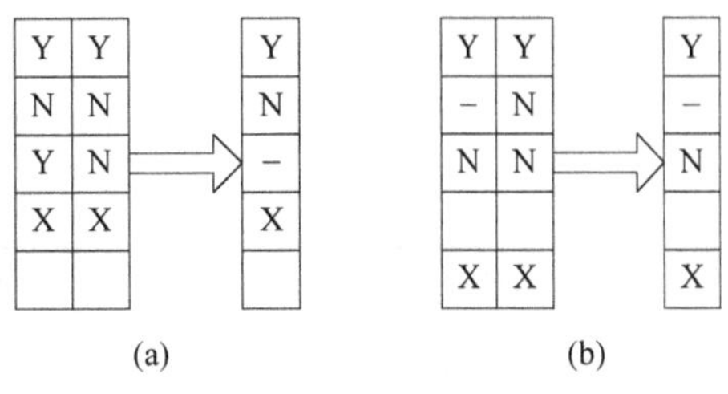

图 4-10 判定表合并规则举例

对于 n 个条件的决策表，相应有 2^n 个规则，当 n 较大时，决策表很烦琐。实际使用决策表时，常常先将它简化。决策表的简化是以合并相似规则为目标，即若表中有两条以上规则具有相同的动作，并且在条件项之间存在极为相似的关系，便可以合并。

3. 依据决策表设计测试用例

在简化或最后的决策表给出之后，只需要选择恰当的输入，使得决策表每一列的输入条件值得到满足即可生成相应的测试用例。

同其他软件测试一样，决策表测试法适用于具有以下特征的应用程序。

(1) if-then-else 逻辑突出；输入变量之间存在逻辑关系；涉及输入变量子集的计算；输入与输出之间存在因果关系。

(2) 适用于使用决策表设计测试用例的条件：

① 规格说明以决策表形式给出，或较容易转换为决策表。

② 条件的排列顺序不会也不应影响执行的操作。

③ 规则的排列顺序不会也不应影响执行的操作。

④ 当某一规则的条件已经满足，并确定要执行的操作后，不必检验别的规则。

⑤ 如果某一规则的条件要执行多个操作，这些操作的执行顺序无关紧要。

4.4.2 决策表的测试运用

例 4-7 假设中国某航空公司规定：

- 中国去欧美的航线所有座位都有食物供应，每个座位都可以播放电影。
- 中国去非欧美的国外航线都有食物供应，只有商务舱可以播放电影。

- 中国国内航班的商务舱有食物供应,但是不可以播放电影。
- 中国国内航班的经济舱飞行时间大于或等于 2 小时的有食物供应,但是不可以播放电影。

条件有:

(1) 航线:国外欧美航线、国外非欧美航线、国内航线。

(2) 舱位:商务、经济。

(3) 飞行时间:小于 2 小时,还是大于或等于 2 小时。

行为有:

(1) 播放电影。

(2) 食物供应。

形成的中国某航空公司决策表设计如表 4-21 所示。

表 4-21 中国某航空公司决策表设计

条件和行为		规则 1	规则 2	规则 3	规则 4	规则 5	规则 6
条件	航线是国外欧美的	Y	N	N	N	N	N
	航线是国外非欧美的	N	Y	Y	N	N	N
	航线是国内的	N	N	N	Y	Y	Y
	舱位是商务舱	—	Y	N	Y	N	N
	飞行时间大于或等于 2 小时	—	—	—	—	Y	N
行为	食物供应	X	X	X	X	X	—
	播放电影	X	X	—	—	—	—

这样就可以写出 6 个测试用例来覆盖这些场景。注意,这些测试用例完全是根据需求定义来的。对于测试用例 1 来说,需求说明认为商务舱还是经济舱是不能影响后面的行为的。但是对于测试人员来说,其实还是要验证的,所以可能需要加测试用例。这就更加说明了决策表只是一种理清思路的工具,还是要结合其他的测试技术来生成额外的测试用例。

例 4-8 NextDate 函数的精简决策表:

M1={月份:每月有 30 天}

M2={月份:每月有 31 天,12 月除外}

M4={月份:12 月}

M3={月份:2 月}

D1={日期:1<=日期<=27}

D2={日期:28}

D3={日期:29}

D4={日期:30}

D5={日期:31}

Y1 ={年:年是闰年}

Y2 ={年:年不是闰年}

输入变量间存在大量逻辑关系的 NextDate 问题决策表，如表 4-22 所示。

表 4-22 NextDate 问题决策表

时间和行为	1～3	4	5	6～9	10	11～14	15	16	17	18	19	20	21～22
C_1 月份在	M_1	M_1	M_1	M_2	M_2	M_3	M_3	M_4	M_4	M_4	M_4	M_4	M_4
C_2 日期在	D_1			D_1		D_1							D_4
	D_2	D_4	D_5	D_2	D_5	D_2	D_5	D_1	D_2	D_2	D_3	D_3	D_5
	D_3			D_3		D_3							
				D_4		D_4							
C3 年在	—	—	—	—	—	—	—	—	Y_1	Y_2	Y_1	Y_2	—
行为 a_1：不可能			×								×	×	×
a_2：日期+1	×			×		×		×	×				
a_3：日期复位		×			×		×			×	×		
a_4：月份+1		×			×					×	×		
a_5：月份复位							×						
a_6：年+1							×						

例 4-9 问题要求："对功率大于 36.75kW 的机器、维修记录不全或已运行 10 年以上的机器，应给予优先维修处理"。这里假定，"维修记录不全"和"优先维修处理"均已在别处有更严格的定义。请建立决策表。

(1) 确定规则的个数：这里有 3 个条件，每个条件有两个取值，故应有 2×2×2=8 种规则。

(2) 列出所有的条件项和动作桩，如表 4-23 所示。

表 4-23 条件项和动作桩

条件	功率大于 36.75kW 吗？
	维修记录不全吗？
	运行超过 10 年吗？
动作	进行优先处理
	做其他处理

(3) 填入条件项。可从最后 1 行条件项开始，逐行向上填满。例如，第三行是 Y N Y N Y N Y N，第二行是 Y Y N N Y Y N N，等等。

(4) 填入动作桩和动作项。这样便得到形如表 4-24 的初始判定表。

表 4-24　初始判定表

条件和动作		1	2	3	4	5	6	7	8
条件	功率大于 36.75kW 吗？	Y	Y	Y	Y	N	N	N	N
	维修记录不全吗？	Y	Y	N	N	Y	Y	N	N
	运行超过 10 年吗？	Y	N	Y	N	Y	N	Y	N
动作	进行优先处理	X	X	X		X		X	
	做其他处理				X		X		X

(5) 化简。合并相似规则后得到表 4-25。

表 4-25　化简后的判定表

条件和动作		1	2	3	4	5
条件	功率大于 36.75kW 吗？	Y	Y	Y	N	N
	维修记录不全吗？	Y	N	N	—	—
	运行超过 10 年吗？	—	Y	N	Y	N
动作	进行优先处理	X	X		X	
	做其他处理			X		X

4.5　因果图

前面介绍的等价类测试方法和边界值分析方法，都是着重考虑输入条件，但未考虑输入条件之间的联系、相互组合等。考虑输入条件之间的相互组合，可能会产生一些新的情况。要检查输入条件的组合不是一件容易的事情，即使把所有输入条件划分成等价类，它们之间的组合情况也相当多。因此，必须考虑采用一种适合于描述对于多种条件的组合，相应产生多个动作的形式来考虑设计测试用例。这就需要利用因果图（逻辑模型）。

因果图方法最终生成的就是判定表，它适合于检查程序输入条件的各种组合情况。

4.5.1　因果图的原理

因果图是一种挑选高效测试用例以检查组合输入条件的系统方法。

20 世纪 70 年代，IBM 公司进行了一项工作，将自然语言书写的要求转换成一个形式说明。形式说明可以用来产生功能测试的测试用例。这个转换过程检查需求的语义，用输入和输出之间或者输入和转换之间的逻辑关系来重新表述它们。将输入称为原因，输出和转换称为结果。通过分析可以得到一张反映这些关系的图，这张图称为因果图。

1. 因果图的概念

因果图测试方法是基于这样的一种思想：一些程序的功能可以用决策表的形式来表示，并根据输入条件的组合情况规定相应的操作。

因果图测试方法，是一种利用图解法分析输入的各种组合情况，从而设计测试用例的方法，它适合于检查程序输入条件的各种组合情况。

因果图的基本符号：图中的左节点 c_i 表示输入状态(或称原因)，右节点 e_i 表示输出状态(或称结果)。c_i与 e_i取值 0 或 1，0 表示某状态不出现，1 则表示某状态出现。

因果图中的 4 种基本关系如图 4-11 所示。

(1) 恒等：若 c_1 是 1，则 e_1 也为 1；否则 e_1 为 0。

(2) 非：若 c_1 是 1，则 e_1 为 0；否则 e_1 为 1。

(3) 或：若 c_1 或 c_2 或 c_3 是 1，则 e_1 为 1；否则 e_1 为 0。

(4) 与：若 c_1 和 c_2 都是 1，则 e_1 为 1；否则 e_1 为 0。

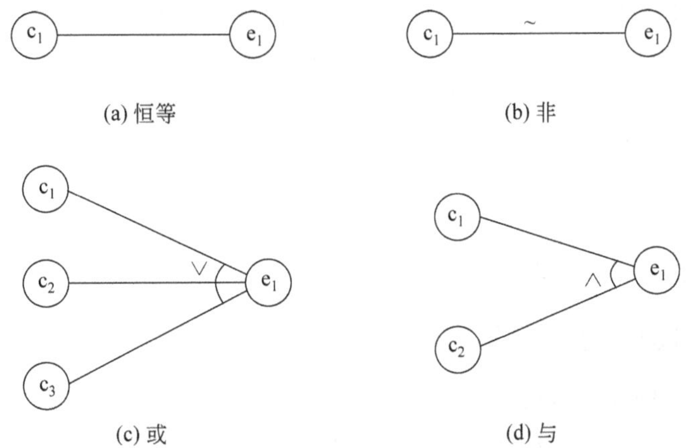

图 4-11 因果图中的 4 种关系

2. 因果图中的约束

输入状态相互之间还可能存在某些依赖关系，这种依赖关系称为约束。例如，某些输入条件本身不可能同时出现。输出状态之间也往往存在约束。在因果图中，用特定的符号标明这些约束，如图 4-12 所示。

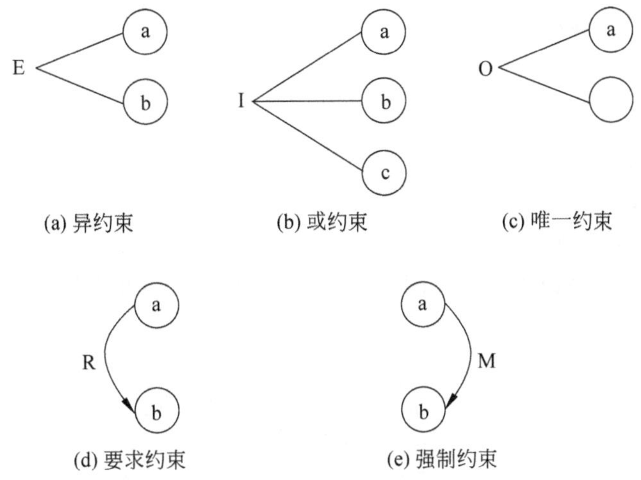

图 4-12 因果图中的约束

1) 输入条件的 4 类约束

① E(Exclusive，异)约束：a 和 b 中至多有一个可能为 1，即 a 和 b 不能同时为 1。

② I(Inclusive，或)约束：a、b 和 c 中至少有一个必须是 1，即 a、b 和 c 不能同时为 0。

③ O(Only one,唯一)约束：a 和 b 必须有一个,且仅有 1 个为 1。

④ R(Request,要求)约束：a 是 1 时,b 必须是 1,即不可能 a 是 1 时 b 是 0。

2) 输出条件的约束类型

输出条件的约束只有 M 约束,若结果 a 是 1,则结果 b 强制为 0。

因果图测试方法最终生成的是决策表。采用因果图测试方法测试用例的设计步骤如下。

(1) 确定软件规格中的原因和结果。分析规格说明中哪些是原因(即输入条件或输入条件的等价类),哪些是结果(即输出条件),并给每个原因和结果赋予一个标识符。

(2) 确定原因和结果之间的逻辑关系。分析软件规格说明中的语义,找出原因与结果之间、原因与原因之间对应的关系,根据这些关系画出因果图。

(3) 确定因果图中的各个约束。由于语法或环境的限制,有些原因与原因之间、原因与结果之间的组合情况不可能出现。为表明这些特殊情况,在因果图上用一些记号表明约束或限制条件。

(4) 把因果图转换为决策表。

(5) 根据决策表设计测试用例。

4.5.2 因果图的测试运用

例 4-10 用因果图法测试以下程序。

程序的规格说明要求：输入的第一个字符必须是 A 或 B,第二个字符必须是一个数字,此情况下进行文件的修改;如果第一个字符不是 A 或 B,则给出信息 L,如果第二个字符不是数字,则给出信息 M。

解答：(1) 根据题意,原因和结果如下。

原因：

1. 第一列字符是 A;
2. 第一列字符是 B;
3. 第二列字符是一数字。

结果：

21. 修改文件;
22. 给出信息 L;
23. 给出信息 M。

(2) 其对应的因果图如下。

11 为中间节点。考虑原因 1 和原因 2 不可能同时为 1,因此在因果图上施加 E 约束,如图 4-13 所示。

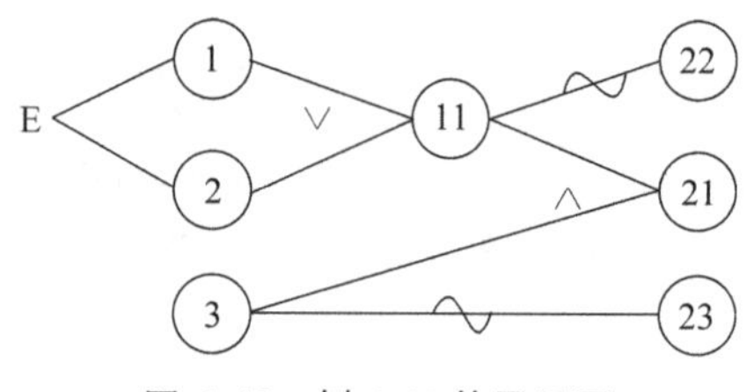

图 4-13 例 4-10 的因果图

(3) 根据因果图建立决策表,如表 4-26 所示。

表 4-26　根据因果图建立的决策表

		1	2	3	4	5	6	7	8
原因（条件）	1	1	1	1	1	0	0	0	0
	2	1	1	0	0	1	1	0	0
	3	1	0	1	0	1	0	1	0
	11	—	—	1	1	1	1	0	0
动作（结果）	22	—	—	0	0	0	0	1	1
	21	—	—	1	0	1	0	0	0
	23	—	—	0	1	0	1	0	1

表中 8 种情况的左面两列情况中,原因 1 和原因 2 同时为 1,这是不可能出现的,故应排除这两种情况。

(4) 把决策表的每一列拿出来作为依据,设计测试用例如表 4-27 所示。

表 4-27　根据决策表设计的测试用例

		1	2	3	4	5	6	7	8
原因（条件）	1	1	1	1	1	0	0	0	0
	2	1	1	0	0	1	1	0	0
	3	1	0	1	0	1	0	1	0
	11	—	—	1	1	1	1	0	0
动作（结果）	22	—	—	0	0	0	0	1	1
	21	—	—	1	0	1	0	0	0
	23	—	—	0	1	0	1	0	1
测试用例	—	—	—	A6	Aa	B9	BP	C5	HY
	—	—	—	A0	A@	B1	B*	H4	E%

表的最下一栏给出了 6 种情况的测试用例,这是我们所需要的数据。

例 4-11　有一个处理单价为 5 角钱的饮料的自动售货机软件测试用例的设计。其规格说明:若投入 5 角钱或 1 元钱的硬币,按下“橙汁”或“啤酒”的按钮,则相应的饮料就送出来。若售货机没有零钱找,则显示“零钱找完”的红灯亮,这时在投入 1 元硬币并按下相关按钮后,饮料不送出来而且 1 元硬币退出来;若有零钱找,则显示“零钱找完”的红灯灭,在送出饮料的同时退还 5 角硬币。

(1) 分析这一段说明,列出原因和结果。

原因:

1. 售货机有零钱找;
2. 投入 1 元硬币;
3. 投入 5 角硬币;
4. 按下“橙汁”按钮;
5. 按下“啤酒”按钮。

结果：

21. 售货机“零钱找完”红灯亮；

22. 退还 1 元硬币；

23. 退还 5 角硬币；

24. 送出橙汁饮料；

25. 送出啤酒。

（2）画出因果图，如图 4-14 所示。所有原因节点列在左边，所有结果节点列在右边。建立中间节点，表示处理的中间状态。

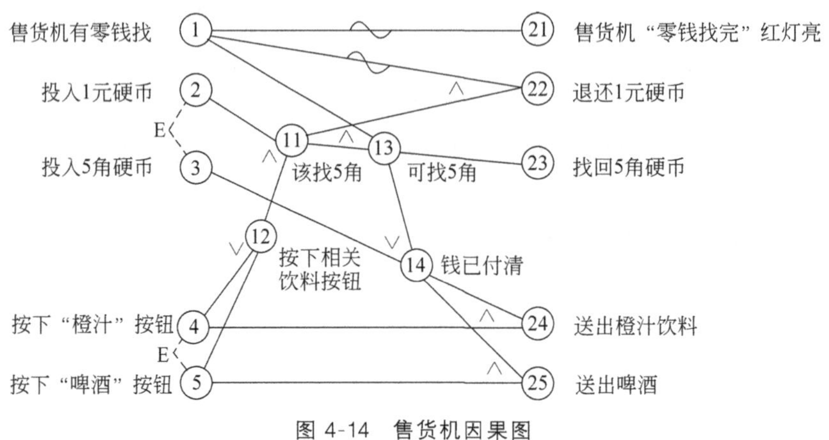

图 4-14　售货机因果图

中间节点：

11. 投入 1 元硬币且按下相关饮料按钮；

12. 按下“橙汁”或“啤酒”按钮；

13. 应当找 5 角零钱并且售货机有零钱找；

14. 钱已付清。

（3）转换成决策表，如表 4-28 所示。

表 4-28　自动售货机决策表

序号		1	2	3	4	5	6	7	8	9	10	11	12	13	14	15	16	17	18	19	20	21	22	23	24	25	26	27	28	29	30	31	32
条件	1	1	1	1	1	1	1	1	1	1	1	1	1	1	1	1	1	0	0	0	0	0	0	0	0	0	0	0	0	0	0	0	0
	2	1	1	1	1	1	1	1	1	0	0	0	0	0	0	0	0	1	1	1	1	1	1	1	1	0	0	0	0	0	0	0	0
	3	1	1	1	1	0	0	0	0	1	1	1	1	0	0	0	0	1	1	1	1	0	0	0	0	1	1	1	1	0	0	0	0
	4	1	1	0	0	1	1	0	0	1	1	0	0	1	1	0	0	1	1	0	0	1	1	0	0	1	1	0	0	1	1	0	0
	5	1	0	1	0	1	0	1	0	1	0	1	0	1	0	1	0	1	0	1	0	1	0	1	0	1	0	1	0	1	0	1	0
中间结果	11						1	1	0		0	0	0		0	0	0						1	1	0		0	0	0		0	0	0
	12						1	1	0		1	1	0		1	1	0						1	1	0		1	1	0		1	1	0
	13						1	1	0		0	0	0		0	0	0						0	0	0		0	0	0		0	0	0
	14						1	1	0		1	1	1		0	0	0						0	0	0		1	1	1		0	0	0
结果	21						0	0	0		0	0	0		0	0	0						1	1	1		1	1	1		1	1	1
	22						0	0	0		0	0	0		0	0	0						1	1	0		0	0	0		0	0	0
	23						1	1	0		0	0	0		0	0	0						0	0	0		0	0	0		0	0	0
	24						1	0	0		1	0	0		0	0	0						0	0	0		1	0	0		0	0	0
	25						0	1	0		0	1	1		0	0	0						0	0	0		0	1	0		0	0	0
测试用例							Y	Y	Y		Y	Y	Y		Y	Y							Y	Y	Y		Y	Y	Y		Y	Y	

(4) 在决策表中,阴影部分表示因违反约束条件的不可能出现的情况,删去。第 16 列与第 32 列因什么动作也没做,也删去。最后可根据剩下的 16 列作为确定测试用例的依据。

4.6 正交实验设计方法

1. 方法简介

利用因果图来设计测试用例时,作为输入条件的原因与输出结果之间的因果关系,有时很难从软件需求规格说明中得到。往往因果关系非常庞大,以至于据此因果图而得到的测试用例数目多得惊人,给软件测试带来沉重的负担。为了有效合理地减少测试的工时与费用,可利用正交实验设计方法进行测试用例的设计。

正交实验设计方法:依据 Galois 理论,从大量的(实验)数据(测试例)中挑选适量的,有代表性的点(例),从而合理地安排实验(测试)的一种科学实验设计方法。类似的方法有聚类分析方法、因子方法等。

2. 利用正交实验设计测试用例的步骤

(1) 提取功能说明,构造因子-状态表。

把影响实验指标的条件称为因子,而影响实验因子的条件称为因子的状态。利用正交实验设计方法来设计测试用例时,首先要根据被测试软件的规格说明书找出影响其功能实现的操作对象和外部因素,把它们当作因子,而把各个因子的取值当作状态。对软件需求规格说明中的功能要求进行划分,把整体的概要性的功能要求进行层层分解与展开,分解成具体的有相对独立性的基本功能要求。这样就可以把被测试软件中所有的因子都确定下来,并为确定各因子的权值提供参考的依据。确定因子与状态是设计测试用例的关键,因此,要求尽可能全面而正确地确定取值,以确保测试用例的设计做到完整与有效。

(2) 加权筛选,生成因素分析表。

对因子与状态的选择可按其重要程度分别加权,可根据各个因子及状态的作用大小和出现频率的大小以及测试的需要确定权值的大小。

(3) 利用正交表构造测试数据集。

正交表的推导依据 Galois 理论(这里不作介绍,需要时可参考数理统计相关书籍)。

利用正交实验设计方法设计测试用例,比使用等价类划分、边界值分析、因果图等方法有以下优点:节省测试工作工时,可控制生成的测试用例数量,测试用例具有一定的覆盖率。

4.7 错误推测法

错误推测法是指人们可以依赖经验和直觉来推测程序之中可能存在的各种错误,从而有针对性地设计测试用例的方法。

错误推测法的基本思想是列举出程序中所有可能有的错误和容易发生错误的特殊情况,根据它们选择测试用例。例如:

(1) 在单元测试时曾列出的许多在模块中常见的错误、以前产品测试中曾经发现的错误等。这些就是经验的总结。

(2) 输入数据和输出数据为 0 的情况、输入表格为空格或输入表格只有一行等。这些都是容易发生错误的情况，可选择这些情况下的例子作为测试用例。

再如，测试一个对线性表(如数组)进行排序的程序，可推测列出以下几项需要特别测试的情况。

(1) 输入的线性表为空表。

(2) 表中只含有一个元素。

(3) 输入表中所有元素已排好序。

(4) 输入表已按逆序排好。

(5) 输入表中部分或全部元素相同。

错误推测法由于存在较大的随意性，因而常作为一种辅助的黑盒测试方法。

4.8 项目案例

4.8.1 学习目标

(1) 理解黑盒测试的基本原理和方法。

(2) 熟练使用边界值、等价类方法进行测试用例的设计。

(3) 熟悉因果图、决策表、错误推测等测试方法的测试用例设计。

4.8.2 案例描述

在“艾斯医药商务系统”中，通过用户注册页面的输入数据进行黑盒测试。

4.8.3 案例要点

1. 边界值

(1) 如果输入条件规定了值的个数，则用最大个数、最小个数、比最小个数少1、比最大个数多1作为测试数据。

(2) 分析规格说明，找出边界条件。

2. 等价类

(1) 在输入条件规定了取值范围和值个数的情况下，可以确定一个有效等价类和一个无效等价类。

(2) 在输入条件规定了输入值集合或者规定了“必须如何”的情况下，可确定一个有效等价类和一个无效等价类。

3. 因果图与决策表

(1) 从需求中提取所有的原因与结果，需编号。

(2) 根据需求绘制因果图。

(3) 将因果图转为决策表。

(4) 合并。

(5) 生成用例。

4. 错误推测法

(1) 多做联系，大胆猜测，熟悉系统对哪些输入数据敏感。

(2) 知识经验的积累。

4.8.4 案例实施

案例 1：边界值，如表 4-29 所示。

表 4-29 边界值

编制人	安××	审定人		时间	2010-8-12
软件名称	艾斯医药商务系统			版本	Version1.0
测试目的	检查功能是否与需求相符				
用例编号	XDL				
依赖关系	无				
用例描述	输入用户名，其字符长度为 3～10				
输入数据	输入错误用户名				
期望输出	输出提示用户不存在的警示框				
实际输出					

覆盖边界值的测试用例，如表 4-30 所示。

表 4-30 覆盖边界值的测试用例

用例编号	输入数据	输出结果	用例编号	输入数据	输出结果
XDL-01	abc	abc	XDL-04	12345678901	用户名非法
XDL-02	1234567890	1234567890	XDL-05	abcd	abcd
XDL-03	ab	用户名非法	XDL-06	123456789	123456789

在边界值的测试中，可以选取 3 组数据用例，XDL-01 和 XDL-02 测试边界值的界点，XDL-03 和 XDL-04 测试边界值的外点，XDL-05 和 XDL-06 测试边界值的内点。

案例 2：等价类，如表 4-31 所示。

表 4-31 等价类

编制人	安××	审定人		时间	2010-8-12
软件名称	艾斯医药商务系统			版本	Version1.0
测试目的	检查功能是否与需求相符				
用例编号	XDL				
依赖关系	无				
用例描述	输入注册邮箱名称，必填，必须有@字符				
输入数据					
期望输出					
实际输出					

等价类划分，如表 4-32 所示。

表 4-32 等价类划分

输入条件	有效等价类	编号	无效等价类	编号
邮箱名称,必填,必须有@字符	Dlsddw168@163.com	XDL-01	为空	XDL-02
			Dlsddw168.com	XDL-03
			特殊字符,如单引号(')	XDL-04

覆盖等价类的测试用例如表 4-33 所示。

表 4-33 覆盖等价类的测试用例

用例编号	输入数据	输出结果
XDL-01	Dlsddw168@163.com	Dlsddw168@163.com
XDL-02	空	邮箱名称不许为空
XDL-03	Dlsddw168.com	邮箱名称非法
XDL-04	特殊字符,如单引号(')	邮箱名称非法

案例 3:因果图,如表 4-34 所示。

表 4-34 因果图

编制人	安××	审定人		时间	2010-8-12
软件名称	艾斯医药商务系统			版本	Version1.0
测试目的	检查功能是否与需求相符				
用例编号	XDL				
依赖关系	无				
用例描述	输入注册日期				
输入数据					
期望输出					
实际输出					

从因果图生成的测试用例(局部,组合关系下的)包括了所有输入数据的取 TRUE 与取 FALSE 的情况,构成的测试用例数目达到最少且测试用例数目随输入数据数目的增加而线性地增加。表 4-35 为原因,表 4-36 为结果。

表 4-35 原因

原因(输入)
M1:month 有 30 天
M2:month 有 31 天,12 月除外
M3:12 月
M4:2 月
D1:1≤day≤27
D2:day=28
D3:day=29
D4:day=30
D5:day=31
Y1:闰年
Y2:非闰年

表 4-36 结果

结果(输出)
R1:天数加 1
R2:月数加 1,天数复位到 1
R3:年数加 1,月数复位到 1,天数复位到 1
R4:不可能

案例 4：决策表，如表 4-37 所示。

表 4-37 决策表

规则	条件 1：年	条件 2：月	条件 3：日	动作 1：天数加 1	动作 2：月数加 1，天数复位到 1	动作 3：年数加 1，月数复位到 1，天数复位到 1	不可能
规则 1		M1	D1	是			
规则 2		M1	D2	是			
规则 3		M1	D3	是			
规则 4		M1	D4		是		
规则 5		M1	D5				是
规则 6		M2	D1	是			
规则 7		M2	D2	是			
规则 8		M2	D3	是			
规则 9		M2	D4	是			
规则 10		M2	D5		是		
规则 11		M3	D1	是			
规则 12		M3	D2	是			
规则 13		M3	D3	是			
规则 14		M3	D4	是			
规则 15		M3	D5			是	
规则 16		M4	D1	是			
规则 17	Y1	M4	D2	是			
规则 18	Y2	M4	D2		是		
规则 19	Y1	M4	D3		是		
规则 20	Y2	M4	D3				是

简化后的决策表如表 4-38 所示。

表 4-38 简化后的决策表

规则	条件 1：年	条件 2：月	条件 3：日	动作 1：天数加 1	动作 2：月数加 1，天数复位到 1	动作 3：年数加 1，月数复位到 1，天数复位到 1	不可能
规则 1～3		M1	D1～D3	是			
规则 4		M1	D4		是		
规则 5		M1	D5				是
规则 6～9		M2	D1～D4	是			
规则 10		M2	D5		是		
规则 11～14		M3	D1～D4	是			
规则 15		M3	D5			是	
规则 16		M4	D1	是			
规则 17	Y1	M4	D2	是			
规则 18	Y2	M4	D2		是		
规则 19	Y1	M4	D3		是		
规则 20	Y2	M4	D3				是

用决策表设计出的测试用例表，如表4-39所示。

表4-39　用决策表设计出的测试用例表

测试用例	规则编号	输入年	输入月	输入日	期望输出
1	规则1～3	1000	11	29	1000-11-30
2	规则4	1001	11	30	1001-12-1
3	规则5	2999	11	31	不可能
4	规则6～9	3000	1	30	3000-1-31
5	规则10	3000	1	31	3000-2-1
6	规则11～14	1000	12	30	1000-12-31
7	规则15	1000	12	31	1001-1-1
8	规则16	3000	2	27	3000-2-28
9	规则17	2008	2	28	2008-2-29
10	规则18	2007	2	28	2007-3-1
11	规则19	2008	2	29	2008-3-1
12	规则20	2009	2	29	不可能

案例5：错误推测法，如表4-40所示。

表4-40　错误推测法

编制人	安××	审定人		时间	2010-8-12
软件名称	艾斯医药商务系统			版本	Version1.0
测试目的	检查功能是否与需求相符				
用例编号	XDL				
依赖关系	无				
用例描述	输入用户名，其字符长度为3～10				
输入数据	输入错误用户名				
期望输出	输出提示用户不存在的警示框				
实际输出					

错误推测法的测试用例，如表4-41所示。

表4-41　错误推测法测试用例

用例编号	输入数据	输出结果
XDL-01	李喆	李?
XDL-02	单引号	页面报HTTP500错误

4.8.5　特别提示

1）等价类的适用前提

在需求中必须有输入项并且输入项之间是独立的。

2）等价类的优缺点

优点：最简单，使用频率最高；

缺点：不考虑输入项之间的联系（逻辑关系、组合关系）。

4.8.6 拓展与提高

（1）艾斯医药商务系统注册页面的输入功能，用等价类、边界值方法设计测试用例。

（2）画出因果图并生成决策表："第一列字符必须是 A 或 B，第二列字符必须是个数字，在此情况下文件被更新。但如果第一个字符不正确，那么信息 X12 被产生；如果第二个字符不是数字，则信息 X13 被产生"。

本章小结

本章重点介绍了黑盒测试的相关概念。黑盒测试并不检查程序的内部，而关注与软件实现了什么，输入什么功能对应输出什么功能。基于此介绍了实际工程中常用的几种黑盒测试方法。但在实际之中，应根据具体的情况灵活选择软件测试方法进行测试。

习题

1. 总结各种黑盒测试方法的应用场景及其优缺点。
2. 试用等价类分析方法，对实例程序进行测试。
3. 试用边界值分析方法，对实例程序进行测试。
4. 试用决策表方法，对实例程序进行测试。
5. 启动 Word，从 File 菜单中选择 Print 命令，打开打印对话框，左下角显示的 Print Range（打印区域）存在什么样的边界条件？
6. 试为三角形问题中的直角三角形开发一个决策表和相应的测试用例。注意，会有等腰直角三角形。
7. 编辑一个测试脚本，并进行测试实践。
8. 查询网络资源，进一步深化理解因果图法在需求分析、系统设计、软件测试中的应用。
9. 测试以下程序：该程序有 3 个输入变量 month、day、year，这 3 个变量均为整数值，并且满足 1≤month≤12 和 1≤day≤31，分别作为输入日期的月、日、年，通过程序可以输出该输入日期在日历上隔一天的日期。

例如，若输入为 2003 年 11 月 29 日，则程序的输出为 2003 年 12 月 1 日。

（1）分析各种输入情况，列出为输入变量 month、day、year 划分的有效等价类。

（2）分析程序规格说明，结合以上等价类划分的情况给出问题规定的可能采取的操作（即列出所有的动作桩）。

（3）根据（1）和（2），画出简化后的决策表。

第5章 白盒测试

学习目的与要求

本章介绍白盒测试的基本概念和类型,白盒测试主要分为控制流测试和数据流测试。其中较常用到的是控制流测试中的相关覆盖准则。通过本章的学习,能够对白盒测试有深入的理解和体会。本章要求重点掌握相关覆盖准则的具体应用。

本章主要内容

- 白盒测试的概念。
- 控制流测试、数据流测试。
- 测试覆盖率。
- 语句覆盖。
- 判定覆盖。
- 条件覆盖。
- 判定/条件覆盖。
- 条件组合覆盖。
- 路径覆盖。
- 白盒测试工具。

5.1 白盒测试的概念

白盒测试作为测试人员常用的一种测试方法,越来越受到测试工程师的重视。白盒测试并不是简单地按照代码设计用例进行测试,而是需要根据不同的测试需求,结合不同的测试对象,使用适合的方法进行测试。因为对于不同复杂度的代码逻辑,可以衍生出许多种执行路径,只有适当的测试方法,才能帮助我们从代码的迷雾森林中找到正确的方向。

白盒测试也称为结构化测试、基于代码的测试,是一种测试用例设计方法。白盒测试从程序的控制结构导出测试用例，是针对被测单元内部如何进行工作的测试。它根据程序的控制结构设计测试用例，主要用于软件或程序验证。

白盒测试与程序内部结构相关，需要利用程序结构的实现细节等知识，才能有效进行测试用例的设计工作。白盒测试方法有程序控制流测试、数据流测试、逻辑驱动测试、域测试、符号测试、路径测试、程序插桩及程序变异等，本章重点介绍前两种白盒测试方法。

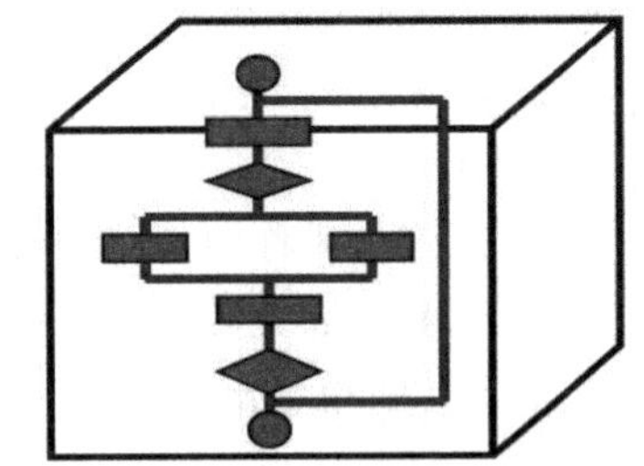

图 5-1 白盒测试示意图

白盒测试把测试对象看作一个透明的盒子，如图 5-1 所示，所以又称玻璃盒测试。它允许测试人员利用程序内部的逻辑结构及有关信息，设计或选择测试用例，对程序所有逻辑路径进行测试，通过在不同点检查程序的状态，确定实际的状态是否与预期的状态一致。

白盒测试检查程序内部逻辑结构，对所有逻辑路径进行测试，是一种穷举路径的测试方法。但即使每条路径都测试过了，仍然可能存在错误。这是因为：①穷举路径测试无法检查出程序本身是否违反了设计规范，即程序是否是一个错误的程序；②穷举路径测试不可能查出程序因为遗漏路径而出现的错误；③穷举路径测试发现不了一些与数据相关的错误。

采用白盒测试方法必须遵循以下几条原则，才能达到测试的目的。

(1) 保证一个模块中的所有独立路径至少被测试一次。

(2) 所有逻辑值均需测试真(true)和假(false)两种情况。

(3) 检查程序的内部数据结构，保证其结构的有效性。

(4) 在上下边界及可操作范围内运行所有循环。

5.1.1 控制流测试

由于非结构化程序会给测试带来许多不必要的困难，所以业界要求写出的程序具有良好的结构。自 20 世纪 70 年代以来，结构化程序的概念逐渐被人们接受。体现这一要求对某些语言并不困难，例如 Pascal、C 语言，因为它们都具有反映基本控制结构的控制语句。但对于有些开发语言要做到这一点并不容易，程序人员需要注意程序结构化的要求，例如汇编语言，若使用汇编语言编写程序，开发人员尤其要注意程序的结构化要求。

1. 控制流的基本概念

在进一步介绍控制流测试方法之前，先来回顾图论的相关概念术语。

定义 5.1(图) 图(又称线性图)是一种由两个集合定义的抽象数学结构，即一个节点集合和一个构成节点之间连接的边集合。图 $G=\langle V,E\rangle$ 由节点的有限(并且非空)集合 V 和节点无序对偶集合 E 组成，即由 $V=\{n_1,n_2,\cdots,n_m\}$ 和 $E=\{e_1,e_2,\cdots,e_p\}$ 组成。其中，每条边 $e_k=\{n_i,n_j\}$，$n_i,n_j\in V$。$\{n_i,n_j\}$ 是一个无序对偶，有时记作 (n_i,n_j)。

如图 5-2 所示图例，节点集合为 $V=\{n_1,n_2,n_3,n_4,n_5,n_6,n_7\}$，边集合为 $E=\{e_1,e_2,e_3,e_4,e_5\}=\{(n_1,n_2),(n_1,n_4),(n_3,n_4),(n_2,n_5),(n_4,n_6)\}$。

可以把节点看作程序语句，边表示控制流或定义/使用关系。

定义 5.2(节点的度) 节点的度是以该节点作为端点的边的条数。节点 n 的度记作 deg(n)。

可以说，节点的度表示它在图中的"流行程度"。如果图中的节点表示对象，边表示消息，则节点(对象)的度表示适合该对象的集成测试范围。

图 5-2 中节点的度：$deg(n_1)=2$，$deg(n_2)=2$，$deg(n_3)=1$，$deg(n_4)=3$，$deg(n_5)=1$，$deg(n_6)=1$，$deg(n_7)=0$。

定义 5.3(关联矩阵)　拥有 m 个节点和 n 条边的图 G=<V,E>的关联矩阵是一种 m×n 矩阵，其中第 i 行第 j 列的元素是 1，当且仅当节点 i 是边 j 的一个端点，否则元素是 0。

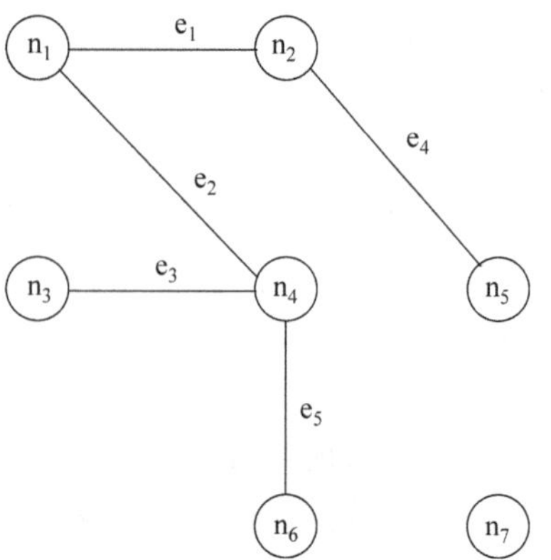

图 5-2　图例示意图

关联矩阵是对称的，行的和即该节点的度。

定义 5.4(相邻矩阵)　拥有 m 个节点和 n 条边的图 G=<V,E>的相邻矩阵是一种 m×m 矩阵，其中第 i 行第 j 列的元素是 1，当且仅当节点 i 和节点 j 之间存在一条边，否则元素是 0。

相邻矩阵是对称的，行的和即该节点的度。

定义 5.5(路径)　路径是一系列的边，对于序列中的任何相邻边对偶 e_i，e_j，边都拥有相同的(节点)端点。图 5-2 中的一些路径如下。

路　　径	节 点 序 列	边　序　列
n_1 和 n_5	n_1,n_2,n_5	e_1,e_4
n_6 和 n_5	n_6,n_4,n_1,n_2,n_5	e_5,e_2,e_1,e_4

定义 5.6(连接性)　节点 n_i 和 n_j 是被连接的，当且仅当它们都在同一条路径上。

“连接性”是一种图的节点集合上的等价关系。

(1) 连接性是自反的。

(2) 连接性是对称的。

(3) 连接性是传递的。

图的组件是相连节点的最大集合。例如，图 5-2 中有两个组件：$\{n_1,n_2,n_3,n_4,n_5,n_6\}$ 和 $\{n_7\}$。

定义 5.7(圈数)　图 G 的圈数由 V(G)=e−n+p 给出。其中，e 是 G 中的边数，n 是 G 中的节点数，p 是 G 中的组件数，V(G)是图中不同区域的个数。

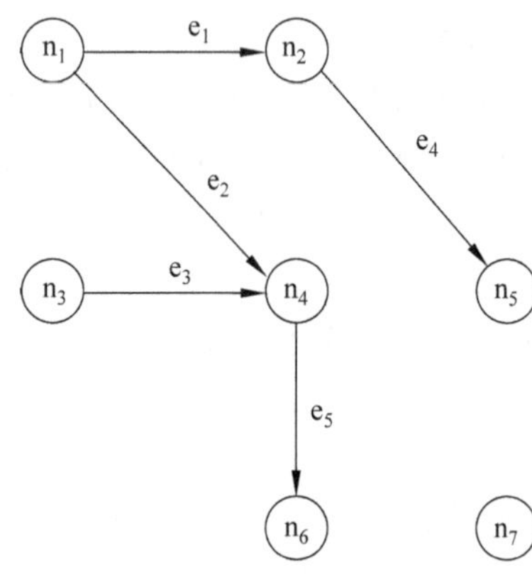

图 5-3　有向图示意图

定义 5.8(有向图)　有向图(又称框图)D=(V,E)包含：一个节点的有限集合 $V=\{n_1,n_2,\cdots,n_m\}$，一个边的集合 $E=\{e_1,e_2,\cdots,e_p\}$，其中每条 $e_k=<n_i,n_j>$是节点 $<n_i,n_j>\in V$ 的一个有序对偶。

对于有向图，边有了方向含义，在符号上，无序对偶(n_i,n_j)变成有序对偶$<n_i,n_j>$，我们说有向边从节点 n_i 到 n_j，而不是在节点之间。

有向图如图 5-3 所示，节点集合为 $V=\{n_1,n_2,n_3,n_4,n_5,n_6,n_7\}$，边集合为 $E=\{e_1,e_2,e_3,e_4,e_5\}=\{<n_1,n_2>,<n_1,n_4>,<n_3,n_4>,<n_2,n_5>,<n_4,n_6>\}$。

定义 5.9(内度与外度)　有向图中节点的内度，是将该节点作为终止节点的不同边的条数，记为 indeg(n)；有向图中节点的外度，是将该节点作为开始节点的不同边的条数，记为 outdeg(n)。

如在图 5-3 中节点具有以下内度和外度：indeg(n_1)=0，outdeg(n_1)=2；indeg(n_2)=1，outdeg(n_2)=1。

一般图和有向图存在某种联系，例如有 deg(n)=indeg(n)+outdeg(n)。

定义 5.10 节点的类型：①内度为 0 的节点是源节点；②外度为 0 的节点是吸收节点；③内度不为 0 且外度不为 0 的节点是传递节点。

源节点和吸收节点构成图的外部边界。既是源节点又是吸收节点的节点是孤立节点。

在图 5-3 中，n_1、n_3 和 n_7 是源节点，n_5、n_6 和 n_7 是吸收节点，n_2 和 n_4 是传递节点，n_7 是孤立节点。

定义 5.11(有向图的相邻矩阵) 有 m 个节点和 n 条边的图 D=<V,E>的相邻矩阵是一种 m×m 矩阵，A=(a_{ij})，其中 a_{ij}=1，当且仅当从节点 i 到节点 j 之间有一条边，否则该元素是 0。

图 5-3 所示的有向图的相邻矩阵如下所示。

	n_1	n_2	n_3	n_4	n_5	n_6	n_7
n_1	0	1	0	1	0	0	0
n_2	0	0	0	0	1	0	0
n_3	0	0	0	1	0	0	0
n_4	0	0	0	0	0	1	0
n_5	0	0	0	0	0	0	0
n_6	0	0	0	0	0	0	0
n_7	0	0	0	0	0	0	0

定义 5.12(路径与半路径)(有向) 路径是一系列边，使得第一条边的终止节点是第二条边的初始节点。

环路是一个在同一个节点上开始和结束的有向路径。

半路径是一系列边，使得对于该序列中至少有一对相邻边对偶<e_i,e_j>来说，第一条边的初始节点是第二条边的初始节点，或第一条边的终止节点是第二条边的终止节点。

在图 5-3 中，从 n_1 到 n_6 存在一条路径，n_1 和 n_3 之间有一条半路径。

定义 5.13(n-连接性) 有向图中的两个节点 n_i 和 n_j 是：

0 连接，当且仅当 n_i 和 n_j 之间没有路径。

1 连接，当且仅当 n_i 和 n_j 之间有一条半路径，但是没有路径。

2 连接，当且仅当 n_i 和 n_j 之间有一条路径。

3 连接，当且仅当 n_i 和 n_j 之间有一条路径，并且 n_j 和 n_i 之间有一条路径。

定义 5.14(可到达性矩阵) 有 m 个节点和 n 条边的图 D=<V,E>的相邻矩阵是一种 m×m 矩阵，**R**=(r_{ij})，其中 r_{ij}=1，当且仅当从节点 i 到节点 j 之间有一条路径，否则该元素是 0。

定义 5.15 环形复杂度，也称为圈复杂度，是一种为程序逻辑复杂度提供定量尺度的软件度量。

可以将环形复杂度用于基本路径方法，它可以提供程序基本集的独立路径数量，确保所有语句至少执行一次测试数量的上界。

独立路径是指程序中至少引入了一个新的处理语句集合或一个新条件的程序通路。采用流图的术语，独立路径必须至少包含一条在本次定义路径之前不曾用过的边。

测试可以被设计成基本路径集的执行过程，但基本路径集通常并不唯一。

环形复杂度以图论为基础，为我们提供了非常有用的软件度量。可用如下方法来计算环形复杂度。

(1) 控制流图中区域的数量对应于环形复杂度。

(2) 给定控制流图 G 的环形复杂度 V(G)定义为 V(G)＝E－N＋2。其中，E 是控制流图中边的数量，N 是控制流图中的节点数量。

(3) 给定控制流图 G 的环形复杂度 V(G)也可定义为 V(G)＝P＋1。其中，P 是控制流图 G 中判定节点的数量。

定义 5.16(图矩阵)　图矩阵是控制流图的矩阵表示形式。

图矩阵是一个方形矩阵，其维数等于控制流图的节点数。矩阵中的每列和每行都对应于标识的节点，矩阵元素对应于节点间的边。

通常，控制流图中的节点用数字标识，边则用字母标识。如果在控制流图中从第 i 个节点到第 j 个节点有一个标识为 x 的边相连接，则在对应图矩阵的第 i 行第 j 列有一个非空的元素 x。

2. 程序的控制流图

程序流程图又称框图，是人们最熟悉也最容易理解的一种程序控制结构的图形表示。常见结构的控制流图如图 5-4 所示。在这种图上的框里面常常标明了处理要求或条件，但是，这些标注在进行路径分析时是不重要的。为了更加突出控制流的结构，需要对程序流程图做一些简化。图 5-5 给出了简化的例子。其中图 5-5(a)是一个含有两个出口判断和循环的程序流程图，我们把它简化成图 5-5(b)的形式，这种简化了的程序流程图称为控制流图。其中，包含条件的节点称为判定节点(又称谓词节点)，由判定节点发出的边必须终止于某一个节点，由边和节点所限定的范围称为区域。

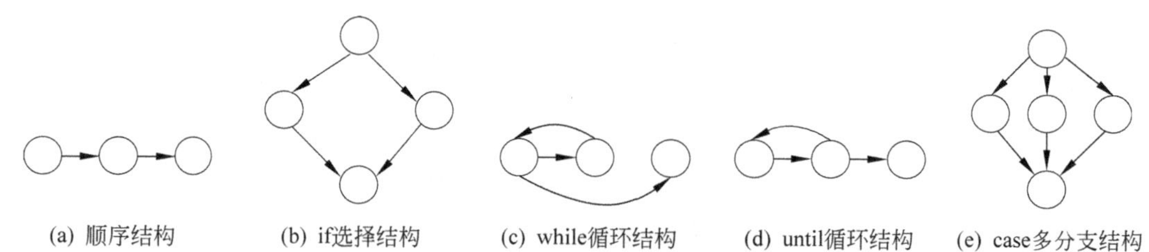

图 5-4　常见结构的控制流图

可以观察到，在控制流图中只有节点和控制线(弧)两种图形符号。

(1) 节点：以标有编号的圆圈表示。它代表了程序流程图中矩形框表示的处理、菱形表示的两个到多个出口判断，以及两条到多条流线相交的汇合点。

(2) 控制流线(弧)：以箭头表示。它与程序流程图中的流线是一致的，表明了控制的顺序。为了方便讨论，线通常标有名字，如 a、b、c 等。

为了使控制流图在机器上表示，可以把它表示成矩阵的形式，称为控制流图矩阵。图 5-6

表示了图 5-5 的控制流图矩阵，这个矩阵有 5 行 5 列，是由该控制图中 5 个节点决定的。矩阵中 6 个元素 a、b、c、d、e 和 f 的位置决定了它们所连接节点的号码。例如，弧 d 在矩阵中处于第 3 行第 4 列，那是因为它在控制流图中连接了节点 3 至节点 4。这里必须注意方向，图中节点 4 到节点 3 没有弧，所以矩阵中第 4 行第 3 列也就没有元素。

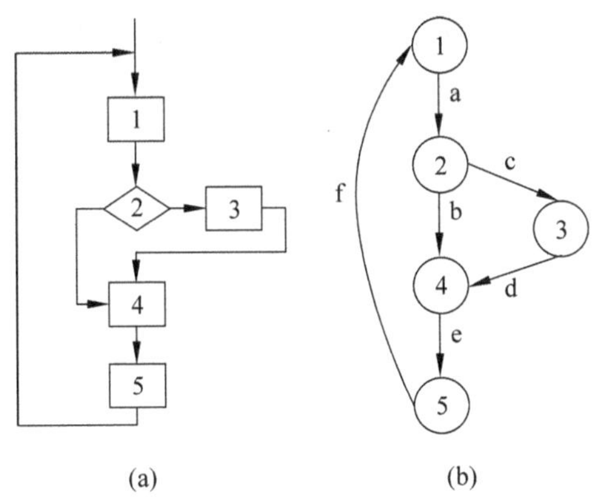

图 5-5　程序流程图和控制流图

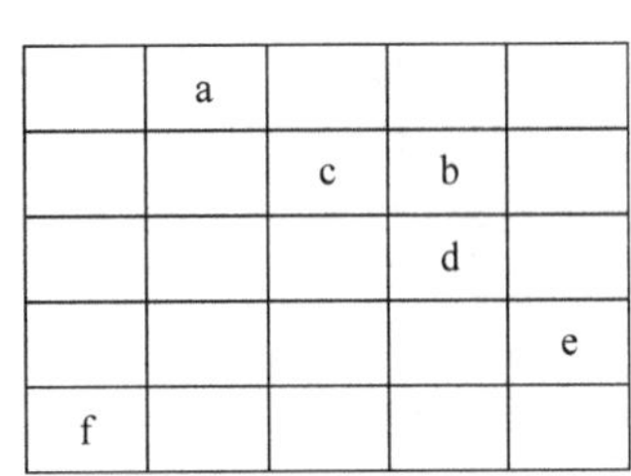

	a			
		c	b	
			d	
				e
f				

图 5-6　控制流图矩阵

除了程序流程图可以转换成控制流图以外，还可以把伪代码表示的处理过程转换成控制流图。根据程序建构控制流图很容易，如图 5-7 所示，把三角形伪代码实现过程转换成了控制流图。对于不可执行语句我们不把它映射成节点，比如变量和类型说明语句。

```
//Program triangle2 version of simple
int a,b,c;
boolean IsATriangle;
cout<<"Enter 3 integers which are sides of a triangle";
cin>>a>>b>>c;
cout<<"Side A is"<<a;
cout<<"Side A is"<<b;
cout<<"Side A is"<<c;
if((a<b+c) &&(b<a+c)&&(c<a+b))
IsATriangle=True;
else IsATriangle=False;
//EndIf
if(IsATrangle)
if((a=b)&& (b=c))
cout<<"Equilateral";
else if((a!=b)&&(a!=c)&&(b!=c))
cout<<"Scalene";
cout<<"Isosceles";
//EndIf
//EndIf
else cout<<"NOT a Triangle";
//EndIf
//End triangle2
```

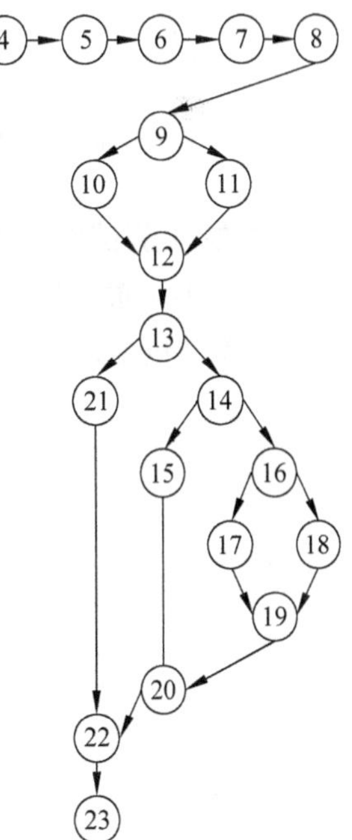

图 5-7　三角形伪代码映射成的控制流图

有时为了方便会把一条伪代码语句作为一个节点，但有时也可以把几个节点合并成一个节点，合并的原则是：序列中没有分支，则可以把这个序列的节点都合并成一个节点。比如图 5-7，可以合并成如图 5-8 所示的形式。对于不可执行语句，则不把它映射成节点，比如变量和类型说明语句。

当过程设计中包含复合条件时，生成控制流图的方法要复杂一些。在这种情况下，需要把复合条件拆开成一个个简单条件，让每一个简单条件对应流图中一个节点，这样的节点称为判定节点，它会引出两条或者多条边，如图 5-9 所示。

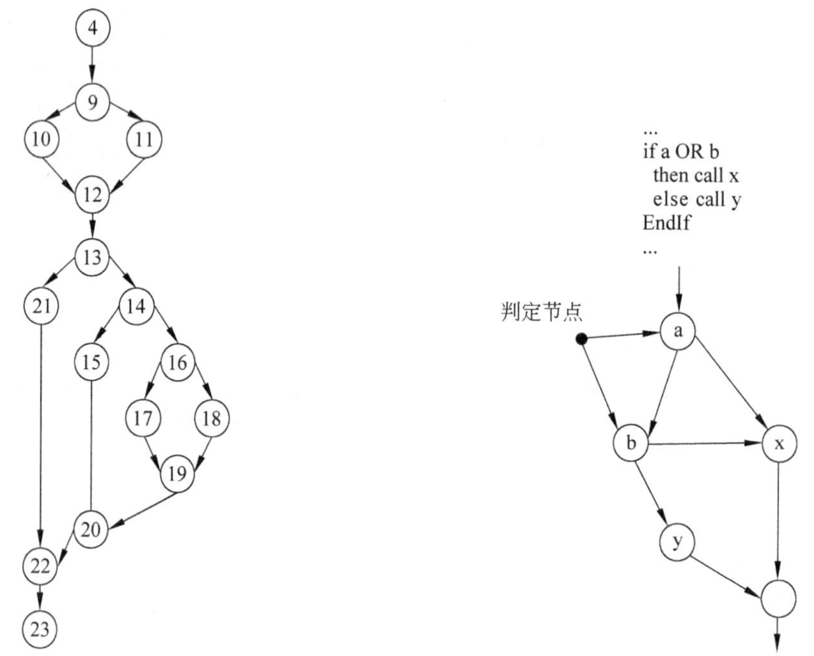

图 5-8　简化后的三角形控制流图　　图 5-9　包含复合条件的伪代码转换成的控制流图

3. 控制流测试覆盖准则

控制流测试覆盖准则具体是指覆盖测试的标准。具体来说，可分为逻辑覆盖和路径覆盖，而逻辑覆盖又包括语句覆盖、判定覆盖、条件覆盖、判定/条件覆盖和条件组合覆盖，如图 5-10 所示。

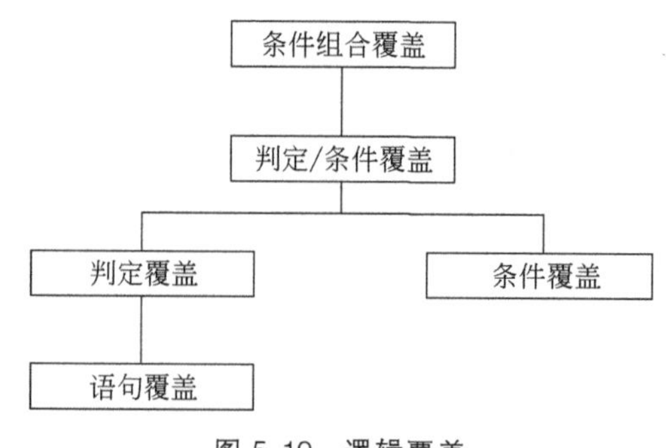

图 5-10　逻辑覆盖

5.1.2 数据流测试

1. 数据流分析

在单元测试中,数据仅仅在一个模块或一个函数中流通。但是,数据流的通路往往涉及多个集成模块甚至整个软件,尽管它非常耗时,但是有必要进行数据流的测试。

数据流分析最初是随着编译系统要生成有效的目标代码而出现的,这类方法主要用于优化代码。数据流测试是指一个基于通过程序的控制流,从建立的数据目标状态的序列中发现异常的结构测试方法。数据流测试用作路径测试的"真实性检查"。

早期的数据流分析常常集中于定义/引用异常的缺陷。

(1) 变量被定义,但是从来没有使用。

(2) 所使用的变量没有被定义。

(3) 变量在使用之前被定义了两次。

若一个变量在程序中的某处出现使数据与该变量相绑定,则称该出现是变量的定义性出现。

若一个变量在程序中的某处出现使与该变量相绑定的数据被引用,则称该出现是变量的引用性出现。

因为程序内的语句因变量的定义和使用而彼此相关,所以用数据流测试方法更能有效地发现软件缺陷。但是,在度量测试覆盖率和选择测试路径的时候,数据流测试很困难。

2. 数据流测试覆盖准则

数据流测试按照程序中的变量定义和使用的位置来选择程序的测试路径。数据流测试关注变量接收值的点和使用这些值的点。

定义 5.17(定义节点) 节点 n∈G(P)是变量 v ∈V 的定义节点,记作 DEF(v,n),当且仅当变量 v 的值由对应节点 n 的语句片断处定义。

输入语句、赋值语句、循环语句和过程调用,都是定义节点语句的例子。当执行这种语句的节点时,与该变量关联的存储单元的内容就会改变。

定义 5.18(使用节点) 节点 n∈G(P)是变量 v ∈V 的使用节点,记作 USE(v,n),当且仅当变量 v 的值在对应节点 n 的语句片断处使用。

使用节点语句的语句包括:①输出语句;②赋值语句;③条件语句;④循环控制语句;⑤过程调用。

定义 5.19(谓词使用、计算使用) 使用节点 USE(v,n)是一个谓词使用(记作 P-use),当且仅当语句 n 是谓词语句;否则,USE(v,n)是计算使用(记作 C-use)。

(1) 对应于谓词使用的节点,其外度≥2。

(2) 对应于计算使用的节点,其外度≤1。

定义 5.20(定义-使用路径) 定义-使用路径(记作 du-path)是 PATHS(P)中的路径,使得对某个 v ∈V,存在定义和使用节点 DEF(v,m)和 USE(v,n),使得 m 和 n 是该路径的最初节点和最终节点。

定义 5.21(定义清除路径) 定义清除路径(记作 dc-path)是具有最初节点 DEF(v,m)和最终节点 USE(v,n)的 PATHS(P)中的路径,使得该路径中没有其他节点是 v 的定义节点。

数据流测试有如下几条具体准则。

(1) 全定义准则:集合 T 满足程序 p 的全定义准则,当且仅当所有变量 v∈V,T 包含从 v

的每个定义节点到 v 的一个使用的定义清除路径。T 是拥有变量集合 V 的程序 p 的程序图 G(p)中的一个路径集合。

(2) 全使用准则：集合 T 满足程序 p 的全使用准则，当且仅当所有变量 v∈V，T 包含从 v 的每个定义节点到 v 的所有使用，以及到所有 USE(v,n)后续节点的定义清除路径。

(3) 全谓词使用/部分计算使用准则：集合 T 满足程序 p 的全谓词使用/部分计算使用准则，当且仅当所有变量 v ∈V，T 包含从 v 的每个定义节点到 v 的所有谓词使用的定义清除路径，并且如果 v 的一个定义没有谓词使用，则定义清除路径导致至少一个计算使用。

(4) 全计算使用/部分谓词使用准则：集合 T 满足程序 p 的全计算使用/部分谓词使用准则，当且仅当所有变量 v∈v，T 包含从 v 的每个定义节点到 v 的所有计算使用的定义清除路径，并且如果 v 的一个定义没有计算使用，则定义清除路径导致至少一个谓词使用。

(5) 全定义-使用路径准则：集合 T 满足程序 p 的全定义-使用路径准则，当且仅当所有变量 v ∈V，T 包含从 v 的每个定义节点到 v 的所有使用，以及到所有 USE(v,n)后续节点的定义清除路径，并且这些路径要么有一次的环经过，要么没有环路。

5.2 测试覆盖率

测试覆盖率是指用于确定测试所执行到的覆盖项的百分比。其中，覆盖项指的是作为测试基础的一个入口或属性，例如语句、分支、条件等。

测试覆盖率可以表示出测试的充分性，在测试分析报告中可以作为量化指标的依据，测试覆盖率越高效果越好。但覆盖率不是目标，只是一种手段。

测试覆盖率包括功能点覆盖率和结构覆盖率。功能点覆盖率用于表示软件已经实现的功能与软件需要实现的功能之间的比例关系。结构覆盖率包括语句覆盖率、分支覆盖率、循环覆盖率、路径覆盖率等。

根据覆盖目标的不同，测试覆盖又可分为语句覆盖、判定覆盖、条件覆盖、判定/条件覆盖、条件组合覆盖和路径覆盖。

(1) 语句覆盖：选择足够多的测试用例，使得程序中的每个可执行语句至少执行一次。

(2) 判定覆盖：通过执行足够的测试用例，使得程序中的每个判定至少都获得一次“真”值和“假”值，也就是使程序中的每个取“真”分支和取“假”分支至少均经历一次，也称为“分支覆盖”。

(3) 条件覆盖：设计足够多的测试用例，使得程序中每个判定包含的每个条件的可能取值(真/假)都至少满足一次。

(4) 判定/条件覆盖：设计足够多的测试用例，使得程序中每个判定包含的每个条件的所有情况(真/假)至少出现一次，并且每个判定本身的判定结果(真/假)也至少出现一次。

(5) 条件组合覆盖：通过执行足够的测试用例，使得程序中每个判定所有可能的条件取值组合都至少出现一次。

(6) 路径覆盖：设计足够多的测试用例，要求覆盖程序中所有可能的路径。

经过观察分析，不难发现：

(1) 满足判定/条件覆盖的测试用例一定同时满足判定覆盖和条件覆盖。

(2) 满足组合覆盖的测试用例一定满足判定覆盖、条件覆盖和判定/条件覆盖。

5.2.1 语句覆盖

例 5-1 实现一个简单的数学运算。

```
int a, b;
double c;
if(a>0 and b>0)  c=c/a;
if(a>1 or c>1)   c=c+1;
c=b+c
```

上面程序的流程如图 5-11 所示。

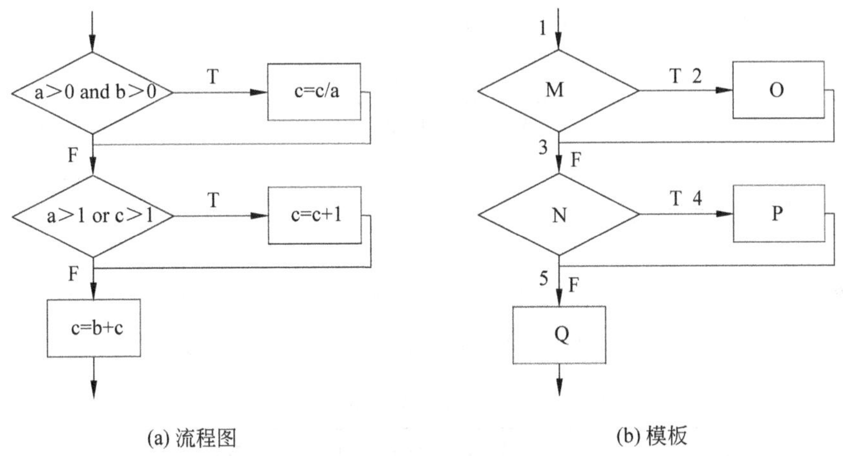

图 5-11 例 5-1 的程序流程图和模板

由图 5-11(b)可以看出,该程序模块有 4 条不同的路径:①P1:(1-2-4);②P2:(1-2-5);③P3:(1-3-4);④P4:(1-3-5)。

将里面的判定条件和过程记录为:条件 M={a>0 and b>0};条件 N={a>1 or c>1}。

这样,程序的 4 条不同路径可以表示为:①P1:(1-2-4)=M and N;②P2:(1-2-5)=~M and N;③P3:(1-3-4)=M and ~N;④P4:(1-3-5)=~M and ~N。

语句覆盖的基本思想:设计若干测试用例,运行被测程序,使程序中每个可执行语句至少执行一次。

看到上面的例题,P1 包含了所有可执行语句,按照语句覆盖的测试用例设计原则,可以使用 P1 来设计测试用例,例如:

令 a=2,b=1,c=6,此时满足条件 M{a>0 and b>0}和条件 N={a>1 or c>1}(注:此时 c=c/a=3),这样,测试用例的输入{a=2,b=1,c=6}和对应的输出{a=2,b=1,c=5}覆盖路径 P1。

语句覆盖的优点:可以很直观地从源代码得到测试用例,无须细分每条判定表达式。

语句覆盖的缺点:由于这种测试方法仅仅针对程序逻辑中显式存在的语句,但对于隐藏的条件和可能到达的隐式逻辑分支是无法测试的。例如,在 Do-While 结构中,语句覆盖执行其中某一个条件分支。显然,语句覆盖对于多分支的逻辑运算也是无法全面反映的,它只运行一次,而不考虑其他情况。

语句覆盖需要注意的问题：①逻辑判定条件的“屏蔽”作用；②输入条件的测试数据选取；③边界值测试。

语句覆盖率为：

语句覆盖率＝至少被执行一次的语句数量÷可执行的语句总数

5.2.2 判定覆盖

判定覆盖的基本思想：设计若干测试用例，运行被测程序，使得程序中每个判断的取真分支和取假分支至少经历一次，即判断真假值均曾被满足。

按照判定覆盖的基本思路，可以这样针对上面提到的测试用例进行设计，如表 5-1 所示，P1 和 P4 可以作为测试用例，其中 P1 作为取真的路径，P4 作为取反的路径。

表 5-1 判定覆盖测试用例设计(一)

测试用例	判定 M 的取值	判定 N 的取值	覆盖路径
输入：a=2,b=－1,c=6 输出：a=2,b=－1,c=5	T	T	P1(1-2-4)
输入：a=－1,b=－2,c=－3 输出：a=－1,b=－2,c=－5	F	F	P4(1-3-5)

也可以让测试用例测试路径 P2 和 P3，相应的两组输入数据如表 5-2 所示。

表 5-2 判定覆盖测试用例设计(二)

测试用例	判定 M 的取值	判定 N 的取值	覆盖路径
输入：a=1,b=1,c=－3 输出：a=1,b=1,c=－2	T	F	P2(1-2-5)
输入：a=－1,b=2,c=3 输出：a=－1,b=2,c=6	F	T	P3(1-3-4)

判定覆盖的优点：判定覆盖比语句覆盖要多几乎一倍的测试路径，当然也就具有比语句覆盖更强的测试能力。同样，判定覆盖也具有和语句覆盖一样的简单性，无须细分每个判定就可以得到测试用例。

判定覆盖的缺点：往往大部分的判定语句是由多个逻辑条件组合而成(如判定语句中包含 AND、OR、CASE)，若仅仅判断其整个最终结果，而忽略每个条件的取值情况，必然会遗漏部分测试路径。

判定覆盖率为：

判定覆盖率＝判定结果被评价的次数÷判定结果的总数

5.2.3 条件覆盖

条件覆盖的基本思想：设计若干测试用例，执行被测程序以后要使每个判断中每个条件的可能取值至少满足一次。

对于 M：a>0 取真时 T1，取假时 F1；b>0 取真时 T2，取假时 F2。

对于 N：a>1 取真时 T3，取假时 F3；c>1 取真时 T4，取假时 F4。

根据条件覆盖的基本思想和这 8 个条件取值，条件组合覆盖测试用例如表 5-3 所示。

表 5-3 条件覆盖测试用例设计

测 试 用 例	取 值 条 件	具体取值条件	覆盖路径
输入：a=2,b=−1,c=−2 输出：a=2,b=−1,c=−3	T1,F2,T3,F4	a>0,b<=0,a>1,c<=1	P3(1-3-4)
输入：a=−1,b=2,c=3 输出：a=−1,b=2,c=6	F1,T2,F3,T4	a<=0,b>0,a<=1,c>1	P3(1-3-4)

在这个例子中，要涵盖所有的条件组合，保证每个条件的取真、取假都能至少运行一次的测试用例设计还有好几种，这里不再描述。

上面的两组数据满足条件覆盖的要求，但是不满足判定覆盖的要求。为了解决这个问题，可以采用下面的判定/条件覆盖。

条件覆盖的优点：显然条件覆盖比判定覆盖增加了对符合判定情况的测试，增加了测试路径。

条件覆盖的缺点：要达到条件覆盖，需要足够多的测试用例，但条件覆盖并不能保证判定覆盖。条件覆盖只能保证每个条件至少有一次为真，而不考虑所有的判定结果。

条件覆盖率为：

条件覆盖率＝条件操作数值至少被评价一次的数量÷条件操作数值的总数

5.2.4 判定/条件覆盖

判定/条件覆盖的基本思想：设计足够的测试用例，使得判断条件中的所有条件可能至少执行一次取值，同时所有判断的可能结果至少执行一次。

按照这种思想，结合前面的方法思路，在前面的例子中，应该至少保证判定条件 M 和 N 各取真/假一次，同时要保证 8 个条件取值至少执行一次，如表 5-4 所示。

表 5-4 判定/条件覆盖测试用例设计

测 试 用 例	取 值 条 件	具体取值条件	覆盖路径
输入：a=2,b=1,c=6 输出：a=2,b=1,c=5	T1,T2,T3,T4	a>0,b>0,a>1,c>1	P1(1-2-4)
输入：a=−1,b=−2,c=−3 输出：a=−1,b=−2,c=−5	F1,F2,F3,F4	a<=0,b<=0,a<=1,c<=1	P4(1-3-5)

判定/条件覆盖的优点：判定/条件覆盖满足判定覆盖准则和条件覆盖准则，弥补了二者的不足。

判定/条件覆盖的缺点：判定/条件覆盖准则的缺点是未考虑条件的组合情况。

判定/条件覆盖率为：

判定/条件覆盖率＝条件操作数值或判定结果值至少被评价一次的数量÷
(条件操作数值总数＋判定结果总数)

5.2.5 条件组合覆盖

条件组合覆盖的基本思想：设计足够的测试用例，使得判断中每个条件的所有可能至少出现一次，并且每个判断本身的判定结果也至少出现一次。

按照条件组合覆盖的基本思想，对于前面的例子，设计组合条件如表 5-5 所示。

表 5-5 采用条件组合覆盖设计的测试用例

编　号	覆盖条件取值	判定条件取值	判定/条件组合
1	T1,T2	M	a>0,b>0
2	T1,F2	/M	a>0,b<=0
3	F1,T2	/M	a<=0,b>0
4	F1,F2	/M	a<= 0,b <=0
5	T3,T4	N	a>1,c>1
6	T3,F4	N	a>1,c<=1
7	F3,T4	N	a<=1,c>1
8	F3,F4	/N	a<=1,c<=1

针对以上 8 种条件组合来设计所有能覆盖这些组合的测试用例,如表 5-6 所示。

表 5-6 条件组合覆盖测试用例设计

测 试 用 例	覆 盖 条 件	覆 盖 路 径	覆 盖 组 合
输入：a=2,b=1,c=6 输出：a=2,b=1,c=5	T1,T2, T3, T4	P1(1-2-4)	1,5
输入：a=2,b=-1,c=-2 输出：a=2,b=-1,c=-3	T1,F2, T3, F4	P3(1-3-4)	2,6
输入：a=-1,b=2,c=3 输出：a=-1,b=2,c=6	F1, T2, F3,T4	P3(1-3-4)	3,7
输入：a=-1,b=-2,c=-3 输出：a=-1,b=-2,c=-5	F1, F2, F3,F4	P4(1-3-5)	4,8

条件组合覆盖的优点：多重条件覆盖准则满足判定覆盖、条件覆盖和判定/条件覆盖准则。更改的判定/条件覆盖要求设计足够多的测试用例,使得判定中每个条件的所有可能结果至少出现一次,每个判定本身的所有可能结果也至少出现一次。并且每个条件都显示能单独影响判定结果。

条件组合覆盖的缺点：线性地增加了测试用例的数量。

条件组合覆盖率为：

条件组合覆盖率=条件操作数值至少被评价一次的数量÷
条件操作数值的所有组合总数

5.2.6 路径覆盖

前面提到的几种逻辑覆盖都未涉及路径的覆盖。事实上,只有当程序中的每一条路径都受到了检验,才能使程序受到全面检验。路径覆盖的目的就是要使设计的测试用例能覆盖被测程序中所有可能的路径。

路径覆盖的基本思想：设计所有的测试用例,覆盖程序中的所有可能的执行路径,如表 5-7 所示。

表 5-7 路径覆盖测试用例设计

测试用例	覆盖条件	覆盖路径	覆盖组合
输入:a=2,b=1,c=6 输出: a=2,b=1,c=5	T1,T2, T3, T4	P1(1-2-4)	1,5
输入:a=1,b=1,c=-3 输出: a=1,b=-1,c=-2	T1,T2, F3, F4	P2(1-2-5)	1,8
输入:a=-1,b=2,c=3 输出: a=-1,b=2,c=6	F1, F2, F3,T4	P3(1-3-4)	4,7
输入:a=-1,b=-2,c=-3 输出: a=-1,b=-2,c=-5	F1, F2, F3,F4	P4(1-3-5)	4,8

可以发现,路径覆盖法没有涵盖所有的条件覆盖组合,如组合 2、3、6。

路径覆盖的优点:可以对程序进行彻底的测试,比前面 5 种方法的覆盖面都广。

路径覆盖的缺点:由于路径覆盖需要对所有可能的路径进行测试(包括循环、条件组合、分支选择等),那么需要设计大量、复杂的测试用例,使得工作量呈指数级增长。而在有些情况下,一些执行路径是不可能被执行的,如:

```
If(A)B++;
If(!A)D--;
```

这两个语句实际只包括了两条执行路径,即 A 为真或假时对 B 和 D 的处理,真或假不可能都存在,而路径覆盖测试则认为是包含了真与假的 4 条执行路径。这样不仅降低了测试效率,而且大量的测试结果的累积也为排错带来麻烦。

说明:对于比较简单的小程序,实现路径覆盖是可能做到的。但如果程序中出现较多判断和较多循环,可能的路径数目将会急剧增长,要在测试中覆盖所有的路径是无法实现的。为了解决这个难题,只有把覆盖路径数量压缩到一定的限度内,如程序中的循环体只执行一次。

在实际测试中,即使对于路径数较少的程序已经做到路径覆盖,仍然不能保证被测试程序的正确性,还需要采用其他测试方法进行补充。

总之,逻辑覆盖的出发点是合理和完善的。所谓"覆盖",就是想要做到全面而无遗漏,但逻辑覆盖并不能真正做到无遗漏。

例如,不小心将前面提到的程序段中的

```
if(x>3 && Z<10)  { … }
```

错写成

```
if(x>=3 && Z<10)  { … }
```

按照前面设计的测试用例(x 的值取 2 或 4)来看,逻辑覆盖对这样的小问题都无能为力。出现这一情况的原因在于:错误区域仅仅在 x=3 这个点上,即仅当 x 的值取 3 时测试才能发现错误。面对这类情况,我们应该从中吸取的教训是测试工作要有重点,要多针对容易发生问题的地方设计测试用例。

5.3 白盒测试工具

白盒测试工具一般针对代码进行测试,测试中发现的缺陷可以定位到代码级。根据测试工具原理的不同,白盒测试的自动化工具又分为静态白盒测试工具和动态白盒测试工具。

5.3.1 静态白盒测试工具

静态白盒测试工具直接对代码进行分析,不需要运行代码,也不需要对代码编译链接,生成可执行文件。静态测试工具一般是对代码进行语法扫描,找出不符合编码规范的地方,根据某种质量模型评价代码的质量,生成系统的调用关系图等。

常见的静态测试工具有如下几种类型。

1)代码审查

代码审查工具,又称代码审查器,能帮助测试人员了解代码的相关性,跟踪程序逻辑,浏览程序的图示表达法,确认"死"代码,检查源程序是否遵循了程序设计的规则等。

2)一致性检查

一致性检查检测程序的各个单元是否使用了统一的记法或术语,检查设计是否遵循规格说明。

3)错误检查

错误检查用以确定结果差异,分析错误的严重性及原因。

4)接口分析

接口分析检查程序单元之间接口的一致性,以及是否遵循了预先确定的规则或原则,并分析检查程序的输入输出参数以及检查模块的完整性等。

5)输入输出规格说明分析检查

此项分析的目标在于借助输入输出规格说明,生成测试输入数据。

6)数据流分析

数据流分析检测数据的复制与引用之间是否出现了不合理的现象。例如,引用未赋值的变量,对未曾引用的变量再次赋值。

7)类型分析

类型分析主要检测命名的数据项和操作是否得到正确的使用。通常,类型分析检测某一实体的值域(或函数)是否按照正确的、一致的形式构成。

8)单元分析

单元分析检查单元或模块是否定义正确和使用一致。

9)复杂度分析

复杂度分析帮助测试人员精确计划他们的测试活动,对于复杂的代码域则必须补充测试用例,深入进行审查。

下面介绍几种常用的静态白盒测试工具。

1)C++ Test

C++ Test 是 Parasoft 公司出品的一款针对 C/C++ 源代码进行自动化测试的工具。它可自动测试任何 C/C++ 函数、类或部件,而不需要编写测试用例、测试驱动程序或桩程序代码。C++ Test 能够自动测试代码构造(白盒测试)、测试代码的功能性(黑盒测试)和维护代码的完整性(回归测试)。C++ Test 是一个易于使用的产品,能够适应任何开发生命周期。通过将 C++ Test 集成到开发过程中,能够有效地防止软件错误,提高代码的稳定性,并自动地实现单元测试(这是极端编程过程的基础)。

C++ Test 能有效提高开发团队工作效率和软件质量。C++ Test 支持编码策略增强、静态分析、全面代码走查、单元与组件的测试,为用户提供一个实用的方法来确保其 C/C++ 代码按预期运行。C++ Test 能够在桌面的 IDE 环境或者命令行的批处理下进行回归测试。

2) Jtest

Jtest 是 Parasoft 公司推出的针对 Java 语言的自动化白盒测试工具,它通过自动实现 Java 的单元测试和代码标准校验来提高代码的可靠性。

Jtest 先分析每个 Java 类,然后自动生成 JUnit 测试用例并执行用例,从而实现代码的最大覆盖,并将代码运行时未处理的异常暴露出来。另外,它还可以检查以 DbC(Design by Contract)规范开发的代码的正确性。用户还可以通过扩展测试用例的自动生成器来添加更多的 JUnit 用例。Jtest 还能按照现有的超过 350 个编码标准来检查并自动纠正大多数常见的编码规则上的偏差,用户可自定义这些标准,通过简单的几个单击,就能预防类似于未处理异常、函数错误、内存泄漏、性能问题、安全隐患这样的代码问题。

3) CodeWizard

CodeWizard 能够对源程序直接进行自动扫描、分析和检查。一旦发现违例,产生信息告知与哪条规则不符并给出解释。以 CodeWizard 4.3 为例,其中内置了超过 500 条编码标准。CodeWizard 可以选择对于当前的工程执行哪些编码标准。CodeWizard 可以和 Visual C++ 紧密集成,安装完毕以后,Visual C++ 中有 CodeWizard 工具条。

5.3.2 动态白盒测试工具

动态测试工具有下面几种常见类型。

1. 功能确认与接口测试

动态白盒测试包括对各模块功能、模块间的接口、局部数据结构、主要执行路径、错误处理等方面进行测试。

2. 覆盖测试

覆盖分析对所涉及的程序结构元素进行度量,以确定测试执行的充分性。

下面介绍几种常用的动态白盒测试工具。

1) EMMA

EMMA 是一款用于检测和报告 Java 代码覆盖率的开源工具。它不但能很好地用于小型项目,很方便地得出覆盖率报告,而且适用于大型企业级别的项目。

EMMA 支持许多级别的覆盖率指标:包、类、方法、语句块和行,特别是它能测出某一行是否只是被部分覆盖,如条件语句短路的情况。它能生成 TEXT、XML、HTML 等格式的报告,以满足不同的需求。EMMA 能和 Makefile 和 Ant 集成,便于应用于大型项目。

EMMA 是通过向.class 文件中插入字节码的方式来跟踪记录被运行代码信息的。EMMA 支持 On the fly 和 Offline 两种模式。

On the fly 模式往加载的类中加入字节码,相当于用 EMMA 实现的 application class loader 替代原来的 application class loader。

Offline 模式在类被加载前,加入字节码。

On the fly 模式比较方便，缺点也比较明显，如它不能为被 boot class loader 加载的类生成覆盖率报告，也不能为像 J2EE 容器那种自己有独特 class loader 的类生成覆盖率报告。这时，我们可求助于 Offline 模式。

EMMA 也支持 Command line 和 Ant 两种运行方式。命令行一般和 On the fly 模式一起适用，对于简单的项目能够快速产生覆盖率报告。通过 Ant task 来运行 EMMA，特别适用于大型的项目。

2) JUnit

JUnit 是一个开放源代码的 Java 测试框架，用于编写和运行可重复的测试。它是用于单元测试框架体系 XUnit 的一个实例(用于 Java 语言)。它包括以下特性：

(1) 用于测试期望结果的断言(Assertion)。

(2) 用于共享共同测试数据的测试工具。

(3) 用于方便地组织和运行测试的测试套件。

(4) 图形和文本的测试运行器。

3) CppUnit

测试驱动开发(TDD)是以测试作为开发过程的中心，它坚持在编写实际代码之前先写好基于产品代码的测试代码。开发过程的目标就是首先使测试能够通过，然后再优化设计结构。测试驱动开发式是极限编程的重要组成部分。XUnit，一个基于测试驱动开发的测试框架，为在开发过程中使用测试驱动开发提供了一个方便的工具，使我们得以快速地进行单元测试。XUnit 的成员很多，如 JUnit、PythonUnit 等。CppUnit 即是 XUnit 家族中的一员，它是一个专门面向 C++ 的测试框架。

4) HtmlUnit

HtmlUnit 是 JUnit 的扩展测试框架之一，该框架模拟浏览器的行为，开发者可以使用其提供的 API 对页面的元素进行操作。HtmlUnit 支持 HTTP、HTTPS、Cookie、表单的 POST 和 GET 方法，能够对 HTML 文档进行包装，页面的各种元素都可以被当作对象进行调用，对 JavaScript 的支持也比较好。

5) HttpUnit

HttpUnit 是测试时的辅助工具，它协助进行 HTTP 请求响应，在请求上加上参数、设置 Cookie 等，它将回应的消息加以剖析整理，我们可以从它提供的物件上得到分析后的表头(Header)、表单(Form)、表格(Table)。

5.4 项目案例

5.4.1 学习目标

(1) 理解白盒测试的概念和主要技术。

(2) 理解测试覆盖率的概念，掌握常见的各种覆盖方法。

5.4.2 案例描述

本案例使用“艾斯医药商务系统”中的分支结构语句来实现覆盖率的测试。

5.4.3 案例要点

(1) 覆盖率是用来度量测试完整性的一个手段。覆盖率是测试技术有效性的一个度量。

(2) 覆盖率＝至少被执行一次的 Item 数÷Item 的总数。

(3) 覆盖率大体分为两类：逻辑覆盖和功能覆盖。

(4) 测试用例设计不能一味追求覆盖率，因为测试成本随覆盖率的增加而增加。

5.4.4 案例实施

1. 逻辑覆盖测试

逻辑覆盖测试主要是针对程序的内部逻辑结构设计测试用例的技术，它通过运行测试用例达到逻辑覆盖的目的。

逻辑覆盖包括 3 种类型：①语句覆盖；②判定覆盖；③条件覆盖。

购物车添加商品的函数程序代码如下。

```
/**
   * 购物车添加商品方法
   * 在判断 hashmap 中没有 pid 对应商品是为 false 情况下添加 product
   * @ param pid
   * @ param product
   * /
public void addProduct(String pid,Product product){
    if(hashmap==null){
        hashmap=new HashMap();
    }
    if(hashmap.containsKey(pid)==false)      //购物车中不存在该商品
        {
            hashmap.put(pid, product);
        }
}
```

上述函数的流程图如图 5-12 所示。

2. 语句覆盖

语句覆盖就是设计若干测试用例，运行被测试程序，使得每一条可执行的语句至少执行一次。根据概念，为了对上面的函数进行语句覆盖，只要设计一个测试用例就可以覆盖两个执行语句块中的语句。

针对程序的判断语句，可在入口处设计测试用例。

测试用例输入为：{hashmap＝＝null}。

程序执行的路径为：abd。

如果程序只运行上面的测试用例，虽然可以执行模块中的所有语句，但并不能检查判断逻辑是否有问题。例如，在第一个判断中错误地把

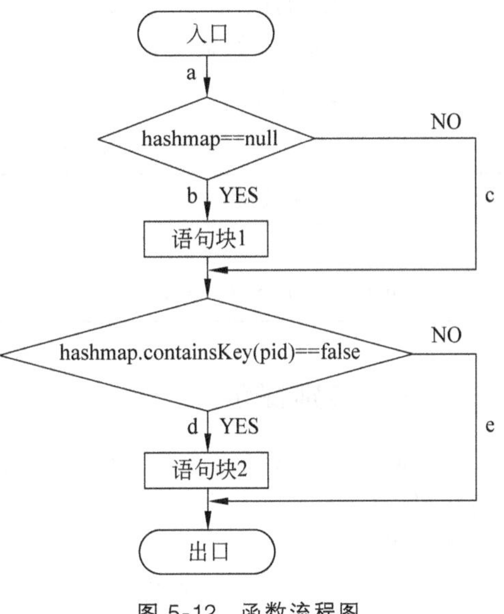

图 5-12 函数流程图

==写成!=,则上面的测试用例仍可以覆盖所有的执行语句。可以说,语句覆盖率是最弱的逻辑覆盖准则。

3. 判定覆盖

判定覆盖(又称分支覆盖),设计若干测试用例,运行所测程序,使程序中每个判断的取真分支和取假分支至少各执行一次。

根据上面的定义,对于上面的程序,只要设计两个测试用例则可以满足条件覆盖的要求。

测试用例的输入为:{hashmap!=null}和{hashmap==null}。

上面的两个测试用例虽能够满足判定覆盖的要求,但是有时也不能对判定条件进行检查。

4. 条件覆盖

设计足够多的测试用例,运行所测程序,使程序中每个判断内的每个条件的各个可能取值至少执行一次。

为了清楚地设计测试用例,对例子中的所有条件取值加以标记。

例如,对于第一个判断:条件 hashmap==null,取真值为 T1,假值为 -T1;对于第二个判断:条件 hashmap.containsKey(pid)==false,取真值为 T2,假值为 -T2。可以设计测试用例如表 5-8 所示。

表 5-8　条件覆盖测试用例(一)

测试用例	通过路径	条件取值	覆盖分支
hashmap==null hashmap.containsKey(pid)==false	abd	T1,T2	bd
hashmap!=null hashmap.containsKey(pid)==false	acd	-T1,T2	cd
hashmap==null hashmap.containsKey(pid)!=false	abe	T1,-T2	be

表 5-8 所示的测试用例不但覆盖了所有分支的真假两个分支,而且覆盖了判断中的所有条件的可能值。但是,如果设计了如表 5-9 所示的测试用例,则虽然满足了条件覆盖,但并不满足分支覆盖的要求。

表 5-9　条件覆盖测试用例(二)

测试用例	通过路径	条件取值	覆盖分支
hashmap!=null hashmap.containsKey(pid)!=false	ace	-T1,-T2	ce

5.4.5　特别提示

功能覆盖中最常见的是需求覆盖,其含义是通过设计一定的测试用例,要求每个需求点都被测试到。

需求覆盖率为:

需求覆盖率=被验证的需求数量÷总的需求数量

功能测试覆盖方面的自动化工具比较少。

5.4.6 拓展与提高

针对图 5-13 的流程图，设计了测试用例（A=1，B=0，X=3），请分别计算这种情况下的语句覆盖率、判断覆盖率、条件覆盖率、判定/条件覆盖率、路径覆盖率，需写出计算表达式。

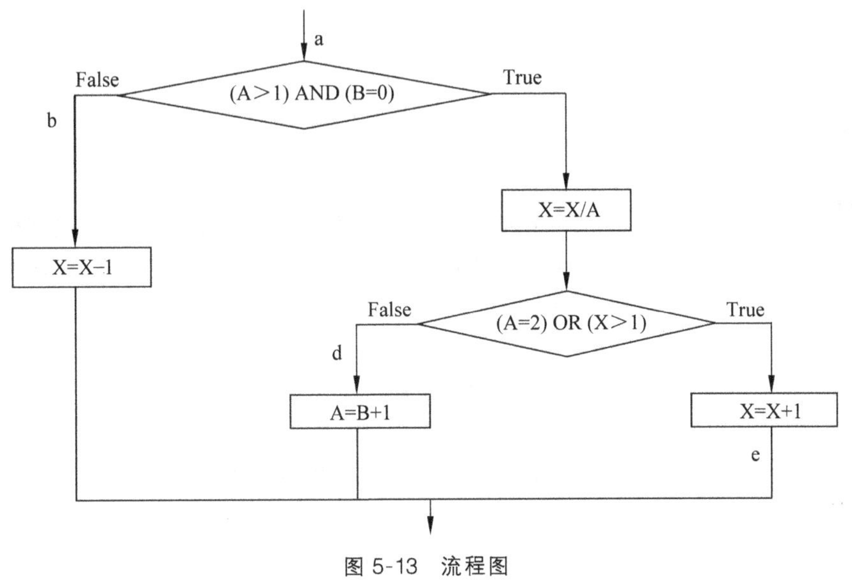

图 5-13 流程图

本章小结

本章重点介绍了白盒测试的相关概念。白盒测试着重检查程序的内部，对所有程序逻辑结构进行测试。基于此，介绍了相关测试覆盖准则在实际中测试用例的应用，还介绍了常用的白盒测试工具。

习 题

1. 总结白盒测试方法的重点以及相应的对策。
2. 白盒测试的覆盖准则有哪些？
3. 白盒测试的常用工具有哪些？各适用于什么情况？
4. 下列覆盖准则最强的是（ ）。
   A. 语句覆盖　B. 判定覆盖　C. 条件覆盖　D. 路径覆盖
5. 实际的逻辑覆盖测试中，一般是以（ ）为主设计测试用例。
   A. 条件覆盖　B. 判定覆盖　C. 条件组合覆盖　D. 路径覆盖
6. 下列发现错误能力最弱的覆盖准则是（ ）。
   A. 语句覆盖　B. 判定覆盖　C. 条件覆盖　D. 路径覆盖

第6章 单元测试

单元测试是对软件设计的最小单元——程序模块进行正确性检验的测试工作，主要测试模块在语法、格式和逻辑上的错误。

学习目的与要求

本章介绍单元测试的相关概念，单元测试的重要性以及相关原则、内容和任务等。通过本章的学习，体会单元测试的过程，掌握单元测试用例的设计。

本章主要内容

- 单元测试的概念。
- 单元测试的重要性和原则。
- 单元测试的内容和主要任务。
- 单元测试的目的、分析和过程。
- 单元测试用例设计。
- 单元测试环境。
- 插桩程序设计。
- 驱动程序设计。
- 类测试。
- 单元测试框架 JUnit。

6.1 单元测试的概念

6.1.1 单元测试概述

1. 什么是单元测试

通常而言，单元测试是在软件开发过程中要进行的最低级别的测试活动，是针对软件设计的最小单位即程序模块（以下简称模块）进行正确性检验的测试工作。单元测试的目的在于发现每个程序模块内部可能存在的差错。

在单元测试活动中，软件的独立单元将在与程序的其他部分相隔离的情况下进行测试，主要工作为人工静态检查和动态执行跟踪。

单元测试一般由开发组在开发组组长监督下进行，保证使用合适的测试技术，根据单元测试计划和测试说明文档中的要求，执行充分的测试；由编写该单元的开发组中的成员设计所需要的测试用例，测试该单元并且修改缺陷。

单元测试主要测试模块在语法、格式和逻辑上的错误。

单元测试应对模块内所有重要的控制路径进行测试，以便发现模块内部的错误。单元测试是检查软件源程序的第一次机会，通过孤立地测试每个单元，确保每个单元工作正常，这样相比单元作为一个更大系统的一个部分更容易发现问题。在单元测试中，每个程序模块可以并行、独立地进行测试工作。

2. 单元测试与集成测试的区别

单元测试与集成测试的主要区别在于测试的对象不同。单元测试对象是实现具体功能的单元，一般对应详细设计中所描述的设计单元。集成测试是针对概要设计所包含的模块及模块组合进行的测试。

单元测试所使用的主要测试方法是基于代码的白盒测试。而集成测试所使用的主要测试方法是基于功能的黑盒测试。

因为集成测试要在所有要集成的模块都通过了单元测试之后才能进行。也就是说，在测试时间上，集成测试要晚于单元测试，所以单元测试的好坏直接影响着集成测试。

单元测试的工作内容包括对模块内程序的逻辑、功能、参数传递、变量引用、出错处理、需求和设计中有具体的要求等方面进行测试。集成测试的工作内容主要是验证各个接口、接口之间的数据传递关系、模块组合后能否达到预期效果。

虽然单元测试和集成测试有一些区别，但是二者之间也有着千丝万缕的联系。目前集成测试和单元测试的界限趋向模糊。

3. 单元测试与系统测试的区别

单元测试与系统测试的区别不仅是测试的对象和测试的层次不同，其最主要的区别是测试性质不同。单元测试的执行早于系统测试。在单元测试过程中，测试的是软件单元的具体实现、内部的逻辑结构以及数据流向等。系统测试属于后期测试，主要是根据需求规格说明书，从用户角度进行的功能测试和性能测试等，证明系统是否满足用户的需求。

单元测试中发现的错误容易进行定位，并且多个单元测试可以并行进行；而系统测试发现的错误比较难定位。

6.1.2 单元测试的原则

下面是单元测试的原则。

(1) 单元测试越早进行越好。

(2) 单元测试应该依据软件详细设计规格说明进行。

(3) 对于修改过的代码应该重做单元测试，以保证对已发现错误的修改没有引入新的错误。

(4) 当测试用例的测试结果与设计规格说明的预期结果不一致时，测试人员应如实记录实际的测试结果。

(5) 单元测试应注意选择好被测软件单元的大小。

(6) 一个完整的单元测试说明应该包含正面测试和负面的测试。

(7) 注意使用单元测试工具。

6.1.3 单元测试的内容和主要任务

单元测试是针对每个程序模块进行测试的,单元测试的主要任务是要解决以下 5 方面的测试问题。也就是说,单元测试主要对模块的 5 个基本特性进行评价,如图 6-1 所示。

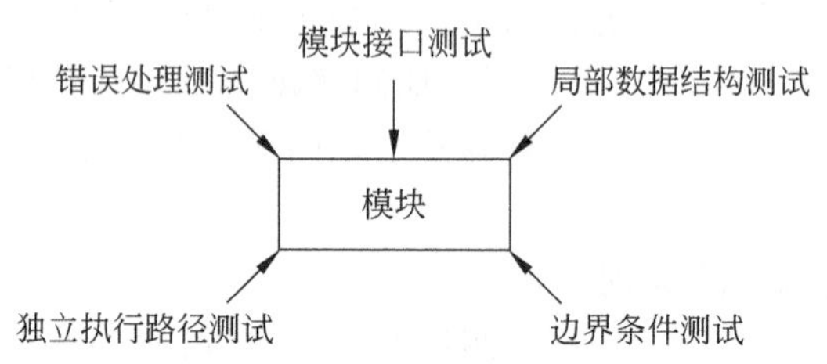

图 6-1 单元测试的主要任务

1. 模块接口测试

针对模块接口测试应进行的检查,对通过被测模块的数据流进行测试,检查进出模块的数据是否正确。模块接口测试必须在任何其他测试之前进行。

模块接口测试主要涉及以下几方面。

(1) 模块接收输入的实际参数个数与模块的形式参数个数是否一致。

(2) 输入的实际参数与模块的形式参数的类型是否匹配。

(3) 输入的实际参数与模块的形式参数所使用单位是否一致。

(4) 调用其他模块时,所传送的实际参数个数与被调用模块的形式参数的个数是否相同。

(5) 调用其他模块时,所传送的实际参数与被调用模块的形式参数的类型是否匹配。

(6) 调用其他模块时,所传送的实际参数与被调用模块的形式参数的单位一致。

(7) 调用内部函数时,参数的个数、属性和次序是否正确。

(8) 在模块有多个入口的情况下,是否有引用与当前入口无关的参数。

(9) 是否会修改了只读型参数。

(10) 出现全局变量时,这些变量是否在所有引用它们的模块中都有相同的定义。

(11) 有没有把某些约束当作参数来传送。

在进行内外存交换时要考虑:

(1) 文件属性是否正确。

(2) OPEN 与 CLOSE 语句是否正确。

(3) 缓冲区容量与记录长度是否匹配。

(4) 在进行读写操作之前是否打开了文件。

(5) 在结束文件处理时是否关闭了文件。

(6) 正文书写/输入错误。

(7) I/O 错误是否检查并做了处理。

2. 局部数据结构测试

该测试主要是检查局部数据结构能否保持完整性,涉及以下内容。

(1) 不正确或不一致的数据类型说明。

(2) 变量没有初始化。

(3) 变量名拼写错或书写错。

(4) 数组越界。

(5) 非法指针。

(6) 全局数据对模块的影响。

3. 独立执行路径测试

该测试主要是对模块中重要的执行路径进行测试。检查由于计算错误、判定错误、控制流错误导致的程序错误,涉及以下内容。

(1) 死代码。

(2) 错误的计算优先级。

(3) 精度错误(比较运算错误、赋值错误)。

(4) 表达式的不正确符号。

(5) 循环变量的使用错误。

4. 错误处理测试

该测试主要是检查内部错误处理设施是否有效,涉及以下内容。

(1) 是否检查错误出现。

(2) 出现错误,是否进行错误处理,抛出错误、通知用户、进行记录。

(3) 错误处理是否有效:

① 对运行发生的错误描述难以理解。

② 所报告的错误与实际遇到的错误不一致。

③ 出错后,在错误处理之前就引起系统的干预。

④ 例外条件的处理不正确。

⑤ 提供的错误信息不足,以至于无法找到错误的原因。

5. 边界条件测试

该测试主要是检查临界数据是否正确处理,涉及以下内容。

(1) 普通合法数据是否正确处理。

(2) 普通非法数据是否正确处理。

(3) 边界内最接近边界的(合法)数据是否正确处理。

(4) 边界外最接近边界的(非法)数据是否正确处理。

6.1.4 单元测试分析

单元测试分析一般可以从以下几方面进行分析和测试。

(1) 判断得到的结果是否正确。对于测试而言,首要的任务就是查看所期望的结果是否正确,即对结果进行验证。

(2) 判断是否满足所有的边界条件。边界条件是指软件计划的操作界限所在的边缘条件。边界条件测试是单元测试中最后也是最重要的一项任务。在使用边界值测试的方法时,不妨结合实际项目参考以下测试技巧。

① 输入了完全伪造或者与要求不一致的数据。

② 输入了一个格式错误的数据。

③ 提供了一个空值或者不完整的值。

④ 输入了与意料之中的值相差很远的值。

⑤ 假如一个列表中不允许有重复的数值存在，就可以给它传入一组存在重复数值的列表；如果某个字段的值要求唯一，那么可以输入两个或多个相同的数值来进行测试。

⑥ 如果要求按照一定的顺序来存储一些数据，那么可以输入一些顺序打乱的数据来做测试。

⑦ 对于一些做了安全限制的部分，尽量通过各种途径尝试能否绕过安全限制的测试。

⑧ 如果功能的启用有一定的顺序限制，就用与期望不一致的顺序来进行测试。

(3) 分析能否使用反向关联检查。在实际程序中，有一些方法可以使用反向的逻辑关系来验证它们。

(4) 分析是否能使用其他手段来交叉检查结果。一般而言，对某个值进行计算会有一种以上的算法，但我们会因考虑到运行效率或其他方面的原因而选择其中的一种。

(5) 分析是否可以强制一些错误发生。在实际使用过程当中，总会有意想不到各种各样的情况和错误发生。

(6) 分析模块接口。数据在接口处出错就好像丢掉了进入大门的钥匙，无法进行下一步的工作，只有在数据能正确流入、流出模块的前提下，其他测试才有意义。

(7) 分析局部数据结构。局部数据结构往往是错误的根源，对其检查主要是为了保证临时存储在模块内的数据在程序执行过程中完整、正确。

(8) 分析独立路径。在模块中应对每一条独立执行路径进行测试，单元测试的基本任务是保证模块中每条语句至少执行一次。

(9) 分析出错处理是否正确。一个好的设计应该能预见各种出错条件，并进行适当的错误处理，即预设各种错误处理通路。

6.1.5 单元测试用例设计

单元测试用例的设计既可以使用白盒测试，也可以使用黑盒测试，但以白盒测试为主。

白盒测试进入的前提条件是测试人员已经对被测试对象有了一定的了解，基本上明确了被测试软件的逻辑结构。

黑盒测试首先要了解软件产品具备的功能和性能等需求，再根据需求设计一批测试用例，以验证程序内部活动是否符合设计要求的活动。

测试人员在实际工作中至少应该设计能够覆盖以下需求的、基于功能的单元测试用例。

(1) 测试程序单元的功能是否实现。

(2) 测试程序单元性能是否满足要求(可选)。

(3) 是否有可选的其他测试特性，如边界、余量、安全性、可靠性、强度测试、人机交互界面测试等。

无论是白盒测试还是黑盒测试，每个测试用例都应该包含下面 4 个关键元素。

(1) 被测单元模块初始状态声明，即测试用例的开始状态(仅适用于被测单元维持了调用中间状态的情况)。

(2) 被测单元的输入，包含由被测单元读入的任何外部数据值。

(3) 测试用例实际测试的代码，用被测单元的功能和测试用例设计中使用的分析来说明，如单元中哪一个决策条件被测试。

(4) 测试用例的期望输出结果(在测试进行前的测试说明中定义)。

6.1.6 单元测试过程

图 6-2 从宏观的角度概括了单元测试的工作过程。

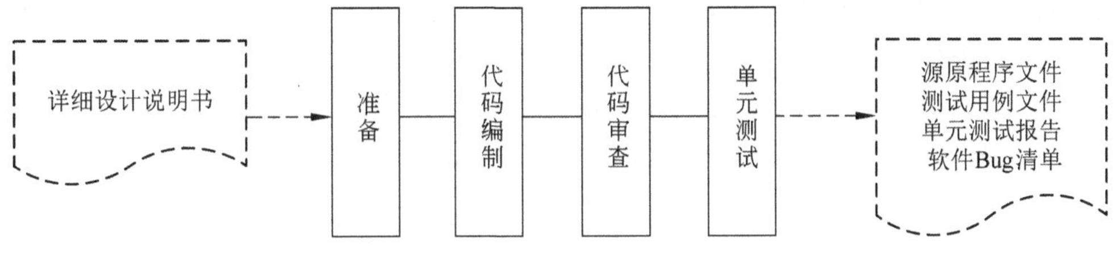

图 6-2 单元测试的工作过程

单元测试过程包括如下几个阶段。

(1) 准备阶段。

(2) 编制阶段。

(3) 代码审查阶段。

(4) 单元测试阶段。

(5) 评审、提交阶段。

在整个单元测试的过程中所涉及的文档如下。

(1) 单元测试的输入文档。

① 软件需求规格说明书。

② 软件详细设计说明书。

③ 软件编码与单元测试工作任务书。

④ 软件集成测试计划。

⑤ 软件集成测试方案。

⑥ 用户文档。

(2) 单元测试的输出文档。

① 单元测试计划。

② 单元测试方案。

③ 需求跟踪说明书或需求跟踪记录。

④ 代码静态检查记录。

⑤ 正规检视报告。

⑥ 问题记录。

⑦ 问题跟踪和解决记录。

⑧ 软件代码开发版本。

⑨ 单元测试报告。

⑩ 软件编码与单元测试任务总结报告。

6.2 单元测试环境建立

由于一个模块或一个方法并不是一个独立的程序，在考虑测试它时要同时考虑它和外界的联系，因此要用到一些辅助模块来模拟与所测模块相联系的其他模块。一般把这些辅助模块分为以下两种。

(1) 驱动模块：用来模拟被测试模块的上一级模块，相当于被测模块的主程序。它接收数据，将相关数据传送给被测模块，启动被测模块，并打印出相应的结果。

(2) 桩模块：用于代替所测模块调用的子模块，以模拟被测模块工作过程中所调用的模块，它们一般只进行很少的数据处理。

一般来说，驱动模块和桩模块都是额外的开销，虽然在单元测试中必须编写，但并不需要作为最终的产品提供给用户。图 6-3 显示了一般的单元测试环境。

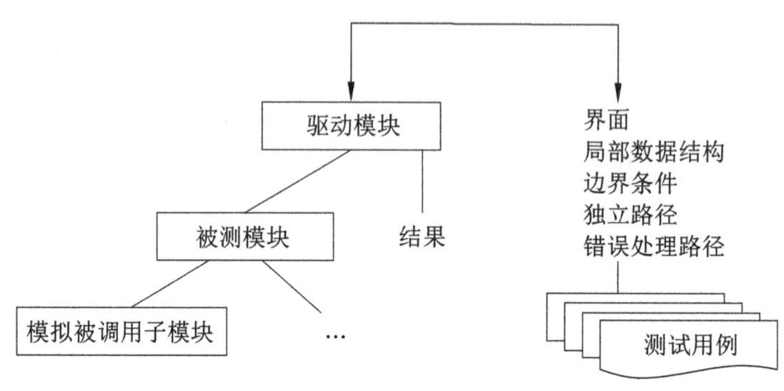

图 6-3 一般的单元测试环境

所测模块和与它相关的驱动模块及桩模块共同构成了一个“测试环境”，如图 6-4 所示。

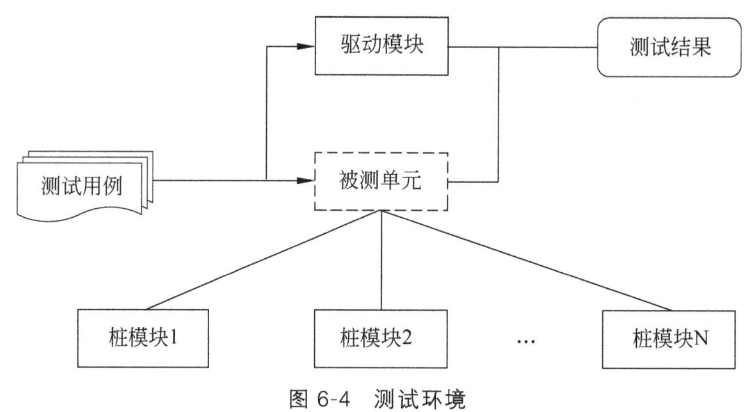

图 6-4 测试环境

6.3 插桩程序设计

在软件测试中，常常要用到一种“插桩”技术，通过在源代码中加入记录信息语句，以便进行运行信息的追踪和调试，统计有关的运行资源状况。

程序插桩技术最早是由 J.C. Huang 教授提出的，它是在保证被测程序原有逻辑完整性的基础上在程序中插入一些探针(又称“探测仪”)，通过探针的执行并获得程序运行的特征数据，基于对这些数据的分析，可以获得程序的控制流和数据流信息，进而得到逻辑覆盖等动态信息，从而实现测试目的的方法。根据探针插入的时间可以分为目标代码插桩和源代码插桩。

(1) 目标代码插桩的前提是对目标代码进行必要的分析，以确定需要插桩的地点和内容。

由于目标代码的格式主要和操作系统相关,和具体的编程语言及版本无关,所以得到了广泛应用,尤其是在需要对内存进行监控的软件中。但是,由于目标代码中语法、语义信息不完整,而插桩技术需要对代码词法语法的分析有较高的要求,故在覆盖测试工具中多采用源代码插桩。

(2) 源代码插桩是在对源文件进行完整的词法分析和语法分析的基础上进行的,这就保证对源文件的插桩能够达到很高的准确度和针对性。但是,源代码插桩需要接触到源代码,使得工作量较大,而且随着编码语言和版本的不同需要做一定的修改。

程序插桩是借助往被测程序中插入探针来实现测试目的的方法。程序插桩的基本原理是在不破坏被测试程序原有逻辑完整性的前提下,在程序的相应位置上插入一些探针。这些探针本质上就是进行信息采集的代码段,可以是赋值语句或采集覆盖信息的函数调用。通过探针的执行并输出程序的运行特征数据。基于对这些特征数据的分析,揭示程序的内部行为和特征。

基于程序插桩的动态测试框架示例如图 6-5 所示。

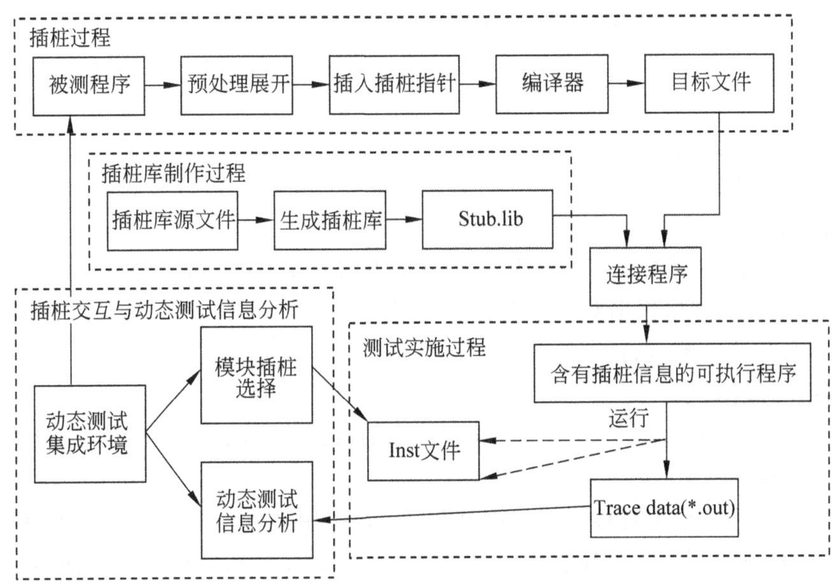

图 6-5 基于程序插桩的动态测试框架

6.4 类测试

类是面向对象软件组成和运行的基本单元,面向对象软件的内部实际上是各个类之间的相互作用,对它的测试也就更加重要。每个对象有自己的生存周期,有自己的状态。消息是对象之间相互请求或协作的途径,是外界使用对象方法及获取对象状态的唯一方式。对象的功能是在消息的触发下,由对象所属类中定义的方法与相关对象的合作共同完成,且在不同状态下对消息的响应可能完全不同。工作过程中对象的状态可能被改变,并产生新的状态。对象中的数据和方法是一个有机的整体,测试过程中不能仅检查输入数据产生的输出结果是否与预期的吻合,还要考虑对象的状态,因为在不同状态下对象对消息的响应可能完全不同。与传统软件相比,面向对象程序的子过程(方法)的结构趋于简单,而方法间的耦合程度却有了较大的提高,交互过程也变得复杂。对传统软件进行测试时,着眼的是程序的控制流或数据流,但对类进行测试时则必须考虑类的对象所具有的状态，着重考查一个对象接收到一个消息序列后是否达到了一个正确的状态。因此，类测试的重点是类内方法间的交互和其对象的各个状态。

1. 功能性测试

功能性测试包括两个层次：类的规格说明和方法的规格说明。

2. 结构性测试

结构性测试对类中的方法进行测试，它把类作为一个单元来进行测试。结构性测试分为两层：第一层考虑类中各独立方法的代码；第二层考虑方法之间的相互作用，每个方法的测试要求能针对其所有的输入情况。

3. 基于对象状态转移图的面向对象软件测试

面向对象设计方法通常采用状态转移图建立对象的动态行为模型。状态转移图用于刻画对象，响应各种事件时状态发生转移的情况，节点表示对象的某个可能状态，节点之间的有向边通常用“事件/动作”标出。基于状态测试的主要步骤如下。

(1) 依据设计文档，或者通过分析对象数据成员的取值情况空间，得到被测试类的状态转移图。

(2) 给被测试的类加入用于设置和检查对象状态的新方法，导出对象的逻辑状态。

(3) 对于状态转移图中的每个状态，确定该状态是哪些方法的合法起始状态，即在该状态时，对象允许执行哪些操作。

(4) 在每个状态，从类中方法的调用关系图最下层开始，逐一测试类中的方法。

(5) 测试每个方法时，根据对象当前状态确定出对方法的执行路径有特殊影响的参数值，将各种可能组合作为参数进行测试。

4. 类的数据流测试

数据流测试是一种白盒测试方法，它利用程序的数据流之间的关系来指导测试的选择。

1) 数据流分析

当数据流测试用于单个过程的单元测试时，定义-引用对可利用传统的迭代的数据流分析方法来计算，这种方法利用一个控制流图(control flow graph)来表示程序，其中的节点表示程序语句，边表示不同语句的控制流，且每一个控制流图都加上了一个入口和一个出口。

2) 类及类测试

类是个独立的程序单位，它有一个类名并包括属性说明和服务说明两个主要部分，对象是类的一个实例。不失一般性，我们这里构造一个类的模型。

对类进行三级测试，定义如下。

(1) 方法内部测试：测试单个方法，该级测试相当于单元测试。

(2) 方法间测试：在类中与其他方法一起测试一个直接或间接调用的公开方法，该级测试相当于集成测试。

(3) 类内部测试：测试公开方法在各种调用顺序时的相互作用关系，由于类的调用能够激发一系列不同顺序的方法，可以用类内部测试来确定类的相互作用关系顺序，但由于公开方法的调用顺序是无限的，所以只能测试其中一个子集。

3) 数据流测试

为了支持现有的类内部测试技术，需要一个基于代码的测试技术来识别需要测试的类的部件，这种技术就是数据流测试，它考虑所有的类变量及程序点说明的定义-引用对。

4）计算类的数据流信息

为了支持类的数据流测试，必须计算类的各种定义-引用对。

为了计算类的 3 种定义-引用对，可以构造一个类控制流图（class control flow graph，CCFG），其算法如下。

（1）为类构造类调用图，作为类控制流图的初值。

（2）把框架加入到类调用图中。

（3）根据相应的控制流图替换类调用图中的每一个调用节点，具体实现方法是：对于类 C 中的每一个方法 M，在类调用图中用方法 M 的控制流图替代方法 M 的调用节点，并更新相应的边。

（4）用调用节点和返回节点替换调用点，具体实现方法是：对于类调用图中的每一个表示类 C 中调用方法 M 的调用点 S，用一个调用节点和返回节点代替调用点 S。

（5）把单个的控制流图连接起来，具体实现方法是：对于类控制流图中的每一个方法 M，加上一条从框架调用节点到输入节点的边和一条从输出节点到框架返回节点的边，其中输入节点和输出节点都在方法 M 的控制流图中。

（6）返回完整的类控制流图。

6.5 单元测试框架 JUnit

目前最流行的单元测试工具是 XUnit 系列框架，根据语言不同，单元测试工具分为 JUnit（Java）、CppUnit（C）、DUnit（Delphi）、NUnit（.Net）、PhpUnit（Php）等。该测试框架的第一个和最杰出的应用就是由 Erich Gamma（《设计模式》的作者）和 Kent Beck（Extreme Programming 的创始人）提供的开放源代码的 JUnit。

6.5.1 JUnit 测试框架

JUnit 是一个开发源代码的 Java 测试框架，用于编写和运行可重复的测试。它是用于单元测试框架体系 XUnit 的一个实例（用于 Java 语言）。

（1）在单元测试中，经常编写这样的代码：按实际需求提供输入的代码和以输出结果形式展示的代码的运行情况。程序员长期使用的一个简单的方法是：编写一系列的 if 条件语句与预期的结果进行比较。在 JUnit 中，并不需要这些 if 语句，而是写断言（assertion）。断言是这样一个方法：预先标志出期望的结果，并将得到的结果与之进行比较，如果匹配则断言成功，否则断言失败。

（2）测试需要建立测试框架，例如初始化变量、创建对象等。在 JUnit 中，准备工作称为装配（setup）。setup 和 assertion 是相互独立的，所以相同的测试框架可适用于若干独立的测试。setup 过程在测试以前执行。

（3）当一个测试结束时，可能需要对测试框架进行一些清理活动。在 JUnit 中，清理活动称为拆卸（teardown）。它保证每一个测试不会留下任何的影响。如果接下来有另一个测试活动开始了，那么这个测试的 setup 过程就能被正确得执行。setup 和 teardown 成为一个测试的固定环节。

单独的测试被称为测试用例（test case），测试用例几乎不存在于真空中。如果一个项目经历了若干单元测试，就能积累一定数量的测试用例集。程序员往往将这些测试一起运行。

如果测试一起运行，就将测试联合成为测试组(test suites)。这种情况下，程序员将多个测试用例组合成为一个测试组，作为一个单独的整体来运行。

JUnit 的优点：

(1) 可以使测试代码与产品代码分开。

(2) 针对某一个类的测试代码通过较少的改动便可以应用于另一个类的测试。

(3) 易于集成到测试人员的构建过程中。

(4) JUnit 是公开源代码的，可以进行二次开发。

(5) 可以方便地对 JUnit 进行扩展。

JUnit 的特征：

(1) 使用断言方法判断期望值和实际值差异，返回 Boolean 值。

(2) 测试驱动设备使用共同的初始化变量或者实例。

(3) 测试包结构便于组织和集成运行。

(4) 支持图形交互模式和文本交互模式。

每个测试方法都对应一个测试用例类的实例。当测试用例实例被运行时，依照以下步骤进行。

(1) 创建测试用例实例。

(2) 调用 setUp()方法，执行一些初始化工作。

(3) 运行 testXxx()测试方法。

(4) 调用 tearDown()方法，执行销毁对象的工作。

接下来介绍 JUnit 的使用实例。

(1) 首先可以从 http://www.junit.org 下载最新的 JUnit 软件包，然后将软件包在适当的目录下解包，在安装目录下找到一个名为 junit.jar 的文件，将这个 jar 文件加入 CLASSPATH 系统变量。

(2) 扩展 TestCase 类，对每个测试目标类都要定义一个测试用例类。对应测试目标类书写 testXxx()方法。

以 ChangeHtmlCode 为目标类，创建 ChangeHtmlCode.javaTest 测试类，代码如下。

```
package com.ascent.util;
import junit.framework.*;
public class ChangeHtmlCodeTest extends TestCase {
    private ChangeHtmlCode cs1;
    public ChangeHtmlCodeTest(){
        super();
    }
    protected void setUp() {
        cs1=new ChangeHtmlCode();
    }
    public void testYYReplace(){
        String str="Welcome to BeiJing.";
        str=cs1.YYReplace(str,"e","8");
        String str1="W8lcom8 to B8iJing.";
        Assert.assertEquals(str, str1);
    }
```

```
    public void testHTMLEncode(){
        String str="<测试>";
        str=cs1.HTMLEncode(str);
        String str1="&lt;测试 &gt;";
        Assert.assertEquals(str, str1);
    }
}
```

如果需要在一个或若干个类执行多个测试,这些类就成了测试的上下文(Context)。在 JUnit 中被称为 Fixture。当编写测试代码时,会发现其实花费了很多时间配置和初始化相关测试的 Fixture。将配置 Fixture 的代码放入测试类的构造方法中并不可取,因为要求执行多个测试,并不希望某个测试的结果意外地影响其他测试的结果。通常若干测试会使用相同的 Fixture,而每个测试又各有自己需要改变的地方。

为此,JUnit 提供了以下两个方法,定义在 TestCase 类中。

```
protected void setUp() throws java.lang.Exception
protected void tearDown() throws java.lang.Exception
```

覆盖 setUp()方法,初始化所有测试的 Fixture,如建立数据库连接,将每个测试略有不同的地方在 testXxx()方法中进行配置。

覆盖 tearDown(),释放在 setUp()中分配的永久性资源,如数据库连接。

当 JUnit 执行测试时,它在执行每个 testXxx()方法前都调用 setUp(),而在执行每个 testXxx()方法后都调用 tearDown()方法,由此保证了测试不会相互影响。

(3) 使用 TestSuite 类,重载 suite()方法,实现自定义的测试过程。

一旦创建了一些测试实例,下一步就是要让它们能一起运行。我们必须定义一个 TestSuite。在 JUnit 中,这就要求在 TestCase 类中定义一个静态的 suite()方法。suite()方法就像 main()方法一样,JUnit 用它来执行测试。在 suite()方法中,将测试实例加到一个 TestSuite 对象中,并返回这个 TestSuite 对象。一个 TestSuite 对象可以运行一组测试。

TestSuite 和 TestCase 都实现了 Test 接口,而 Test 接口定义了运行测试所需的方法。这就允许用 TestCase 和 TestSuite 的组合创建一个 TestSuite。

```
import junit.framework.Test;
import junit.framework.TestCase;
import junit.framework.TestSuite;
public class RunMultiTest extends TestCase {
    public static Test suite() {
        TestSuite suite=new TestSuite("Test for acesys");
        //$JUnit-BEGIN$
        //添加 ChangeHtmlCodeTest 测试类
        suite.addTestSuite(ChangeHtmlCodeTest.class);
        //这里还可以添加其他测试类
        //$Junit-END$
        return suite;
    }
}
```

(4) 执行测试。

有了 TestSuite,就可以运行这些测试了。运行 TestSuite 测试的同时就执行了添加的所有测试类的相关测试。

6.5.2 Eclipse 与 JUnit

Eclipse 集成了 JUnit,可以非常方便地编写和运行 TestCase,具体步骤如下。

(1) 选中要测试的类,这里以项目中的 ChangeHtmlCode.java 为例,右击,选择 New→Other,如图 6-6 所示,出现如图 6-7 所示的界面。

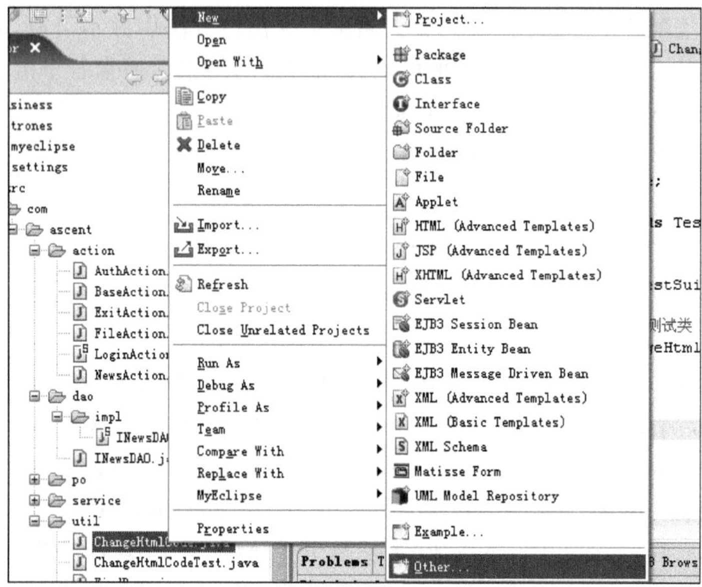

图 6-6 选择 New→Other

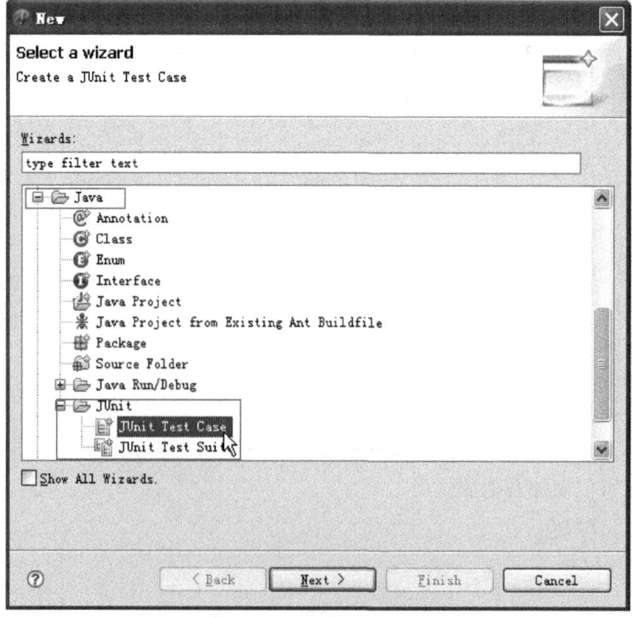

图 6-7 Select a wizard 界面

（2）选中 JUnit Test Case，单击 Next 按钮，出现如图 6-8 所示的界面。

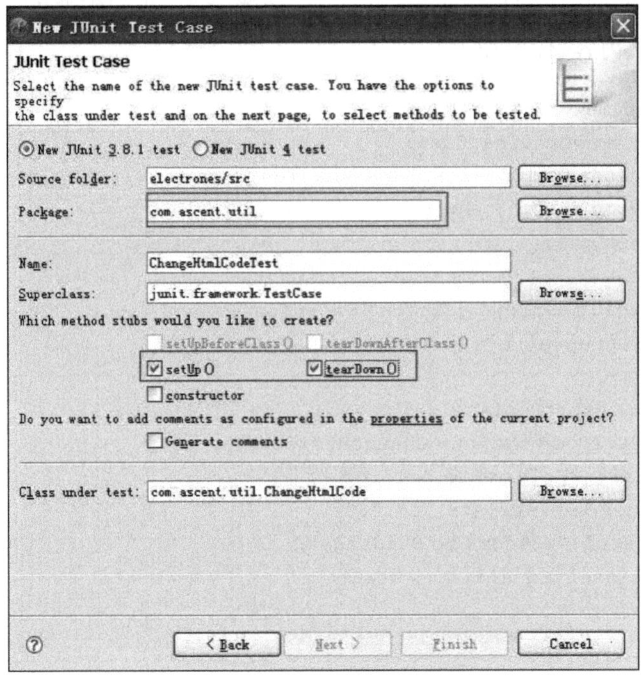

图 6-8 Junit Test Case 界面

（3）选择创建位置，选中 setUp()和 tearDown()，单击 Next 按钮，出现如图 6-9 所示的界面。

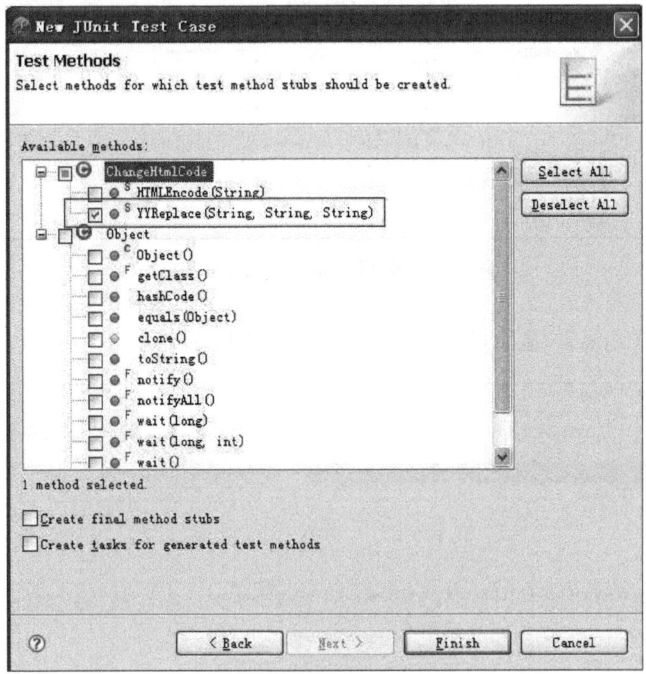

图 6-9 Test Methods 界面

(4) 选中被测试的方法,这里选择 YYReplace(String,String,String),单击 Finish 按钮。Eclipse 生成一个叫作 ChangeHtmlCodeTest.java 的测试类,我们需要在 testYYReplace()方法里填写具体的测试内容,代码如下。

```
import junit.framework.Assert;
import junit.framework.TestCase;
public class ChangeHtmlCodeTest1 extends TestCase {
    protected void setUp() throws Exception {
        super.setUp();
    }
    protected void tearDown() throws Exception {
        super.tearDown();
    }
    public void testYYReplace() {
        ChangeHtmlCode chc=new ChangeHtmlCode();
        String str="Welcome to BeiJing.";
        str=chc.YYReplace(str,"e","8");
        String str1="W8lcom8 to B8iJing.";
        Assert.assertEquals(str, str1);
    }
}
```

(5) 准备运行测试类,选择 ChangeHtmlCodeTest.java,右击,选择 Run As→JUnit Test,如图 6-10 所示。

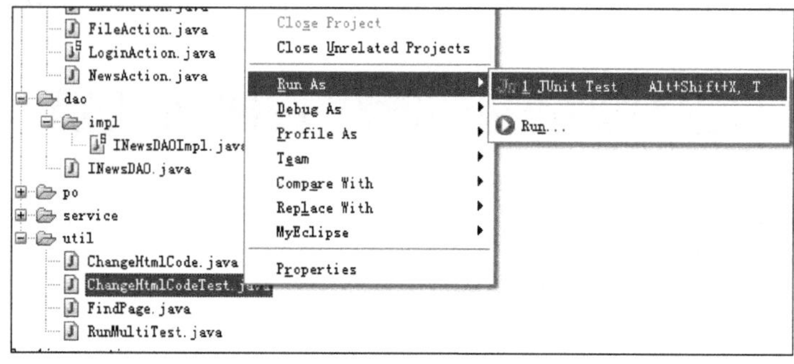

图 6-10 选择 Run As→JUnit Test

JUnit View 和 Console 显示的运行结果如图 6-11 所示。

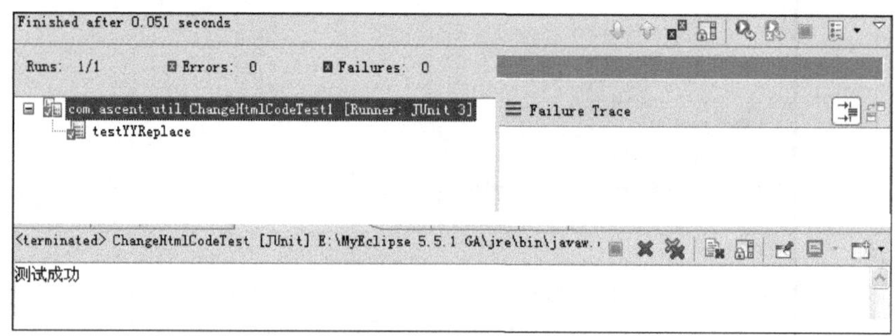

图 6-11 运行结果

6.6 项目案例

6.6.1 学习目标

(1) 理解单元测试的概念及目的,熟悉单元测试的常用方法。

(2) 单元测试的环境搭建。

(3) 使用单元测试工具。

6.6.2 案例描述

在“艾斯医药商务系统”中,使用 JUnit 工具对源代码中的商品管理业务类 ProductDAO 进行单元测试。

6.6.3 案例要点

按照单元测试的流程,使用 JUnit 工具为测试目标类设计和执行测试用例类。

6.6.4 案例实施

1. 安装 Junit

首先,获取 JUnit 的软件包,可以从 http://www.junit.org 下载最新的软件包。

然后将软件包在适当的目录下解包。这样在安装目录下找到一个名为 junit.jar 的文件,将这个 jar 文件加入 CLASSPATH 系统变量。

2. 测试流程

(1) 扩展 TestCase 类,对每个测试目标类都要定义一个测试用例类。

Junit 单元测试类需要继承 Junit 框架中的 TestCase 父类。本案例以商品管理业务类 ProductDAO 做测试,创建 ProductDAOTest 测试类,具体代码如下:

```
package com.ascent.dao.test;
import java.util.List;
import com.ascent.dao.ProductDAO;
import junit.framework.Assert;
import junit.framework.TestCase;
/**
  * 商品模块功能实现测试类
  * @ author ascent
  *
  * /
public class ProductDAOTest extends TestCase {
    private ProductDAO productDAO;
    /**
      * 单元测试初始化执行方法
      * /
    protected void setUp() throws Exception {
        productDAO=new ProductDAO();
```

```
    }
    /**
     * 单元测试释放资源方法
     * /
    protected void tearDown() throws Exception {
        productDAO=null;
    }
}
```

(2) 对应测试目标类书写 testXxx()方法(以查询所有商品业务方法 getallProduct()为例)。

```
package com.ascent.dao.test;
import java.util.List;
import com.ascent.dao.ProductDAO;
import junit.framework.Assert;
import junit.framework.TestCase;
/**
 * 商品模块功能实现测试类
 * @ author ascent
 *
 * /
public class ProductDAOTest extends TestCase {
    private ProductDAO productDAO;
    /**
     * 单元测试初始化执行方法
     * /
    protected void setUp() throws Exception {
        productDAO=new ProductDAO();
    }
    /**
     * 单元测试释放资源方法
     * /
    protected void tearDown() throws Exception {
        productDAO=null;
    }
    /**
     * 查询所有商品方法测试
     * /
    public void testGetallProduct() {
        //调用查询所有商品业务方法
        List list=productDAO.getallProduct();
        /**
         * 数据库商品表中一共 19 条记录
         * 判断期望值 19 和实际值 list.size()是否相等
         * /
        Assert.assertEquals(19, list.size());
```

```
    }
}
```

执行测试方法如图 6-12 所示。

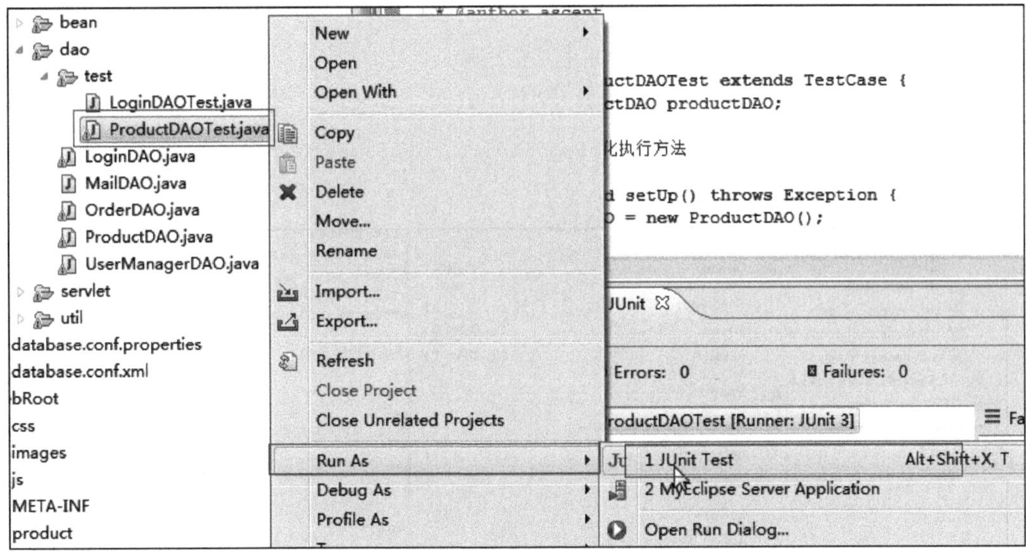

图 6-12 执行测试方法

运行结果如图 6-13 所示。

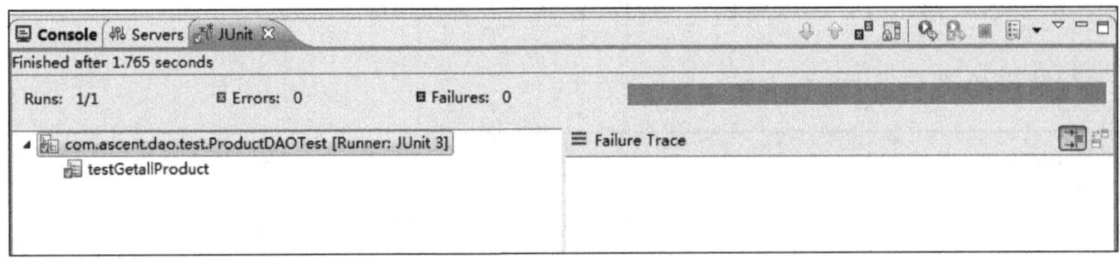

图 6-13 测试运行结果

(3) 扩展 TestSuite 类,重载 suite()方法,实现自定义的测试过程。

```
package com.ascent.test;
import com.ascent.dao.test.ProductDAOTest;
import junit.framework.Test;
import junit.framework.TestSuite;
/**
  * 测试套件
  * @author ascent
  *
  * /
public class AcesysDAOTest {
    public static Test suite() {
        TestSuite suite=new TestSuite("Test for acesys");
        //$JUnit-BEGIN$
```

```
        //添加 ProductDAOTest 测试类
        suite.addTestSuite(ProductDAOTest.class);
        //这里还可以添加其他测试类
        //$Junit-END$
        return suite;
    }
}
```

(4) 运行 TestRunner 进行测试。

运行 TestRunner,如图 6-14 所示。

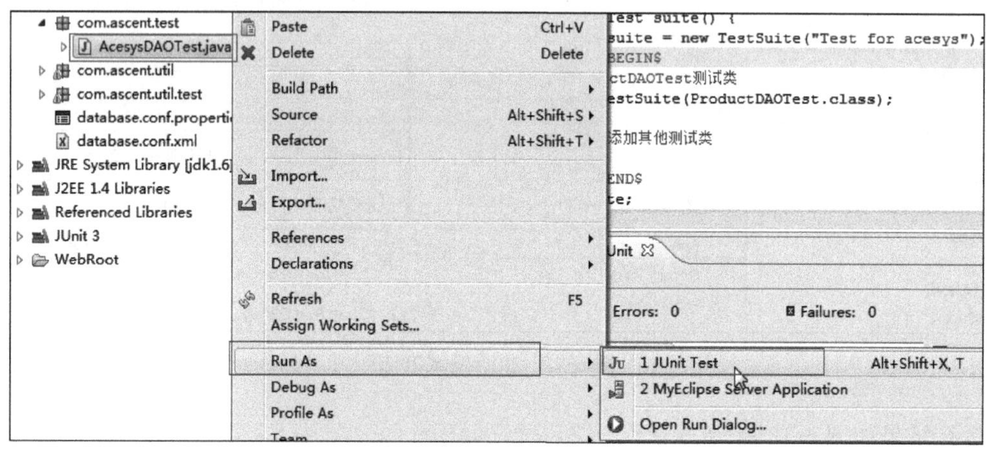

图 6-14　运行 TestRunner 进行测试

运行结果如图 6-15 所示。

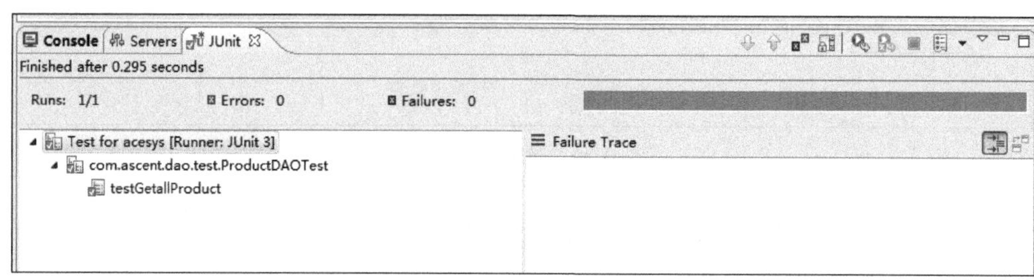

图 6-15　运行结果

3. Eclipse 与 JUnit

集成开发工具 Eclipse 集成了 JUnit,可以非常方便地编写和运行 TestCase,具体步骤如下。

(1) 如图 6-16 所示,选中要测试的类,这里以项目中的 OrderDAO.java 为例,右击,选择 New→Other。

(2) 在出现的图 6-17 所示的界面中选中 JUnit Test Case,单击 Next 按钮,出现如图 6-18 所示的界面。

(3) 选择创建位置,选中 setUp()和 tearDown(),单击 Next 按钮,出现如图 6-19 所示的界面。

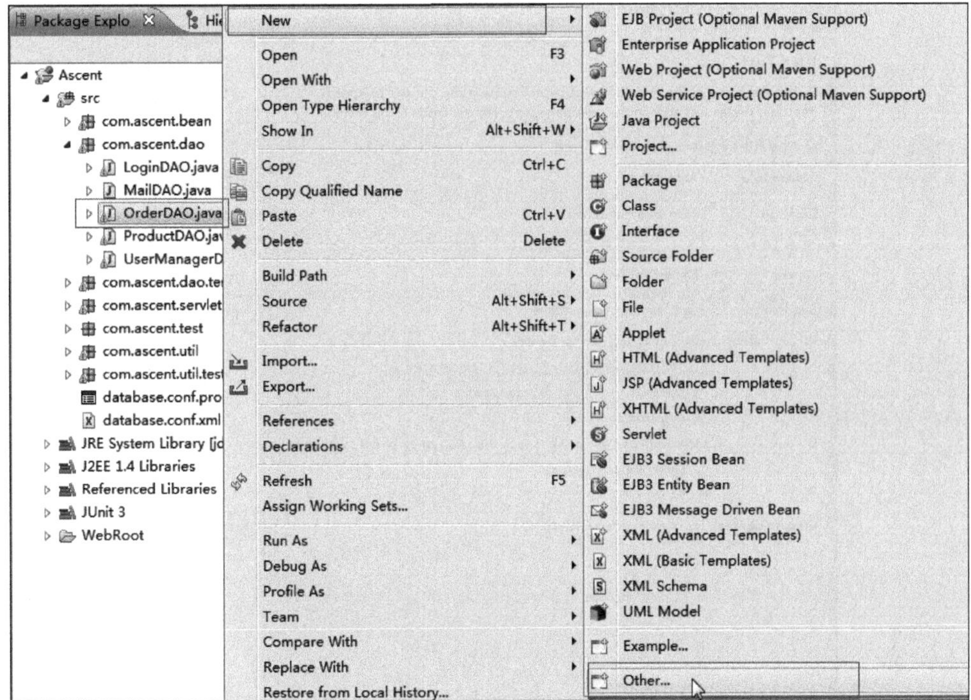

图 6-16　选择 New→Other

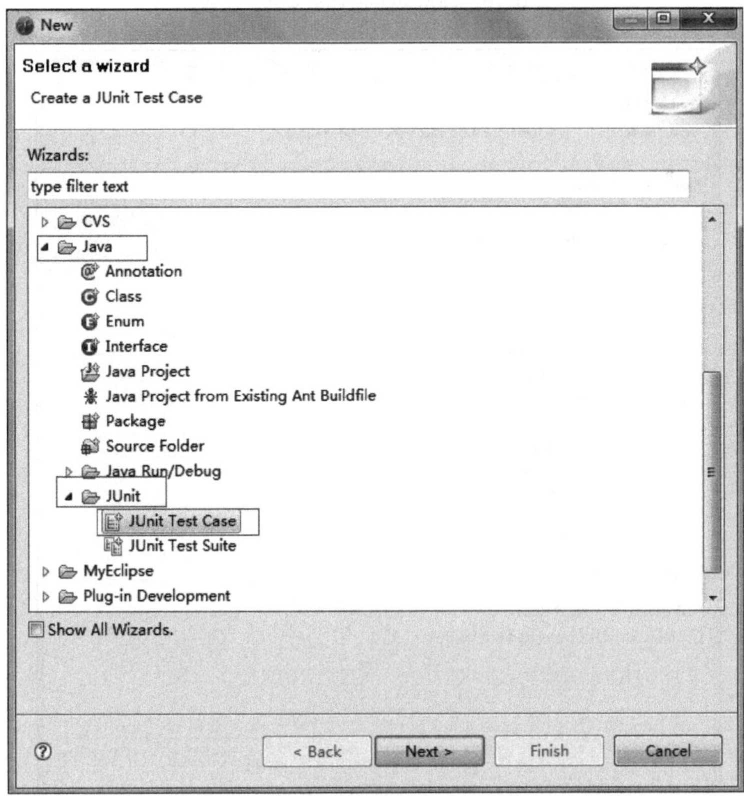

图 6-17　选择 JUnit Test Case

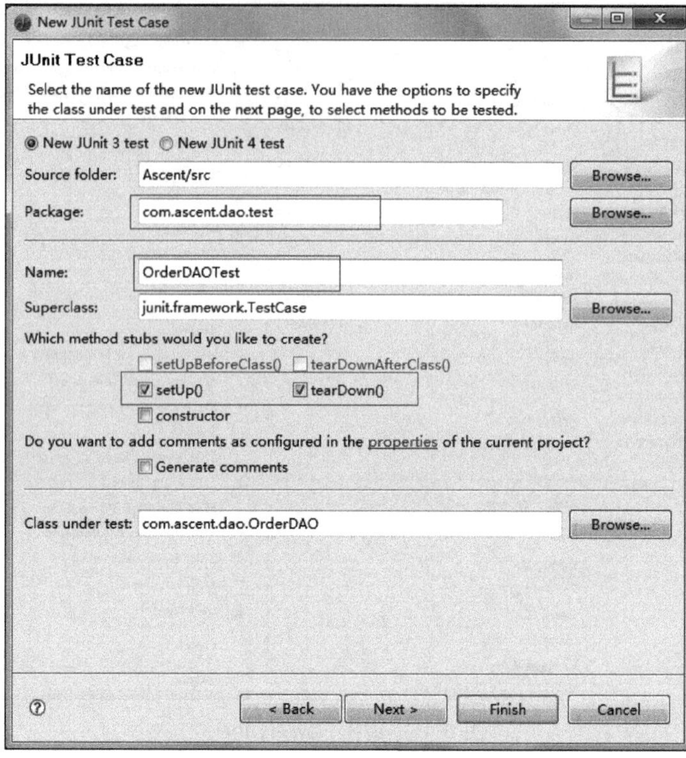

图 6-18　New JUnit Test Case 界面

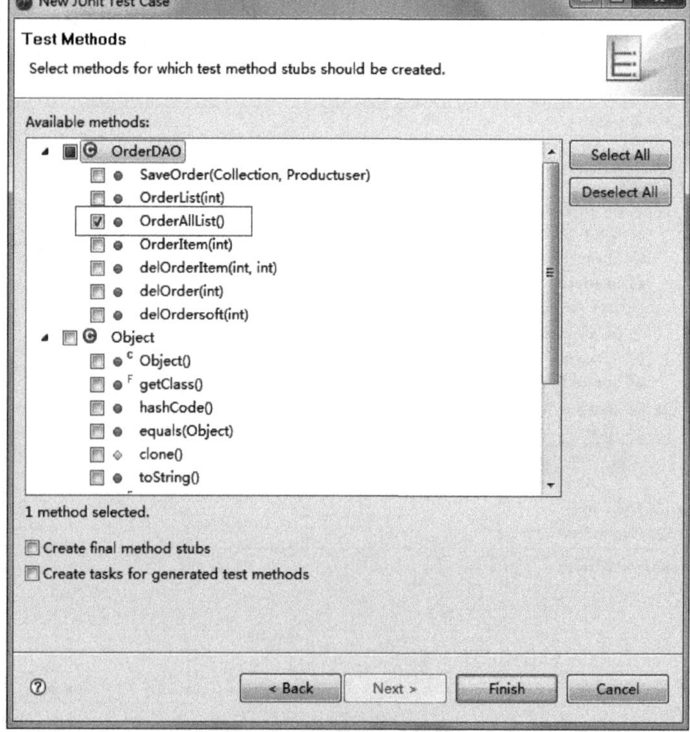

图 6-19　选择测试方法

(4) 下面要选中被测试的方法，这里选择 OrderAllList()，单击 Finish 按钮。

(5) Eclipse 生成一个 OrderDAOTest.java 测试类，具体实现的测试方法的代码如下。

```
package com.ascent.dao.test;
import java.sql.SQLException;
import java.util.List;
import junit.framework.TestCase;
import junit.framework.Assert;
import com.ascent.dao.OrderDAO;
/**
 * 订单单元测试类
 * @author ascent
 *
 * /
public class OrderDAOTest extends TestCase {
    private OrderDAO orderDAO;
    protected void setUp() throws Exception {
        orderDAO=new OrderDAO();
    }
    protected void tearDown() throws Exception {
        orderDAO=null;
    }
    //查询所有订单测试方法
    public void testOrderAllList() {
        List list=null;
        try {
            list=orderDAO.OrderAllList();
        } catch (SQLException e) {
            e.printStackTrace();
        }
        /**
         * 数据库中订单为 3 个,期望值 3
         * /
        Assert.assertEquals(3, list.size());
    }
}
```

(6) 然后准备运行测试类，选择 OrderDAOTest.java，右击，选择 Run As→JUnit Test，如图 6-20 所示。

JUnit view 显示运行结果，如图 6-21 所示。

6.6.5 特别提示

单元测试的必要性：

(1) 需要验证代码与详细设计的符合程度。

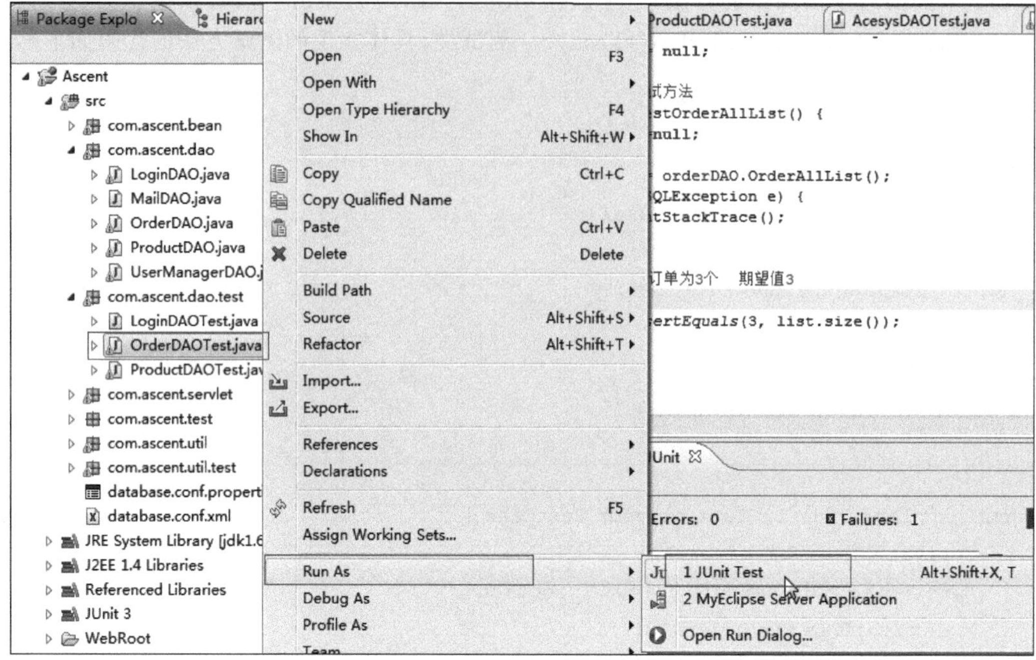

图 6-20　选择 Run As→JUnit Test

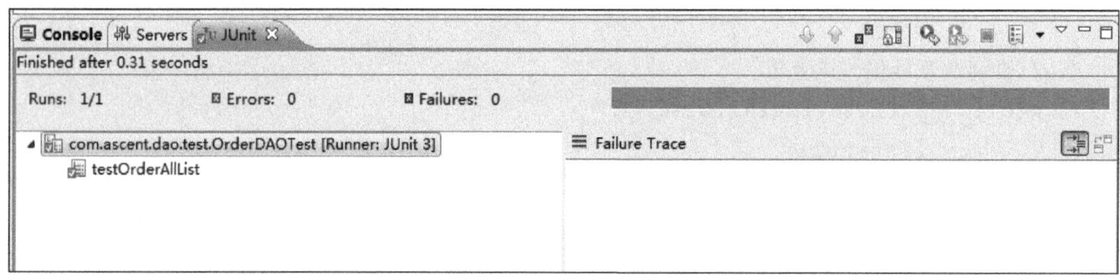

图 6-21　运行结果

(2) 以往项目中由于未执行单元测试造成严重后果。

(3) 存在复杂度较高的算法或模块(分支数,循环数)。

(4) 存在某些算法或功能要求实现较高的性能(如并发问题)。

(5) 存在频繁调用的公共方法。

(6) 存在使用频度较高的功能函数。

单元测试的可能性:

(1) 具备详细设计说明书(测试的依据)。

(2) 具备开展单元测试的工程师。

(3) 具备单元测试的时间和成本。

6.6.6　拓展与提高

使用单元测试工具对项目中的其他类进行单元测试。

本章小结

本章重点介绍了单元测试的相关概念。单元测试是对软件源程序内部的每一个单元进行检查测试,往往能更好地发现错误。在实际的单元测试之中,常用到插桩和驱动程序设计来进行相应的单元测试用例的设计。随着软件测试的发展,相应的单元测试框架的应用对测试工作优化了不少。单元测试不但保证了局部代码的质量,同时也使开发过程自然而然地变得敏捷。单元测试对项目或产品的整个生命周期都具有积极的影响。

习　题

1. 什么是单元测试?
2. 单元测试的原则有哪些?
3. 单元测试的重要性及其目的是什么?
4. 简述单元测试的过程。
5. 什么是插桩程序设计?

第7章 集成测试

学习目的与要求

本章介绍集成测试的相关概念，以及集成测试的主要任务和相关原则、层次和目的等。通过本章的学习，体会具体集成测试的过程，学会集成测试用例的设计。

本章主要内容

- 集成测试的概念。
- 集成测试的层次和原则。
- 集成测试的内容和目的。
- 集成测试的过程。
- 集成测试用例设计。
- 集成测试环境。
- 集成测试方法。

7.1 集成测试概述

集成(integration)是指把多个单元组合起来形成更大的单元。集成测试(integration testing)是在假定各个软件单元已经通过了单元测试的前提下，检查各个软件单元之间的相互接口是否正确。

集成测试是在单元测试的基础上，将所有已通过单元测试的模块按照概要设计的要求组装为子系统或系统，进行集成测试，目的是确保各单元模块组合在一起后能够按既定意图协作运行，并确保增量的行为正确。

7.1.1 集成测试的主要任务

集成测试是组装软件的系统测试技术之一，按设计要求把通过单元测试的各个模块组装在一起之后进行的测试。进行集成测试的主要任务，是检验软件系统是否符合实际软件结构,发现与接口有关的各种错误。

7.1.2 集成测试的层次与原则

1. 集成测试的层次

对于传统软件来说,按集成粒度不同,可以把集成测试分为模块间集成测试、子系统内集成测试和子系统间集成测试 3 个层次。

对于面向对象的应用系统来说,按集成粒度不同,可以把集成测试分为类内集成测试和类间集成测试两个层次。

2. 集成测试的原则

集成测试很不好把握,应针对总体设计尽早开始筹划。为了做好集成测试,需要遵循以下原则。

(1) 所有公共接口都要被测试到。

(2) 关键模块必须进行充分的测试。

(3) 集成测试应当按一定的层次进行。

(4) 集成测试的策略选择应当综合考虑质量、成本和进度之间的关系。

(5) 集成测试应当尽早开始,并以总体设计为基础。

(6) 在模块与接口的划分上,测试人员应当和开发人员进行充分的沟通。

(7) 当测试计划中的结束标准满足时,集成测试才能结束。

(8) 当接口发生修改时,涉及的相关接口必须进行再测试。

(9) 集成测试应根据集成测试计划和方案进行,不能随意测试。

(10) 项目管理者应保证测试用例经过审核。

(11) 测试执行结果应当如实记录。

7.1.3 集成测试关注的主要问题

集成测试主要关注以下问题。

(1) 模块间的数据传递是否正确?

(2) 一个模块的功能是否会对另一个模块的功能产生错误的影响?

(3) 全局数据结构是否有问题,会不会被异常修改?

(4) 模块组合起来的功能能否满足要求?

(5) 集成后,各个模块的累积误差是否会扩大,是否达到不可接受的程度?

7.1.4 集成测试与单元测试的区别

集成测试关注的是模块间的接口,接口之间的数据传递关系,单元组合后是否实现预计的功能。

集成测试组装的对象比单元测试的对象级别要高。

7.1.5 集成测试与系统测试的区别

系统测试对象是整个系统以及与系统交互的硬件和软件平台。系统测试在很大程度上是站在用户的角度对系统做功能性的验证,同时还对系统进行一些非功能性的验证,包括系统测试、压力测试、安全性测试、恢复性测试等。系统测试的依据来自用户的需求规格说明书和行业已成文的或事实上的标准。

集成测试所测试的对象是模块间的接口，其目的是要找出在模块接口上面包括整体体系结构上的问题。其测试的依据来自系统的高层设计(架构设计或概要设计)。

软件的集成测试工作最好由不属于该软件开发组的软件设计人员承担，以提高集成测试的效果。

7.1.6 集成测试的目的

集成测试的目的：

(1) 在把各个模块连接起来时，测试穿越模块接口的数据是否会丢失。

(2) 测试一个模块的功能是否会对另一个模块的功能产生不利的影响。

(3) 测试各个子功能组合起来后能否达到预期要求的父功能。

(4) 测试全局数据结构是否有问题。

(5) 测试单个模块的误差累积起来是否会放大，从而达到不能接受的程度。

(6) 在单元测试的同时可进行集成测试，发现并排除在模块连接中可能出现的问题，最终构成要求的软件系统。

7.1.7 集成测试的环境

在搭建集成测试环境时，可以从以下几方面进行考虑。

(1) 硬件环境。

(2) 操作系统环境。

(3) 数据库环境。

(4) 网络环境。

(5) 测试工具运行环境。

(6) 其他环境。

7.1.8 集成测试的过程

一个测试从开发到执行遵循一个过程，不同的组织对这个过程的定义有所不同。根据集成测试不同阶段的任务，可以把集成测试划分为 5 个阶段：计划集成测试阶段、设计集成测试阶段、实施集成测试阶段、执行集成测试阶段、评估集成测试阶段，如图 7-1 所示。

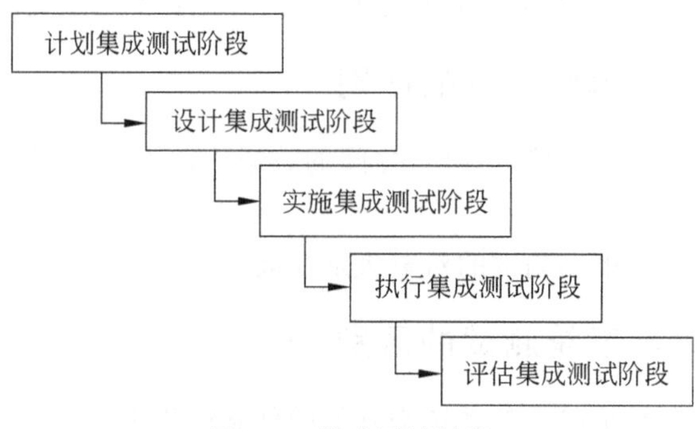

图 7-1 集成测试过程

1. 计划集成测试阶段

（1）确定被测试对象和测试范围。

（2）评估集成测试被测试对象的数量及难度，即工作量。

（3）确定角色分工和划分工作任务。

（4）标识出测试各个阶段的时间、任务、约束条件。

（5）考虑一定的风险分析及应急计划。

（6）考虑和准备集成测试需要的测试工具、测试仪器、环境等资源。

（7）考虑外部技术支援的力度和深度，以及相关培训安排，定义测试完成标准。

2. 设计集成测试阶段

（1）被测对象结构分析。

（2）集成测试模块分析。

（3）集成测试接口分析。

（4）集成测试策略分析。

（5）集成测试工具分析。

（6）集成测试环境分析。

（7）集成测试工作量估计和安排。

3. 实施集成测试阶段

（1）集成测试用例设计。

（2）集成测试规程设计。

（3）集成测试代码设计。

（4）集成测试脚本开发。

（5）集成测试工具开发或选择。

4. 执行集成测试阶段

测试人员在单元测试完成以后就可以执行集成测试。当然，需按照相应的测试规程，借助集成测试工具，并把需求规格说明书、概要设计、集成测试计划、集成测试设计、集成测试用例、集成测试规程、集成测试代码、集成测试脚本作为测试执行的依据来执行集成测试用例。测试执行的前提条件是单元测试已经通过评审。当测试执行结束后，测试人员要记录下每个测试用例执行后的结果，填写集成测试报告，最后提交给相关人员评审。

5. 评估集成测试阶段

当集成测试执行结束后，要召集相关人员，如测试设计人员、编码人员、系统设计人员等，对测试结果进行评估，确定是否通过集成测试。

7.1.9 集成测试用例设计

1. 为系统运行设计用例

为系统运行设计用例可使用的主要测试分析技术有等价类划分、边界值分析和基于决策表的测试。

2. 为正向测试设计用例

作为正向集成测试的一个重点就是验证这些集成后的模块，按照设计实现预期的功能。基于这样的测试目标，可以直接根据概要设计文档导出相关的用例。可使用的主要测试分析技术有输入域测试、输出域测试、等价类划分、状态转换测试和规范导出法。

3. 为逆向测试设计用例

集成测试中的逆向测试包括分析被测接口是否实现了需求规格没有描述的功能，检查规格说明中可能出现的接口遗漏或者判断接口定义是否有错误，以及可能出现的接口异常错误，包括接口数据本身的错误、接口数据顺序错误等。可使用的主要测试分析技术有错误猜测法、基于风险的测试、基于故障的测试、边界值分析、特殊值测试和状态转换测试。

4. 为满足特殊需求设计用例

在大部分软件产品的开发过程中，模块设计文档就已经明确地指出了接口要达到的安全性指标、性能指标等，因此在对模块进行单元测试和集成测试阶段就应该开展对满足特殊需求的测试，为整个系统是否能够满足这些特殊需求把关。

5. 为高覆盖设计用例

与单元测试所关注的覆盖重点不同，在集成测试阶段我们关注的主要覆盖是功能覆盖和接口覆盖，通过对集成后的模块进行分析来判断哪些功能以及哪些接口没有被覆盖，并以此为依据来设计测试用例。可使用的主要测试分析技术有功能覆盖分析和接口覆盖分析。

6. 测试用例补充

在软件开发的过程中，难免会因为需求变更等原因，造成功能增加、特性修改等情况发生。因此，不可能在测试工作一开始就 100%地完成所有的集成测试用例的设计，这就需要在集成测试阶段能够及时跟踪项目变化，按照需求增加和补充集成测试用例，以保证进行充分的集成测试。

7. 注意事项

在集成测试的过程中，要考虑软件开发成本、进度和质量 3 方面的平衡，不能顾此失彼，也要重点突出(在有限的时间内进行穷尽的测试是不可能的)。

7.1.10 集成测试技术和测试数据

集成测试主要测试软件的结构问题，因为测试是建立在模块的接口上，所以多为黑盒测试，适当辅以白盒测试。软件集成测试的具体内容包括功能性测试、可靠性测试、易用性测试、性能测试和维护性测试。

集成测试一般覆盖的区域包括：①从其他关联模块调用一个模块；②在关联模块间正确传输数据；③关联模块之间的相互影响，即检查引入一个模块会不会对其他模块的功能和性能产生不利的影响；④模块间接口的可靠性。

执行集成测试应遵循以下方法。

(1) 确认组成一个完整系统的模块之间的关系。

(2) 评审模块之间的交互和通信需求，确认出模块间的接口。

(3) 使用上述信息产生一套测试用例。

(4) 采用增量式测试，依次将模块加入(扩充)系统，并测试新合并后的系统，这个过程以一个逻辑/功能顺序重复进行，直至所有模块被功能集成进来形成完整的系统为止。

此外，在测试过程中尤其要注意关键模块。关键模块一般都具有下述一个或多个特征：①对应多条需求；②具有高层控制功能；③复杂，易出错；④有特殊的性能要求。

因为集成测试的主要目的是验证组成软件系统的各模块的接口和交互作用，因此集成测试对数据的要求从难度和内容来说一般不是很高。集成测试一般也不使用真实数据，测试人员可以使用手工制作一部分代表性的测试数据。在创建测试数据时，应保证充分测试软件系统的边界条件。

在单元测试时,根据需要生成了一些测试数据,在集成测试时可适当地重用这些数据,这样可以节省时间和人力。

7.2 集成测试方法

集成测试的实施方案有多种,如非增式集成测试、增量式集成测试、三明治集成测试、核心集成测试、分层集成测试、基于使用的集成测试等。其中,常用的是非增式集成测试和增量式集成测试两种模式。

7.2.1 非增式集成测试

非增式集成又称大爆炸集成。概括地讲,非增式集成测试方法采用一步到位的方法进行测试,即对所有模块进行个别的单元测试后,按程序结构图将各模块连接起来,把连接后的程序当作一个整体进行测试。其基本思想是将所有经过单元测试的模块一次性组装到被测系统中进行测试,完全不考虑模块之间的依赖性和可能的风险。

非增式集成测试的缺点是:当一次集成的模块较多时,非增式集成测试容易出现混乱,因为测试时可能发现了许多故障,为每一个故障定位和纠正非常困难,并且在修正一个故障的同时,可能又引入了新的故障,新旧故障混杂,很难判定出错的具体原因和位置。

对图 7-2 所示的程序结构进行非增式集成测试的示意图如图 7-3 所示。

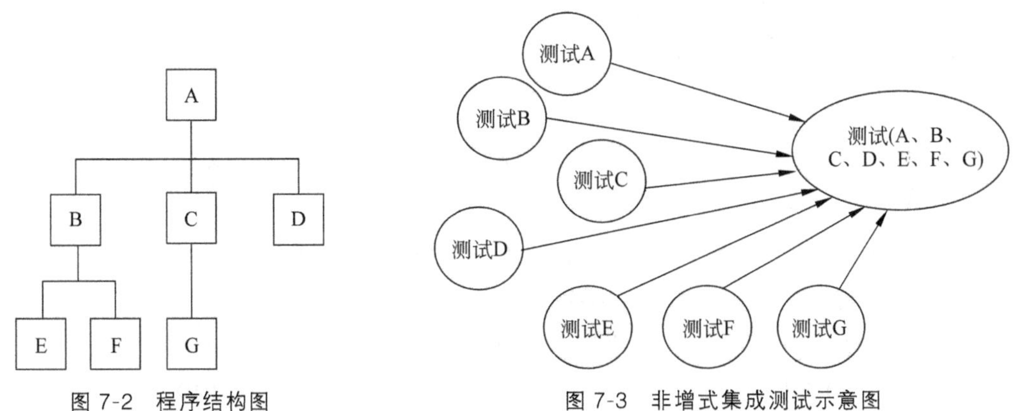

图 7-2 程序结构图　　图 7-3 非增式集成测试示意图

增量式集成测试与"一步到位"的非增式集成相反,它把程序划分成小段来构造和测试,在这个过程中比较容易定位和改正错误,对接口可以进行更彻底的测试,可以使用系统化的测试方法。因此,目前在进行集成测试时普遍采用增量式集成方法。

7.2.2 自顶向下集成测试

自顶向下集成测试方法是一个日益为人们广泛采用的测试和组装软件的方法。从主控制模块开始,沿着程序的控制层次向下移动,逐渐把各个模块结合起来,再把附属于(及最终附属于)主控制模块的那些模块组装到程序结构中去,可以使用深度优先的策略,或者使用宽度优先的策略。

自顶向下增量式测试表示逐步集成和逐步测试是按照结构图自上而下进行的，即模块集成的顺序是首先集成主控模块（主程序），然后依照控制层次结构向下进行集成。从属于主控模块的按深度优先方式（纵向）或者广度优先方式（横向）集成到结构中去。

深度优先方式的集成：首先集成在结构中的一个主控路径下的所有模块，主控路径的选择是任意的。

广度优先方式的集成：首先沿着水平方向，把每一层中所有直接隶属于上一层的模块集成起来，直到底层。

自顶向下集成测试的整个过程由以下 3 个步骤完成。

（1）主控模块作为测试驱动器。

（2）根据集成的方式（深度或广度），下层的桩模块一次一次地被替换为真正的模块。

（3）在每个模块被集成时，都必须进行单元测试。

重复步骤（2），直到整个系统被测试完成。

对图 7-2 的程序结构采用自顶向下集成测试方法，按照深度优先方式进行集成测试的示意图如图 7-4 所示。

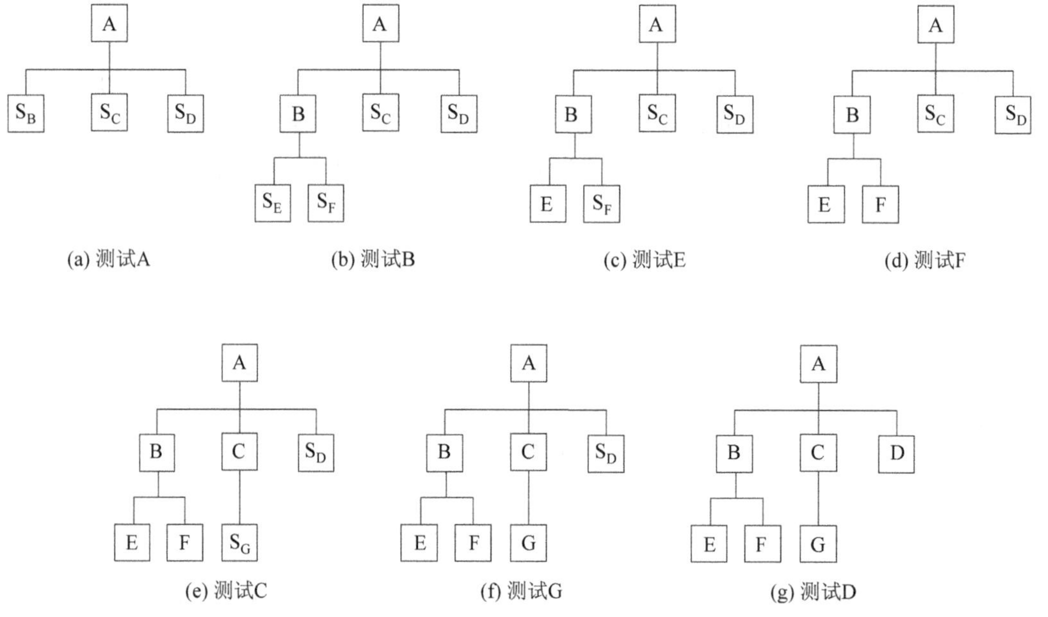

图 7-4　采用自顶向下集成测试方法，按照深度优先方式进行集成测试

7.2.3　自底向上集成测试

自底向上集成测试从“原子”模块（即在软件结构最底层的模块）开始组装和测试。因为是从底部向上结合模块，总能得到所需的下层模块处理功能，所以不需要桩模块。

自底向上增量式测试表示逐步集成和逐步测试的工作是按结构图自下而上进行的，即从程序模块结构的最底层模块开始集成和测试。由于是从最底层开始集成，对于一个给定层次的模块，它的子模块（包括子模块的所有下属模块）已经集成并测试完成，所以不再需要使用桩模块进行辅助测试。在模块的测试过程中需要从子模块得到的信息可以直接通过运行子模块得到。

自底向上增式测试从最底层的模块开始，按结构图自下而上逐步进行集成和测试。图 7-5表示了采用自底向上增式测试实现同一实例的过程。

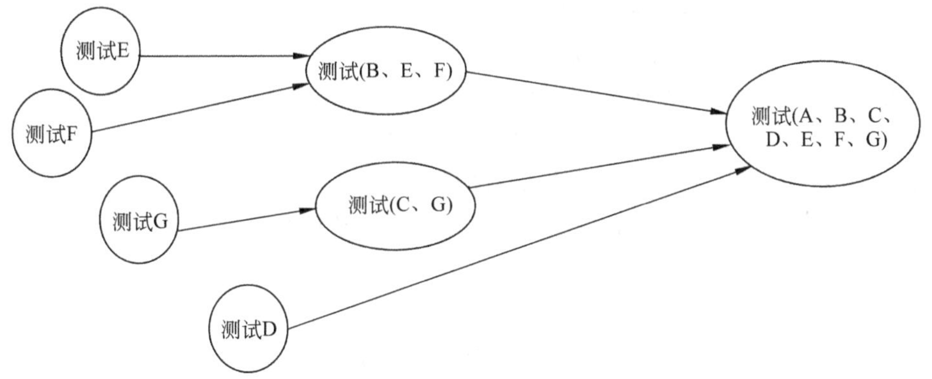

图 7-5 自底向上集成测试示意图

7.2.4 混合集成测试

混合集成测试是一种混合增量式测试策略，综合了自顶向下和自底向上两种集成测试方法的优点。这种方法桩模块和驱动模块的开发工作量都比较小，不过代价是在一定程度上增加了定位缺陷的难度。

常见的混合增量式测试方式有以下两种。

(1) 衍变的自顶向下的增量式测试：基本思想是强化对输入输出模块和引入新算法模块的测试，并自底向上集成为功能相对完整且相对独立的子系统，然后由主模块开始自顶向下进行增量式测试。

(2) 自底向上-自顶向下的增量式测试：首先对含读操作的子系统自底向上直至根节点模块进行集成和测试，然后对含写操作的子系统做自顶向下的集成与测试。

混合集成测试的基本思想是将系统划分为 3 层，中间层为目标层，测试时对目标层上面的层使用自顶向下的集成策略，对目标层下面的层使用自底向上的集成策略。在第(1)种集成策略的基础上，对目标层采用独立测试的策略，以确保目标层模块在集成测试之前得到充分的测试。对包含读操作的子系统自底向上集成测试直至根节点，然后对包含写操作的子系统自顶向下集成测试直至叶子节点。

7.2.5 基于事件(消息)集成测试

基于事件(消息)集成测试方法要求对高风险的模块间的接口先进行重点测试，从而保证系统的稳定性。该方法基于一种假设，即系统的错误往往多集中在系统风险最高的模块。因此，尽早地验证这些高风险接口有助于加速系统稳定，从而增加对系统的信心。该方法与基于功能的集成有一定的相似性，可以结合起来使用。该方法对于系统中风险较大的模块比较实用。

基于事件的集成，又称基于消息的集成。该方法是从验证消息路径的正确性出发，渐增式地把系统集成到一起，从而验证系统的稳定性。

验证消息路径的正确性对于嵌入式系统和面向对象系统具有比较重要的作用，基于消息/事件/线程的集成就是针对这种特点而设计的一种策略。

(1) 从系统的外部分析，判断系统可能输入的消息集。

(2) 选取一条消息，分析其穿越的模块。

(3) 集成这些模块进行消息接口测试。

(4) 选取下一条消息，重复策略(2)和(3)，直到所有模块都被集成到系统中。

(5) 在选择消息的时候可以从不同角度出发，具体如下。

① 消息的重要性：尽早验证重要的消息路径。

② 消息路径的长度：为了能有效验证消息接口的完整性和正确性，尽可能选取路径较短的消息。

③ 新的消息的选择是否能够使得新的模块被加入系统。

基于事件测试方法的优点：①直观性强，直接验证系统中关键功能；②相对耗时少，因此测试过程比三明治策略所用时间少；③验证接口的正确性时，为覆盖接口使用的实例相对要少；④避免大量设计驱动模块，只要设计和维护一个顶层模块的驱动器。

基于事件测试方法的缺点：①不适用功能之间的相互关联性强、不易于分析主要模块的系统；②部分接口测试不完全，忽略大量接口错误；③设计桩模块工作量大；④容易出现相对大的冗余测试。

基于事件测试方法的适用范围：①面向对象系统；②基于有限状态机的嵌入式系统。

7.3 项目案例

7.3.1 学习目标

(1) 掌握集成测试的基本原理和方法。

(2) 理解集成测试关注的重点。

7.3.2 案例描述

本案例是针对“艾斯医药商务系统”的集成测试操作。

7.3.3 案例要点

(1) 单元间的接口：①在把各个模块连接起来时，穿越模块接口的数据是否会丢失；②全局数据结构是否有问题，会不会被异常修改。

(2) 集成后的功能：①各个子功能组合起来，能否达到预期要求的父功能；②一个模块的功能是否会对另一个模块的功能产生不利的影响。

7.3.4 案例实施

在“艾斯医药商务系统”中，考虑订单处理中 3 个子系统间的集成测试(不考虑界面模块和结果输出模块)，采用非增式集成测试策略，测试子项为 3 个子系统构件间的集成，其内容如表 7-1 所示。

表 7-1 测试子系统

子 系 统	构 件
购物车子系统	修改购物车药品数量 Servlet
结算中心子系统	结算中心界面
	输入参数格式检查
	结算 Servlet
	输入参数格式、内容检查
	结算 Servlet
	结算结果 Servlet
邮件发送子系统	邮件发送 Servlet
	Java 邮件发送类

子系统协作图如图 7-6 所示。

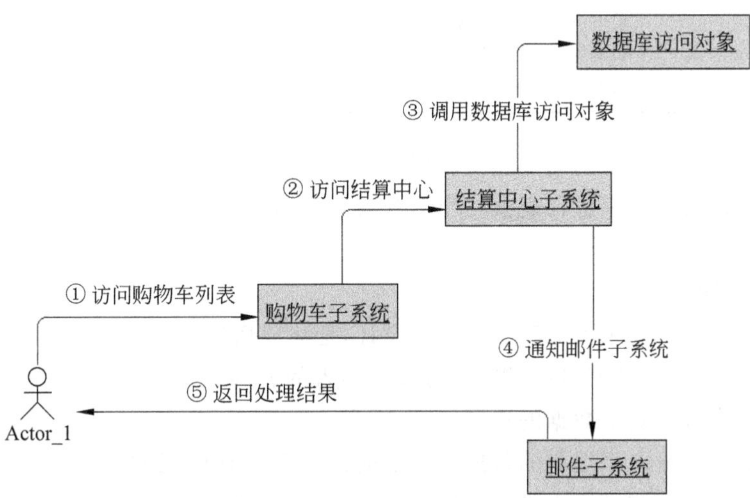

图 7-6 子系统协作图

子系统类之间协作关系描述如表 7-2 所示。

表 7-2 子系统类之间协作关系

消息编号	消 息 描 述	消息发送者	消息接收者
①	访问购物车列表 (单击查看购物车链接)	用户(浏览器代理)	ShopCartServlet
②	访问结算中心(单击购物车列表中的结算中心)	用户(浏览器代理)	OrderServlet
③	调用数据库访问对象(用户提交订单信息)	OrderServlet(用户单击提交按钮)	OrderDAO
④	通知邮件子系统,发送邮件到管理员邮箱	OrderServlet 发送用户提交订单的内容及价格	MailSender
⑤	返回处理结果(通知用户是否已发出邮件)	OrderServlet 根据 MailSender 的返回结果决定返回信息	OrderShow.jsp

由于直接采用类耦合的方式，没有使用接口，所以这里只列举系统类之间的消息输入输出的类型与数量。系统类之间消息描述如表 7-3 所示。

表 7-3　系统类之间的消息

消息编号	消 息 类 型	消 息 内 容
①	超链接	单击超链接
②	超链接	单击超链接
③	OrderItem Orders	外部输入： 订单项(购物车中每件商品的 ID，每件商品数量与单价乘积后的每项小计，以及每订单项小计的总和)； 订单信息(提交订单的用户名称、单位名称、单位电话、联系电话、E-mail)； 调用 OrdersDAO 保存上述信息
④	String	订单项和订单信息的字符串形式； 通知 MailSender 发送该信息到指定管理员邮箱
⑤	String	订单和邮件信息提交成功； 订单信息提交成功但邮件发送失败； 订单提交不成功

要进行这 3 个子系统间的集成测试，就是外部输入 7 个全局变量，从对外输出的 1 个全局变量以及 5 个接口或者类来进行观察。当然观察点也可以减少一些，例如不必检查所有的内部接口或者类。

1. 确定测试输入

首先从外部输入角度来考虑测试输入的设计，把集成后的组件看成一个黑盒，针对其集成后的功能(有时也会考虑性能)进行测试，对外部输入的各参数使用等价类划分、边界值分析、错误猜测等方法来进行测试数据的选取。

考虑到根据外部输入来选取的数据不一定能保证把各种可能的输出都覆盖全，因此需要从输出域覆盖角度来对测试输入进行数据补充。对于作为内部输出的内部接口进行输出域覆盖，需要对该接口上的数据交互进行覆盖，也就是内部接口上的输入、输出或返回值等进行覆盖。

以“艾斯医药商务系统”软件为例，集成后功能如下。

(1) 参数检查功能：首先确定每个外部输入条件的等价类以及边界值。

商品 ID：

等价类：0-整数最大值。

边界值：整数最小值－1，整数最小值，整数最小值＋1。

整数最大值－1，整数最大值，整数最大值＋1。

订单项小计：

等价类 0.0＜小计≤浮点数最大值。

边界值：0，－1，1。

浮点数最大值－1，浮点数最大值，浮点数最大值＋1。

用户名称：

等价类：长度大于 5 的字母、数字或下画线。

边界值：长度等于 5，小于 5。

非等价类：非字母、数字以及下画线以外的其他字符。

单位名称：

同用户名称。

单位电话：

等价类：数字。

非等价类：非数字。

联系电话：

等价类：11 位的数字。

非等价类：非数字以外的字符。

边界值：内容长度 12，11，10 位。

E-mail：

等价类：字母数字下画线横线@字母数字下画线横线.字母数字下画线横线。

非等价类：非字母数字下画线横线@字母数字下画线横线.字母数字下画线之外的任意格式。

(2) 测试结算中心子系统功能。首先从外部输入角度考虑对 7 个参数进行覆盖，接着看选取的数据有没有覆盖到等价类、非等价类及边界值，如果没有完全覆盖，则补充测试数据。

(3) 组合统计如表 7-4 所示。可以同时进行所有统计，也可以使用正交分析法来考虑组合。

表 7-4 组合统计

<table>
<tr><th>集成后功能</th><th colspan="2">角 度</th><th>参数名称</th><th>合法取值</th><th>非法取值</th></tr>
<tr><td rowspan="8">参数检查功能
OrderServlet
(checkInputAcceptable)</td><td colspan="2" rowspan="7">外部输入</td><td>商品 ID
productId</td><td>123</td><td>A:0 ;B:−1;
C:MAXVALUE+1;
D:'a'</td></tr>
<tr><td>商品小计
totalPrice</td><td>100.9</td><td>A:0,B:−1;
C:MINVALUE−1;
D:'a'</td></tr>
<tr><td>用户名称
username</td><td>_Alex7</td><td>A:%; B: _A;</td></tr>
<tr><td>单位名称
unitName</td><td>AscentTech</td><td>A:'* Asce; B:bc;</td></tr>
<tr><td>单位电话
unitTele</td><td>010-88899999</td><td>A:%67-1111111;
B:010-888Abc;</td></tr>
<tr><td>联系电话
mobilePhone</td><td>1869999999</td><td>A:186000;
B:186AAbb67;</td></tr>
<tr><td>电子邮件
E-mail</td><td>abc-_67@123.com</td><td>A:&ba@123.com;
B:abc@.com;
C:abc.com</td></tr>
<tr><td>输出域覆盖</td><td>对外输出</td><td>是否可接受?
isAcceptable</td><td>true
false</td><td>非 boolean 之外的值</td></tr>
</table>

续表

集成后功能	角　　度		参 数 名 称	合 法 取 值	非 法 取 值
测试订单中心 OrderServlet 子系统功能 (getOrdersInfo (request))	外部输入		订单项 OrderItem	new OrderItem()	非 OrderItem 类型对象
			订单 Orders	new Orders()	非 Order 类型对象
	输出域覆盖	对外输出	订单信息 Orders	Orders 对象	A:NULL; B:非 Orders 类型对象
		外部接口	OrderServlet	获取 Orders 对象	可以不观察
测试数据库订单信息访问 DAO 模块功能	外部输入		订单项 Orders	含有合法数据的，来自 getOrdersInfo方法的 Orders 对象	A:NULL; B:不包含任何信息的 Orders 对象; C:不包含 OrderItem 对象的 Orders 对象; D:Orders 中没有用户 ID
	输出域覆盖	对外输出	是否保存成功 isSuccess	true	A:OrderItem 保存成功，但 Orders 保存失败; B:Orders 保存成功，但 OrderItem 保存失败; C:两者保存都不成功
				false	A:两者保存都成功; B:OrderItem 保存成功，但 Orders 保存失败; C:Orders 保存成功，但 OrderItem 保存失败
		外部接口	JDBC	参数检查模块接口	可以不观察
测试邮件子系统模块功能 MailSender (SendMail)	外部输入		字符串 订单信息的字符串信息 Orders. toString()	来自 getOrdersInfo 的 Orders 对象	A:NULL; B:不包含任何信息的 Orders 对象; C:不包含 OrderItem 对象的 Orders 对象; D:Orders 中没有用户 ID; E:没有用户信息和商品信息的字符串; F:空串; G:Orders@1234EA12 格式信息
	输出域覆盖	对外输出	是否发送成功 isSuccess	true	A:邮件发送成功，但收件箱没收到; B:邮件发送失败，但收件箱收到信息; C:两者皆失败
				false	A:邮件发送成功
		外部接口	Java Mail AIP	参数检查模块接口	可以不观察

2. 完成测试用例设计

针对前面确定的测试输入，写出预期输出，完成测试用例设计，如表 7-5 所示。注意，这里的预期输出可以包含对外输出以及内部接口上的输出。

表 7-5 测试用例设计

功 能	预 期 输 出	期 望 输 出
参数检查功能(JavaScript)	输入参数名称＝username 值： ＝username 值：'abc' 其他字段参考上述字段	用户名不能为空；用户名长度不能小于 5 个字符
购物车子系统测试	输入参数 ＝单击 结算中心值	进入结算中心
结算中心子系统测试	输入参数＝username 值： username 值：'abc' 其他字段参考上述字段	用户名不能为空； 用户名长度不能小于 5 个字符
数据库访问对象功能测试	输入参数 ＝Order 对象 值： userid＝50； productId＝10 unitPrice＝12.3F； quantity＝10； totalPrice＝unitPric * quantity OrderItem orderItem＝ new OrderItem(productId，totalPrice) Order order＝new Order(userid，orderItem) 其他情况以此类推	true
邮件发送子系统名称	输入参数名称： ＝orderInfoString 值： "guest 在 2011 年 1 月 3 日 购买了 某药品：XXX，YYYY 总价 29.8 元，请及时处理" ＝orderInfoString 值： NULL	邮件发送成功 订单信息处理失败

7.3.5 特别提示

集成测试的目的是确保各组件组合在一起后能够按既定意图协作运行，并确保增量的行为正确。集成测试多为黑盒测试，适当辅以白盒测试。

集成测试用例的设计可以从以下几方面考虑。

(1) 模块的消息接口：对于每类消息的每个具体消息，都应设计测试用例；对于消息结构中每个数据成员的各种合法取值情况都应设计测试用例；对于消息结构中每个数据成员的非法取值情况也应设计测试用例；模拟各种消息丢失、超时到达、不期望的消息情况。

(2) 模块的功能流程：根据概要设计文档描述中所确定的模块应该完成的功能，每个功能描述都应设计测试用例；需要多个模块以及它们之间接口共同完成的功能，需要设计测试用例。

(3) 模块所使用的数据表：包括全局数据表、重要数据表的数据的修改操作、数据项的增加和删除操作、数据表增加满、数据表删除空以及数据表项频繁的增加和删除。

(4) 模块的处理性能：对于处理速度有要求的模块，应测试其处理速度是否能达到规格要求；对于模块在负荷较大情况下的处理能力，应该设计测试用例进行验证。

7.3.6 拓展与提高

练习自顶向下集成测试、自底向上集成测试、混合集成测试和基于事件集成测试等方法。

本章小结

本章首先从系统集成不同模式的比较以及自底向上集成测试、自顶向下集成测试、混合集成测试各自的优缺点比较说明集成测试的必要性，以及持续集成的好处；然后介绍了系统测试的内容，从各个不同的角度实施相应的测试策略，确保软件的质量。

集成测试是在单元测试的基础上，将各个单元集成起来进行进一步的测试。集成测试能更好地发现在某些局部反映不出来的而在全局上很可能暴露出来的问题。

习　　题

1. 什么是集成测试？
2. 集成测试的主要任务是什么？
3. 集成测试与单元测试、系统测试有什么区别？
4. 集成测试的内容有哪些？
5. 如何进行集成测试的用例设计？
6. 集成测试的方法有哪些？分别适用于哪些情况？有何好处？

第8章 系统测试

学习目的与要求

本章介绍系统测试的相关概念。系统测试主要包括功能性测试和非功能性测试。通过本章的学习,将掌握具体的系统测试内容,学会进行系统测试的方法及相关工具的使用。

本章主要内容

- 系统测试的概念。
- 功能测试。
- 性能测试。
- 压力测试。
- 容量测试。
- 安全性测试。
- 用户界面测试。
- 安装/卸载测试。
- 文档测试。
- 回归测试。

8.1 系统测试概述

系统测试是指测试整个系统以确定其是否能够提供应用的所有需求行为。系统测试包含多种测试活动,主要分为功能性测试和非功能性测试两大类。功能性测试通常检查软件功能的需求是否与用户的需求一致,包括功能测试、用户界面测试、安装/卸载测试、可适用性测试;非功能性测试主要检查软件的性能、安全性、健壮性等,包括性能测试、压力测试、兼容性测试、可靠性测试、安全性测试、健壮性测试等。

系统测试是将已经通过集成测试的软件系统作为整个计算机系统的一个元素,与计算机硬件、某些支持软件和人员等其他系统元素结合在一起,在实际运行环境下,对系统进行一系列的组装测试和确认测试。系统测试的目的是通过与系统的需求定义进行比较,发现软件与系统的定义不符合或与之矛盾的地方,对计算机系统进行一系列的严格测试来发现软件中的潜在缺陷,保证系统交付给用户后能够正常使用。

8.2 功能测试

8.2.1 功能测试的概念

功能测试是系统测试中最基本的测试。它不管软件内部的实现逻辑,主要根据产品的需求规格说明书和测试需求列表,验证产品的功能实现是否符合产品的需求规格。根据软件需求规格说明书来检验被测系统是否满足用户的功能使用要求。功能测试是系统测试中最基本的测试。

8.2.2 功能测试的方法

一般来说,基于功能测试的方法大体上有两种:一种是链接(界面切换)测试;另一种是业务流程测试。

1. 链接(界面切换)测试

(1) 测试所有链接是否按指示的那样确实链接到了该链接的页面。

(2) 测试所链接的页面是否存在。

(3) 保证 Web 应用系统上没有孤立的页面。

2. 业务流程测试

(1) 主要是系统应用功能的测试。

(2) 基于用例场景设计测试用例。

(3) 用例场景是通过描述流经用例的路径来确定的过程,这个流经过程要从用例开始到结束遍历其中所有基本流和备选流,如图 8-1 所示。

遵循图 8-1 中每个经过用例的可能路径,可以确定不同的用例场景。

(1) 场景 1:基本流。

(2) 场景 2:基本流、备选流 1。

(3) 场景 3:基本流、备选流 1、备选流 2。

(4) 场景 4:基本流、备选流 3。

(5) 场景 5:基本流、备选流 3、备选流 1。

(6) 场景 6:基本流、备选流 3、备选流 1、备选流 2。

(7) 场景 7:基本流、备选流 4。

(8) 场景 8:基本流、备选流 3、备选流 4。

例 8-1 ATM 取款流程。

ATM 取款流程如图 8-2 所示。

提款用例的基本流和某些备用流。第一次迭代中,根据迭代计划,需要核实提款用例已经正确地实施。此时尚未实施整个用例,只实施了下面的事件流。

(1) 基本流 1:取预设金额(10 元、20 元、50 元、100 元)。

(2) 备选流 2:ATM 内没有现金。

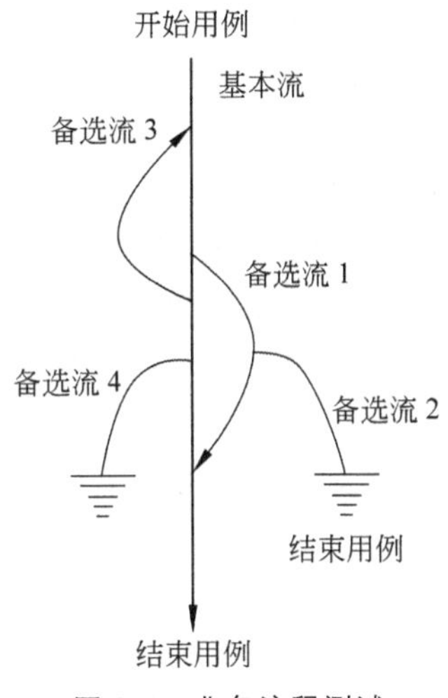

图 8-1 业务流程测试

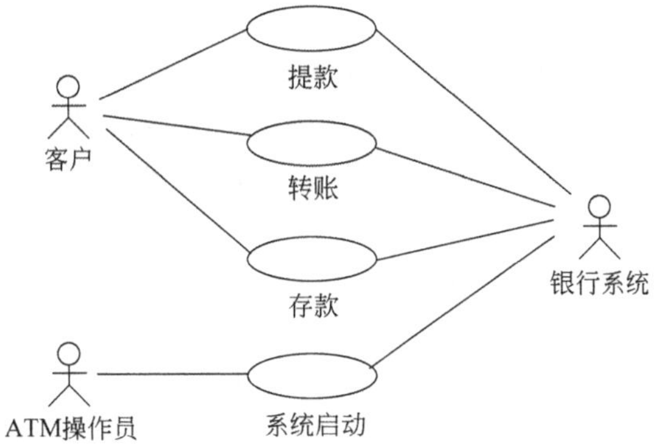

客户
提款
转账
存款
银行系统
ATM操作员
系统启动

图 8-2 ATM 取款流程

(3) 备选流 3：ATM 内现金不足。

(4) 备选流 4：PIN 有误。

(5) 备选流 5：账户不存在或账户类型有误。

(6) 备选流 6：账面金额不足。

表 8-1 为场景设计。

表 8-1 场景设计

场景描述	基本流	备选流
场景 1：成功提款	基本流	—
场景 2：ATM 内没有现金	基本流	备选流 2
场景 3：ATM 内现金不足	基本流	备选流 3
场景 4：PIN 有误(还有输入机会)	基本流	备选流 4
场景 5：PIN 有误(不再有输入机会)	基本流	备选流 4
场景 6：账户不存在或账户类型有误	基本流	备选流 5
场景 7：账户余额不足	基本流	备选流 6

8.2.3 功能测试的工具

功能测试是指模拟现实的生产环境，根据测试用例对产品的各功能模块进行验证，检查产品是否达到用户要求。目前国内大部分功能测试是需要人工全程执行的。所以测试结果的好坏，有一部分取决于执行测试用例的测试人员的个人水平。

在人工执行测试用例的过程中，避免不了重复执行同一个测试用例的情况。而这些重复执行的过程如果可以用自动执行工具代劳，既可以避免测试人员反复执行同一用例时产生的疲劳感(导致用例执行不完整)，也可以节省测试时间。所以，利用工具执行部分测试用例是提高测试效率的有效办法。

下面简要介绍几款软件功能测试工具。

(1) WinRunner：一种企业级的功能测试工具，用于检测应用程序是否能够达到预期的功能以及是否能够正常运行。通过自动录制、检测和回放用户的应用操作，WinRunner能够有效地帮助测试人员对复杂的企业级应用的不同发布版本进行测试，以提高测试人员的工作效率和质量，确保跨平台的、复杂的企业级应用无故障发布及长期稳定运行。

(2) QARun：自动回归测试工具，当进行手动测试时，它在测试脚本中记录测试过程，如果程序受到了局部修改、优化及升级版本后，需自动运行测试脚本就能重现当初的手动测试过程，节省回归测试消耗的时间和人力。程序修改、优化、升级越频繁，QARun越能体现它的价值。

(3) Rational Robot：一种对环境的多功能的、回归和配置测试工具。它可以执行完整的功能测试，记录和回放遍历应用程序的脚本以及在查证点处的对象状态。Rational Robot提供了非常灵活的执行测试脚本的方式。

虽然自动化的软件功能测试工具能代替部分测试过程，但是并不是所有的执行过程都能够用工具代替。高等测试人员积累了大量的经验，往往能在执行测试用例时发现用例覆盖不到的地方，检测出问题。而测试工具只是单纯的执行测试脚本，虽然能保证每一条用例的完整执行，却不能发现测试用例之外的潜在问题。

8.3 性能测试

性能测试主要检验软件是否达到需求规格说明书中规定的各类性能指标，并满足一些性能相关的约束和限制条件。

8.3.1 性能测试的概念

一般来说，在实际的测试中，功能特性方面的测试逐步地从系统测试中分离出来，而将系统测试定义为非功能性测试，主要是针对负载测试、性能测试、容量测试、完全性测试、兼容性测试、可靠性测试等。在工程应用中，性能测试广义上往往包括了常规性能测试、负载测试、压力测试、容量测试、配置测试等。但从狭义上讲，性能测试仅测试性能是否满足需求规格说明书的要求。下面介绍的性能测试为狭义的性能测试，除非明确指出。

1. 概念

性能是表明软件系统对于其及时性要求的符合程度。性能是软件产品的一种特性，可以用时间来进行度量。性能的及时性可用响应时间或吞吐量来衡量。

性能测试从进行测试的角度来评估一个组件或被测应用符合指定性能需求的程度，是一种特殊的非功能测试，衡量执行的速度和在典型工作条件下被测应用的响应，以便确定这些特性是否满足被测应用的用户的需求。需要模拟实际用户负载来测试系统，包括反应速度、最大用户数、系统最优配置、软硬件性能、处理精度等。具体来说其技术策略包括以下几方面。

(1) 目标：对产品的性能进行测试，检验是否达标、是否能够保持。

(2) 方法：覆盖系统的性能需求，一般和负载测试结合使用。

(3) 工具：在需要大访问量时尤其需要使用工具。

2. 包括内容

(1) 评估系统的能力。测试中得到的负荷和响应时间等数据可以被用于验证所计划的模型的能力，并帮助做出决策。

(2) 识别系统中的弱点。受控的负荷可以被增加到一个极端的水平并突破它，从而修复系统的瓶颈或薄弱的地方。

(3) 系统调优。重复运行测试，验证调整系统的活动得到了预期的结果，从而改进性能，检测软件中的问题。

3. 目的

为了验证系统是否达到用户提出的性能指标，同时发现系统中存在的性能瓶颈，起到优化系统的目的。

4. 性能测试指标的来源

用户对各项指标提出的明确需求。如果用户没有提出性能指标则根据用户需求、测试设计人员的经验来设计各项测试指标。用户主要关注的性能指标有服务器的各项指标(CPU、内存占用率等)、后台数据库的各项指标、网络流量、响应时间等。

5. 性能测试的过程

性能测试的过程如图 8-3 所示。

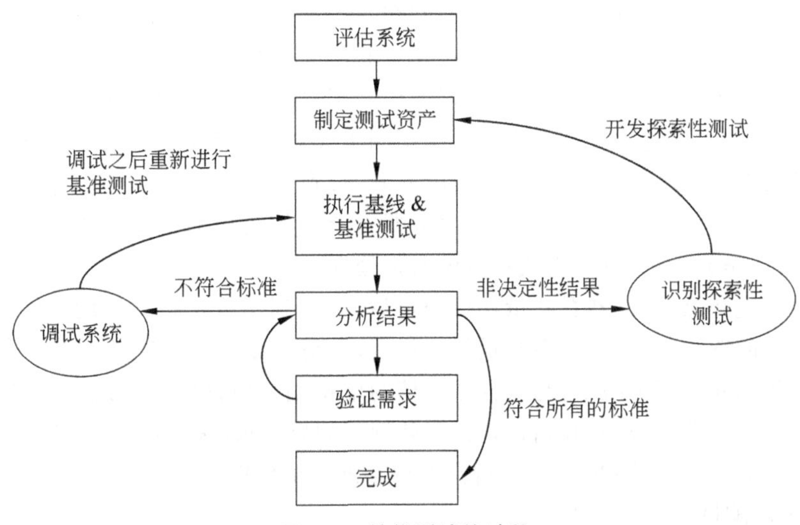

图 8-3 性能测试的过程

8.3.2 性能测试的方法

一般来说，有多种选择的性能测试方法，如基准测试、性能下降分析曲线分析法等。

在实际的工程应用中，存在以下两种性能测试的负载类型。

1) flat 测试

对于一次给定的测试，应该取响应时间和吞吐量的平均值。精确地获得这些值的唯一方法是一次加载所有的用户，然后在预定的时间段内持续运行。这个过程称为 flat 测试。

2) ramp-up 测试

用户量是交错上升的(每几秒增加一些新用户)。ramp-up 测试不能产生精确和可重现的平均值，这是因为由于用户的增加是每次一部分，系统的负载在不断地变化。ramp-up 测试的优点是：可以看出随着系统负载的改变，测量值是如何改变的，然后可以据此选择以后要运行的 flat 测试的范围。

对于企业级的系统，性能测试的方法有基准法、性能规划测试、渗入测试、峰谷测试等。

1. 基准法

性能测试的基准有响应时间、并发用户数、吞吐量、性能计数器等。

(1) 响应时间：这里的响应时间是指从应用系统发出请求开始，到客户端接收到最后一个字节数据位置所消耗的时间。对于用户来讲，响应时间的长短并没有绝对的区别。但是对于不同的用户而言，对于响应时间的要求却有所不同。因此，应该根据用户的具体需求来确定，而不应由测试人员自己来设定。

(2) 并发用户数：一般指同一时间段内访问系统的用户数量。

(3) 吞吐量：指单位时间内系统处理的客户请求数量。吞吐量可以直接体现出软件系统的性能。

(4) 性能计数器：用来描述服务器或操作系统性能的一些数据指标。计数器在性能测试中发挥着监控和分析的关键作用，尤其是在分析系统的可扩展性，进行系统瓶颈定位时，对计数器取值进行分析比较关键。

基准测试的关键是要获得一致的、可再现的结果。

假定测试的两个指标是服务器的响应时间和吞吐量，它们会受到服务器上的负载的影响。服务器上的负载受两个因素影响：同时与服务器通信的连接(或虚拟用户)的数目；每个虚拟用户请求之间的考虑时间的长短。与服务器通信的用户越多，负载就越大。同样，请求之间的考虑时间越短，负载也就越大。这两个因素的不同组合会产生不同的服务器负载等级。

随着服务器上负载的增加，吞吐量会不断攀升，直到到达一个点，并在这个点上稳定下来。

在某一点上，执行队列开始增长，因为服务器上所有的线程都已投入使用，传入的请求不再被立即处理，而是放入队列中，当线程空闲时再处理。

当系统达到饱和点，服务器吞吐量保持稳定后，就达到了给定条件下的系统上限。但是，随着服务器负载的继续增长，虽然吞吐量保持稳定，但是系统的响应时间也随之延长。

将系统置于相同的高负载下，与服务器通信的虚拟用户应该将请求之间的考虑时间设为零。这样服务器会立即超载，并开始构建执行队列。如果请求(虚拟用户)数保持一致，基准测试的结果应该会非常精确，因此，flat 运行是获得基准测试数据的理想模式。

2. 性能规划测试

性能规划测试的目标是找出在特定的环境下，给定应用程序的性能可以达到何种程度。例如，如果要以 5s 或更少的响应时间支持 8000 个当前用户，需要多少个服务器？

要确定系统的容量，需要考虑以下几个因素。

(1) 用户中有多少是并发与服务器通信的？

(2) 每个用户请求间的时间间隔是多少？

还需明确以下两个问题。

(1) 如何加载用户以模拟负载状态？

最好的方法是模拟高峰时间用户与服务器通信的状况。如果用户负载状态是在一段时间内逐步达到的，选择使用 ramp-up 类型的测试，每隔几秒增加 x 个用户；如果所有用户是在一个非常短的时间内同时与系统通信，就应该使用 flat 类型的测试，将所有的用户同时加载到服务器。

(2) 什么是确定容量的最好方法？

结合两种负载类型的优点，并运行一系列的测试，就会产生最好的结果。例如，首先使用 ramp-up 测试确定系统可以支持的用户范围，然后在确定了范围后，以该范围内不同的并发用户负载进行一系列的 flat 测试,更精确地确定系统的容量。

3. 渗入测试

渗入测试是一种比较简单的性能测试。渗入测试所需时间较长,它使用固定数目的并发用户测试系统的总体健壮性。这些测试将会通过内存泄漏、增加的垃圾收集或系统的其他问题,显示因长时间运行而出现的任何性能降低。

建议运行两次测试,一次使用较低的用户负载(要在系统容量之下,以便不会出现执行队列);一次使用较高的负载(以便出现积极的执行队列)。

4. 峰谷测试

峰谷测试兼有容量规划 ramp-up 类型测试和渗入测试的特征。其目标是确定从高负载(如系统高峰时间的负载)恢复,转为几乎空闲,然后再攀升到高负载,再降低的能力。

8.3.3 性能测试的工具

常见的性能测试工具有 Vmstat、Iozone、Strace 和 JMeter。通过这些工具能够判断系统瓶颈在哪里、内存是否够用、CPU 是否够用、磁盘 I/O 是否够用、网络和磁盘带宽是否够用等问题。

(1) Vmstat:是一个很全面的性能分析工具,可以观察到系统的进程状态、内存使用、虚拟内存使用、磁盘的 I/O、中断、上下问切换、CPU 使用等。

(2) Iozone:是 I/O 和文件系统性能测试的工具,也用作存储系统的性能分析。

(3) Strace:如果一个程序执行效率很差,需要分析这个程序执行时的某个阶段或者某个系统调用的性能状况,可以使用 Strace 命令。

(4) JMeter:可以完成对静态资源和动态资源(静态文件、CGI 脚本、Java 对象、数据库、FTP 服务器等)的性能测试。JMeter 可以模拟大量的服务器负载、网络负载、软件对象负载,可以在不同压力类别下测试软件的强度,以及分析软件的整体性能。

下面重点介绍 JMeter 工具。

8.3.4 JMeter 工具

1. JMeter 概述

对于互联网应用,可扩展性(scalability)是一个重要的性能指标。JMeter 是 Apache 组织的开放源代码项目,它是功能和性能测试的工具,100%用 Java 语言实现,可以到 http://jmeter.apache.org/index.html 下载源代码并查看相关文档。

JMeter 用于测试静态或动态资源(文件、Servlets、Perl 脚本、Java 对象、数据库和查询、FTP 服务器或其他的资源)的性能。JMeter 用于模拟在服务器、网络或其他对象上附加高负载以测试它们提供服务的受压能力,或者分析它们提供的服务在不同负载条件下的总性能情况。可以用 JMeter 提供的图形化界面分析性能指标,或者在高负载情况下测试服务器、脚本、对象的行为。

典型的 JMeter 测试包括创建循环和线程组。循环使用预设的延迟来模拟对服务器的连续请求。线程组是为模拟并发负载而设计的。JMeter 提供了用户界面。它还公开了 API,用户可以从 Java 应用程序来运行基于 JMeter 的测试。为了在 JMeter 中创建负载测试,需要构建测试计划。在实际操作中,JMeter 需要执行一系列的操作。最简单的测试计划通常包括下列元件。

(1) 线程组：这些元件用于指定运行的线程数和等候周期。每个线程模拟一个用户，而等候周期用于指定创建全部线程的时间。例如，线程数为 5，等候时间为 10s，则创建每个线程之间的时间间隔为 2s。循环数定义了线程的运行时间。使用调度器，还可以设置运行的起始时间。

(2) 取样器：对于服务器 HTTP、FTP 或 LDAP 请求，这些元件是可配置请求。

(3) 监听器：对于请求数据的后期处理，例如可以将数据保存到文件或用图表来说明结果。此时 JMeter 图表并没有提供许多配置选项，然而它是可扩展的，始终允许添加额外的可视化效果或数据处理模块。

2. JMeter 测试流程

1) 安装并启动 JMeter

首先下载 JMeter 的 release 版本，然后将下载的.zip 文件解压缩到指定文件夹(后面将使用%JMeter%来引用)目录下。使用%JMeter%/bin 下面的 jmeter.bat 批处理文件来启动 JMeter 的可视化界面，下面的工作都将在这个可视化界面上进行操作。图 8-4 所示是 JMeter 的可视化界面的屏幕截图。

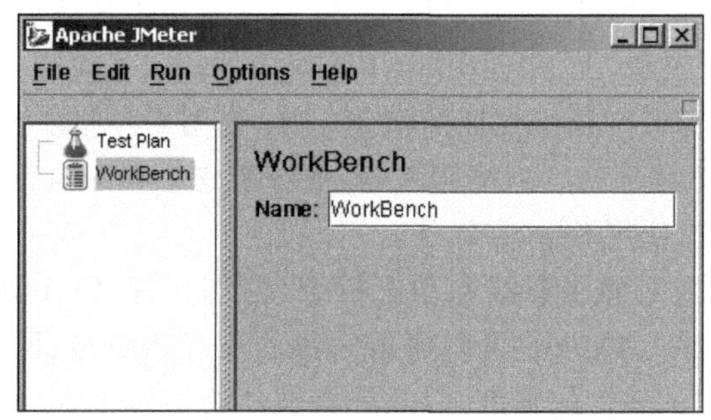

图 8-4　JMeter 的可视化界面

2) 建立测试计划

测试计划(test plan)描述了执行测试过程中 JMeter 的执行过程和步骤，一个完整的测试计划包括一个或者多个线程组(thread groups)、逻辑控制(logic controller)、实例产生控制器(sample generating controllers)、侦听器(listener)、定时器(timer)、比较(assertions)、配置元素(config elements)。打开 JMeter 时，它已经建立一个默认的测试计划，一个 JMeter 应用的实例只能建立或者打开一个测试计划。现在开始填充一个测试计划的内容，这个测试计划向一个 JSP 文件发出请求。

3) 增加负载信息设置

这一步，将向测试计划中增加相关负载的设置。需要模拟 5 个请求者，每个请求者在测试过程中连续请求两次，详细步骤如下。

(1) 选中可视化界面中左边树中的 Test Plan 节点，右击，选择 Add→Threads(Users)→Thread Group，界面右边将会出现设置信息框。

(2) Thread Group 有以下 3 个与负载信息相关的参数。

① Number of Threads：设置发送请求的用户数目。

② Ramp-Up Period：每个请求发生的时间间隔，单位是秒。例如，如果请求数目是 5，而

这个参数是 10，那么每个请求之间的间隔就是 10/5，即 2s。

③ Loop Count：请求发生的重复次数，如果选择后面的 Forever（默认），那么请求将一直继续；如果不选择 Forever，而在输入框中输入数字，那么请求将重复指定的次数；如果输入 0，那么请求将执行一次。

根据项目中的设计，将 Number of Threads 设置为 5，Ramp-Up Period 设置为 0（也就是同时并发请求），不选中 Forever，在 Loop Count 后面的输入框中输入 2。设置后的屏幕截图如图 8-5 所示。

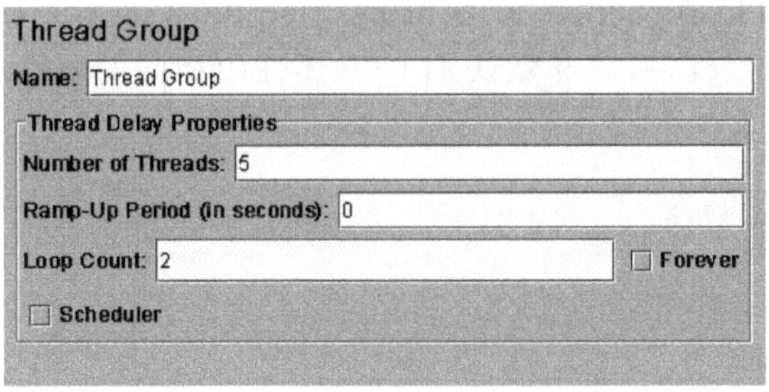

图 8-5 设置好参数的 Thread Group

4）增加默认 HTTP 属性（可选）

实际的测试工作往往是针对同一个服务器上 Web 应用展开的，所以 JMeter 提供了这样一种设置，在默认 HTTP 属性中设置需要被测试服务器的相关属性，以后的 HTTP 请求设置中就可以忽略这些相同参数的设置，减少设置参数录入的时间。我们可以通过下面的步骤来设置默认 HTTP 属性。

（1）选中可视化界面中左边树的 Test Plan 节点，右击，选择 Add→Config Element→HTTP Request Defaults，界面右边将会出现设置信息框。

（2）默认 HTTP 属性的主要参数说明如下。

① Protocol：发送测试请求时使用的协议。

② Server Name or IP：被测试服务器的 IP 地址或者名字。

③ Path：默认的起始位置。比如将 Path 设置为“/bookstoressh”，那么所有的 HTTP 请求的 URL 中都将增加“/bookstoressh”路径。

④ Port Number：服务器提供服务的端口号。

我们的测试计划将针对本机的 Web 服务器上的 Web 应用进行测试，所以 Protocol 应该是 HTTP；IP 使用 localhost；假定不设置这个 Web 应用发布的 Context 路径，所以这里的 Path 设置为空；因为使用 Tomcat 服务器，所以 Port Number 是 8080。设置后的屏幕截图如图 8-6 所示。

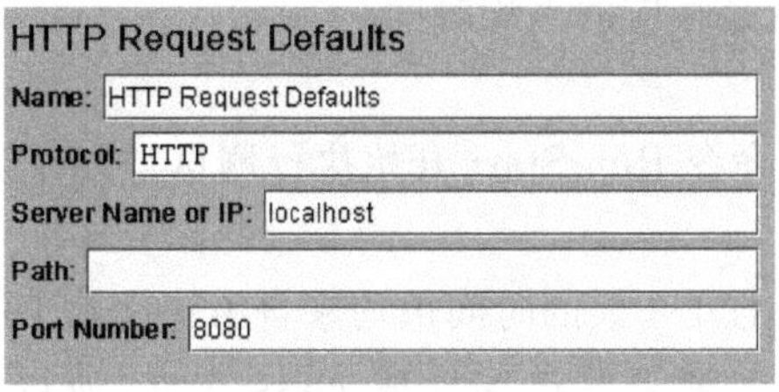

图 8-6 测试计划中使用的默认 HTTP 参数

5）增加 HTTP 请求

现在我们增加 HTTP 请求，这也是测试的内容主体部分。可以通过下面的步骤来增加 HTTP 请求。

（1）选中可视化界面中左边树的 Thread Group 节点，右击，选择 Add→Sampler→Http Request，界面右边将会出现设置信息框。

（2）这里的参数和上面介绍的 HTTP 属性差不多，增加的属性中有发送 HTTP 时方法的选择，可以选择 get 或者 post。

我们增加一个 HTTP 请求，用来访问 http://localhost:8080/ electrones/index.jsp。因为设置了默认的 HTTP 属性，所以和默认 HTTP 属性中相同的属性不再重复设置。设置后的屏幕截图如图 8-7 所示。

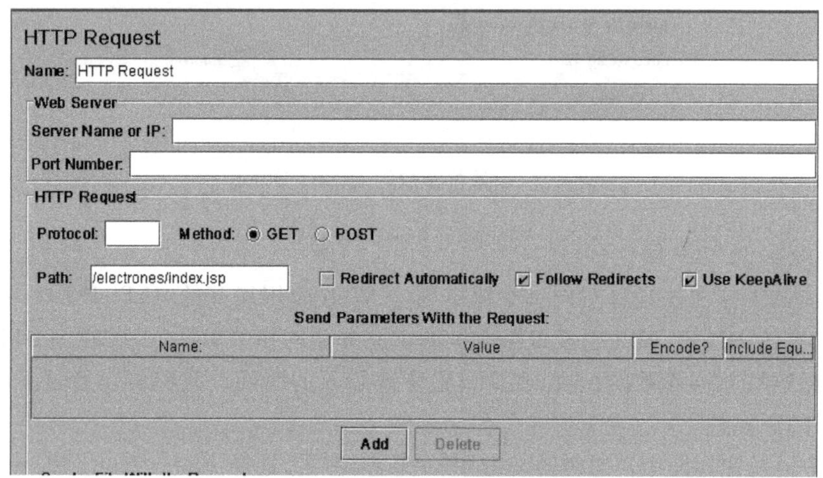

图 8-7　设置好的 HTTP 测试请求

6）增加 Listener

增加 Listener 是为了记录测试信息并可以使用 JMeter 提供的可视化界面查看测试结果，里面有多种结果分析方式可供选择。可以根据个人习惯的分析方式选择不同的结果显示方式，这里使用表格的形式来查看和分析测试结果。下面，通过以下步骤来增加 Listener。

（1）选中可视化界面中左边树的 Thread Group 节点，右击，选择 Add→Listener→View Result in Table，界面右边将会出现设置信息和结果显示框。

（2）结果显示界面将使用表格显示测试结果，表格的第一列 Sample＃显示请求执行的顺序和编号，URL 列显示请求发送的目标，Sample Time 列显示这个请求完成耗费的时间，最后的 Success 列显示该请求是否成功执行。在界面的最下面还可以看到一些统计信息，我们最关心的应该是 Average，也就是相应的平均时间。

7）开始执行测试计划

现在可以通过单击菜单命令 Run-Start 开始执行测试计划了。如图 8-8 所示是执行该测试计划的结果。

可以看到第一次执行时的几个大的时间值均来自第一次的 JSP Request，这可以通过下面的理由进行解释：JSP 执行前都需要被编译成.class 文件，所以第二次的结果才是正常的结果。

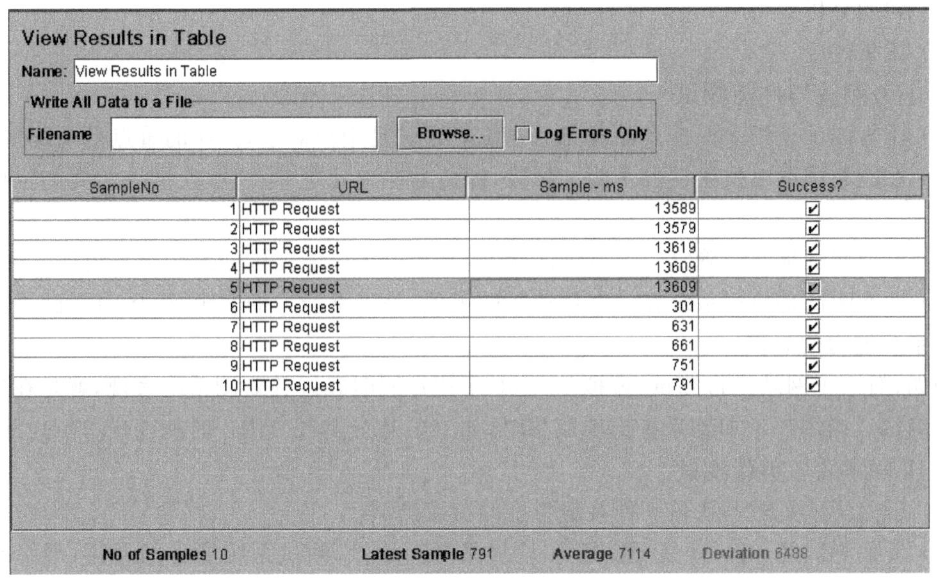

SampleNo	URL	Sample - ms	Success?
1	HTTP Request	13589	✔
2	HTTP Request	13579	✔
3	HTTP Request	13619	✔
4	HTTP Request	13609	✔
5	HTTP Request	13609	✔
6	HTTP Request	301	✔
7	HTTP Request	631	✔
8	HTTP Request	661	✔
9	HTTP Request	751	✔
10	HTTP Request	791	✔

图 8-8 执行结果显示

8.4 压力测试

8.4.1 压力测试的概念

压力测试实际上是一种破坏性测试，它是在一定用户数的压力下来测试系统的反应。压力测试是测试系统的极限和故障恢复能力，也就是测试应用系统会不会崩溃，在什么情况下崩溃。黑客常常提供错误的数据负载，直到应用系统崩溃，接着当系统重新启动时获得访问权。

压力测试是指对系统不断施加越来越大的负载的测试。压力测试是通过一个系统的瓶颈或者不能接受的性能点，来确定系统能提供的最大服务级别的测试。例如系统限额是一个 Web 网站在大量的负荷下，合适系统的响应会退化或失败。以 JavaEE 技术实现的 Web 系统为例，一般响应时间在 3s 以下为接受，3～5s 为可以接受，5s 以上就影响易用性了。压力测试的目标就是找到当前软/硬件环境下系统所能承受的最大负荷，并帮助找出系统瓶颈所在。

在模拟软件系统中的业务量增加，如果需处理的业务量由原来的 50 页/秒增加到 5000 页/秒，通过逐渐增加访问量来考察系统的响应时间、CPU 的运行情况、内存的使用情况、网络的流量信息等各项指标信息，最终获得在性能可以接受的情况下，测试系统可以支持的最大负载量。所以压力测试的结果，应该是在明确的压力测试下的系统性能体验。

压力测试是在一种需要反常数量、频率或资源的方式下，执行可重复的负载测试，以检查程序对异常情况的抵抗能力，找出性能瓶颈。从本质上来说，测试者是想要破坏程序，折腾系统，就是对异常情况的设计。压力测试总是迫使系统在异常的资源配置下运行。异常情况主要指的是峰值(瞬间使用高峰)、大量数据的处理能力、长时间运行等情况。进行压力测试时通常要考虑如下问题。

(1) 测试压力估算。

(2) 测试环境准备。

（3）问题分析。

（4）累积效应。

1. 压力测试与性能测试

（1）压力测试是用来保证产品发布后系统能否满足用户需求，关注的重点是系统整体。

（2）性能测试可以发生在各个测试阶段，即使是在单元层，一个单独模块的性能也可以进行评估。

（3）压力测试是通过确定一个系统的瓶颈，来获得系统能提供的最大服务级别的测试。

（4）性能测试是检测系统在一定负荷下的表现，是正常能力的表现，而压力测试是极端情况下的系统能力的表现。

例如，对一个网站进行测试，模拟10～50个用户同时在线并观测系统表现，就是在进行常规性能测试。当用户增加到系统出项瓶颈时，如上千乃至上万个用户时就变成了压力测试。

2. 压力测试与负载测试

（1）压力测试实质上就是一种特定类型的负载测试。

（2）负载测试(load test)是通过逐步增加系统工作量，测试系统能力的变化，最终确定在满足功能指标的情况下，系统所能承受的最大工作量的测试。

3. 压力测试与并发性测试

并发性测试是一种测试手段，可以利用并发测试进行压力测试。

8.4.2 压力测试的方法

压力测试应该尽可能在逼真的模拟系统环境下完成。对于实时系统，测试者应该以正常和超常的速度输入要处理的事务，从而进行压力测试。批处理的压力测试可以利用大批量的批事务进行，被测事务中应该包括错误条件。

1. 采用的测试手段

1）重复测试

重复(repetition)测试就是一遍又一遍地执行某个操作或功能，比如重复调用一个Web服务。压力测试的一项任务就是确定在极端情况下一个操作能否正常执行，并且能否持续不断地在每次执行时都正常。这对于推断一个产品是否适用于某种生产情况至关重要，客户通常会重复使用产品。重复测试往往与其他测试手段一并使用。

2）并发测试

并发(concurrency)测试是同时执行多个操作的行为，即在同一时间执行多个测试线程。例如，在同一个服务器上同时调用许多Web服务。并发测试原则上不一定适用于所有产品(比如无状态服务)，但多数软件都具有某个并发行为或多线程行为元素，这一点只能通过执行多个代码测试用例才能得到测试结果。

3）量级增加

压力测试可以重复执行一个操作，但是操作自身也要尽量给产品增加负担。例如，一个Web服务允许客户机输入一条消息，测试人员可以通过模拟输入超长消息来使操作进行高强度的使用，即增加这个操作的量级。这个量级(magnitude)的确定总是与应用系统有关，可以通过查找产品的可配置参数来确定量级。

4）随机变化

该手段是指对上述测试手段进行随机组合，以便获得最佳的测试效果。

总之,在使用重复时,在重新启动或重新连接服务之前,可以改变重复操作间的时间间隔、重复的次数,或者也可以改变被重复的 Web 服务的顺序。使用并发时,可以改变一起执行的 Web 服务、同一时间运行的 Web 服务数目,也可以改变关于是运行许多不同的服务还是运行许多同样的实例的决定。

量级测试时,每次重复测试时都可以更改应用程序中出现的变量(例如发送各种大小的消息或数字输入值)。如果测试完全随机的话,因为很难一致地重现压力下的错误,所以一些系统使用基于一个固定随机种子的随机变化。这样,用同一个种子,重现错误的机会就会更大。

2. 压力测试方法的特点

(1) 压力测试是检查系统处于压力情况下的能力表现。比如,通过增加并发用户的数量来检测系统的服务能力和水平,通过增加文件记录数来检测数据处理的能力和水平,等等。

(2) 压力测试一般通过模拟方法进行。通常在系统对内存和 CPU 利用率方面进行模拟,以获得测量结果。如将压力的基准设定为内存使用率超过 75%、CPU 使用率超过 75%,并观测系统响应时间、系统有无错误产生。除了对内存和 CPU 的使用率进行设定外,数据库的连接数量、数据库服务器的 CPU 利用率等也都可以作为压力测试的依据。

(3) 压力测试一般用于测试系统的稳定性。如果一个系统能够在压力环境下稳定运行一段时间,那么该系统在普遍的运行环境下就应该可以达到令人满意的稳定程度。在压力测试中,通常会考察系统在压力下是否会出现错误等方面的问题。

压力测试的测试方法是通过模拟生产业务压力来实施的,一般需要使用压力测试工具。而性能测试、压力测试、负载测试在广义上将都是性能测试的内容,它们的测试流程、测试工具都是相通的,在具体的软件测试过程之中,可以一并计划、设计和实施,对其最终的测试数据进行综合分析更有利于系统的调优。

除此之外,压力测试中应该模拟真实的运行环境。测试者应该使用标准文档,输入事务的人员或者系统使用人员应该和系统产品化之后的参与人员一样。实时系统应该测试其扩展的时间段,批处理系统应该使用多于一个事务的批量进行测试。

8.4.3 压力测试的工具

1. 常用工具介绍

1) LoadRunner

LoadRunner 支持多种常用协议多且个别协议支持的版本比较高,可以设置灵活的负载压力测试方案,可视化的图形界面可以监控丰富的资源,报告可以导出为 Word、Excel 以及 HTML 格式。

2) WebLoad

WebLoad 是 RadView 公司推出的一款性能测试和分析工具,它让 Web 应用程序开发者自动执行压力测试。WebLoad 通过模拟真实用户的操作,生成压力负载来测试 Web 的性能。用户创建的是基于 JavaScript 的测试脚本,称为议程 agenda,用它来模拟客户的行为,通过执行该脚本来衡量 Web 应用程序在真实环境下的性能。

3) E-Test Suite

E-Test Suite 是由 Empirix 公司开发的测试软件,能够和被测试应用软件无缝结合的 Web 应用测试工具。工具包含 e-Tester、e-Load 和 e-Monitor。这 3 种工具分别对应功能测试、压力测试以及应用监控,每一部分功能相互独立,测试过程又可彼此协同。

4) Benchmark Factory

它可以测试服务器群集的性能,也可以实施基准测试,还可以生成高级脚本。

5) WAS

WAS 是 MicroSoft 提供的 Web 负载压力测试工具,应用广泛。WAS 可以通过一台或者多台客户机模拟大量用户的活动。WAS 支持身份验证、加密和 Cookies,也能够模拟各种浏览器和 Modem 速度。

6) ACT

ACT 或称 MSACT,是微软公司的 Visual Studio 和 Visual Studio.NET 带的一套进行程序压力测试的工具。ACT 不但可以记录程序运行的详细数据参数,用图表显示程序运行情况,而且安装和使用都比较简单,结果阅读方便,是一套较理想的测试工具。

7) OpenSTA

它的全称是 Open System Testing Architecture。OpenSTA 的特点是可以模拟很多用户来访问需要测试的网站,是一个功能强大、自定义设置功能完备的软件。但是,它的设置大部分需要通过脚本来完成,因此在真正使用这个软件之前,必须学习好脚本编写。如果需要完成很复杂的功能,脚本的要求还比较高。

8) PureLoad

它是一个完全基于 Java 的测试工具,它的 Script 代码完全使用 XML。编写 Script 很简单。它的测试包含文字和图形并可以输出为 HTML 文件。由于是基于 Java 的软件,因此 PureLoad 可以通过 Java Beans API 来增强软件功能。

2. 压力测试执行

(1) 可以设计压力测试用例来测试应用系统的整体或部分能力。压力测试用例选取可以从以下几方面考虑:

① 输入待处理事务来检查是否有足够的磁盘空间。

② 创造极端的网络负载。

③ 制造系统溢出条件。

(2) 当应用系统所能正常处理的工作量并不确定时需要使用压力测试。压力测试意图通过对系统施加超负载事务量来达到破坏系统的目的。

(3) 压力测试和在线应用程序非常类似,因为很难利用其他测试技术来模拟高容量的事务。

(4) 压力测试的弱点在于准备测试的时间与在测试的实际执行过程中所消耗的资源数量都非常庞大。通常在应用程序投入使用之前这种消耗的衡量是无法进行的。

3. 实例应用

采用压力测试方法的用例,如表 8-2 所示。

某个电话通信系统的测试。在正常情况下,每天的电话数目大约 2000 个,一天 24 小时服从正态分布。在系统第 1 年使用时,系统的平均无故障时间为 1 个月左右。分析表明,系统的出错原因主要来源于单位时间内电话数量比较大的情况下,为此,对系统采用压力测试。测试时将每天电话的数目增加 10 倍,即 20000 个左右,分布采用均匀和正态两种分布。测试大约进行了 4 个月,共发现了 314 个错误,修复这些错误大约花费了 6 个月的时间,修复后的系统运行了近 2 年,尚未出现问题。

表 8-2 采用压力测试方法的用例

极限名称 A	例如“最大并发用户数量”	
前提条件		
输入/动作	**输出/响应**	**是否能正常运行**
例如 10 个用户并发操作		
例如 20 个用户并发操作		
⋮		
极限名称 B		
前提条件		
输入/动作	**输出/响应**	**是否能正常运行**
⋮		

目前，主要采用 LoadRunner 测试工具，通过模拟成千上万的用户对被测试应用进行操作和请求，在实验室的环境中精确重现生产环境中任意可能出现的业务压力，然后通过在测试过程中获取的信息和数据来确认和查找软件的性能问题，分析性能瓶颈。压力测试的区域包括表单、登录的其他信息传输页面等。

8.5 容量测试

8.5.1 容量测试的概念

容量测试是检验系统的能力最高能达到什么程度。容量测试是面向数据的，是在系统的正常运行的范围内测试，并确定系统能够处理的数据容量，也就是观察系统承受超额的数据容量的能力。例如，对于操作系统，让它的作业队列“满员”。即在系统的全部资源达到“满负荷”的情形下，测试系统的承受能力。

容量测试目的是通过测试预先分析出反映软件系统应用特征的某项指标的极限值（如最大并发用户数、数据库记录数等），系统在其极限值状态下还能保持主要功能正常运行。容量测试还将确定测试对象在给定时间内能够持续处理的最大负载或工作量。

容量测试（volume testing）是指，采用特定的手段测试系统能够承载处理任务的极限值所从事的测试工作。这里的特定手段是指，测试人员根据实际运行中可能出现极限，制造相对应的任务组合，来激发系统出现极限的情况。

对软件容量的测试，能让软件开发商或用户了解该软件系统的承载能力或提供服务的能力，如电子商务网站所能承受的、同时进行交易或结算的在线用户数。知道了系统的实际容量，如果不能满足设计要求，就应该寻求新的技术解决方案，以提高系统的容量。有了对软件负载的准确预测，不仅能对软件系统在实际使用中的性能状况充满信心，同时也可以帮助用户经济地规划应用系统，优化系统的部署。

1. 容量测试与压力测试

与容量测试十分相近的概念是压力测试。二者都是检测系统在特定情况下，能够承担的极限值。

然而两者的侧重点有所不同,压力测试主要是使系统承受速度方面的超额负载,例如一个短时间之内的吞吐量。

容量测试关注的是数据方面的承受能力,并且它的目的是显示系统可以处理的数据容量。容量测试往往应用于数据库方面的测试。数据库容量测试使测试对象处理大量的数据,以确定是否达到了将使软件发生故障的极限。容量测试还将确定测试对象在给定时间内能够持续处理的最大负载或工作量。

2. 压力测试、容量测试和性能测试

更确切地说,压力测试可以被看作容量测试、性能测试和可靠性测试的一种手段,不是直接的测试目标。

压力测试的重点在于发现功能性测试所不易发现的系统方面的缺陷,而容量测试和性能测试是系统测试的主要目标内容,也就是确定软件产品或系统的非功能性方面的质量特征,包括具体的特征值。

容量测试和性能测试更着力于提供性能与容量方面的数据,为软件系统部署、维护、质量改进服务,并可以帮助市场定位、销售人员对客户的解释、广告宣传等服务。

压力测试、容量测试和性能测试的测试方法相通,在实际测试工作中,往往结合起来进行以提高测试效率。一般会设置专门的性能测试实验室完成这些工作,即使用虚拟的手段模拟实际操作,所需要的客户端有时还是很大,所以性能测试实验室的投资较大。对于许多中小型软件公司,委托第三方完成性能测试,可以在很大程度上降低成本。

8.5.2 容量测试的方法

1. 容量测试方法

进行容量测试的首要任务就是确定被测系统数据量的极限,即容量极限。这些数据可以是数据库所能容纳的最大值,可以是一次处理所能允许的最大数据量,等等。系统出现问题,通常是发生在极限数据量产生或临界产生的情况下,这时容易造成磁盘数据的丢失、缓冲区溢出等一些问题。

2. 资源利用率、响应时间与用户负载关系图

为了更清楚地说明如何确定容量的极限值,参看图 8-9(资源利用率、响应时间与用户负载关系图)。

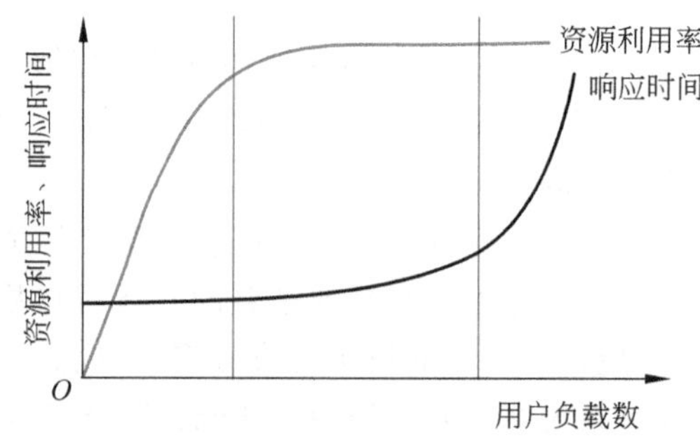

图 8-9 资源利用率、响应时间与用户负载关系图

图中反映了资源利用率、响应时间与用户负载之间的关系。可以看到,用户负载增加,响应时间也缓慢地增加,而资源利用率几乎是线性增长。这是因为应用做更多的工作,它需要更

多的资源。

一旦资源利用率接近百分之百，会出现一个有趣的现象，就是响应以指数曲线方式下降，这点在容量评估中被称为饱和点。饱和点是指所有性能指标都不满足，随后应用发生恐慌的时间点。

执行容量评估的目标是保证用户知道饱和点在哪，并且永远不要出现这种情况。在这种负载发生前，管理者应优化系统或者增加适当额外的硬件。

3. 一些组合条件下的测试

为了确定容量极限，可以进行一些组合条件下的测试。例如，核实测试对象在以下高容量条件下能否正常运行。

(1) 链接或模拟了最大(实际或实际允许)数量的客户机。

(2) 所有客户机在长时间内执行相同的、可能性能不稳定的重要业务功能。

(3) 已达到最大的数据库大小(实际的或按比例缩放的)，而一起同时执行多个查询或报表事务。

4. 不同的加载策略

当然需要注意，不能简单地说在某一标准配置服务器上运行某软件的容量是多少，选用不同的加载策略可以反映不同状况下的容量。

举个简单的例子，网上聊天室软件的容量是多少？在一个聊天室内有 1000 个用户，和 100 个聊天室每个聊天室内有 10 个用户，同样都是 1000 个用户，在性能表现上可能会出现很大的不同，在服务器端数据输出量、传输量更是截然不同的。在更复杂的系统内，就需要分别为多种情况提供相应的容量数据作为参考。

8.5.3 容量测试的执行

容量测试的目的是通过测试预先分析出反映软件系统应用特征的某项指标的极限值(如最大并发用户数、数据库记录数等)，系统在其极限状态下没有出现任何软件故障或还能保持主要功能正常运行。容量测试还将确定测试对象在给定时间内能够持续处理的最大负载或工作量。因而这部分的测试常常和性能测试等部分结合起来一同进行测试，常常借助于性能测试的工具来实现。

1. 容量测试执行概述

开始进行容量测试的第一步也和其他测试工作一样，通常是获取测试需求。系统测试需求确定测试的内容，即测试的具体对象。测试需求主要来源于各种需求配置项，它可能是一个需求规格说明书，或是由场景、用例模型、补充规约等组成的一个集合。其中，容量测试需求来自于测试对象的指定用户数和业务量。容量需求通常出现在需求规格说明书中的基本性能指标、极限数据量要求和测试环境部分。

2. 容量测试常用的用例设计方法

容量测试常用的用例设计方法有规范导出法、边界值分析、错误猜测法。

3. 容量测试的步骤

(1) 分析系统的外部数据源，并进行分类。

(2) 对每类数据源分析可能的容量限制，对于记录类型数据需要分析记录长度限制，记录中每个域长度限制和记录数量限制。

(3) 对每个类型数据源，构造大容量数据对系统进行测试。

(4) 分析测试结果,并与期望值比较,确定目前系统的容量瓶颈。

(5) 对系统进行优化并重复以上四步,直到系统达到期望的容量处理能力。

4. 常见的容量测试例子

(1) 处理数据敏感操作时进行的相关数据比较。

(2) 使用编译器编译一个极其庞大的源程序。

(3) 使用一个链接编辑器编辑一个包含成千上万模块的程序。

(4) 一个电路模拟器模拟包含成千上万块的电路。

(5) 一个操作系统的任务队列被充满。

(6) 一个测试形式的系统被灌输了大量文档格式。

(7) 互联网中庞大的E-mail信息和文件信息。

容量测试是用来研究程序加载非常大量的数据时、处理很大量数据任务时的运行情况,这一测试主要关注一次处理合理需求的大量数据,而且在一段较长时间内高频率地重复任务。对于像银行终端监控系统这样的产品来讲,容量测试是至关重要的。在下面的内容中将选取一个银行系统进行容量测试的案例进行简单的分析。

5. 银行系统进行容量测试的案例

1) 需求分析

根据某银行终端监控系统的需求说明,做出如下分析。

(1) 服务器支持挂接100台业务前置机。

(2) 每台前置机支持挂接200台字符终端。

(3) 字符终端有两种登录前置机的模式,即终端服务器模式和Telnet模式。

(4) 不同的用户操作仅反映为请求数据量的不同。

(5) 不同的配置包括不同的系统版本(如SCO、SOLARIS等)和不同的shell(shell、cshell、kshell)。

2) 容量需求分析的策略

对应上面5条容量需求分析,分别制定如下策略。

(1) 对于需求1、2,挂接100台业务前置机,200台字符终端的容量环境不可能真实地构造,这里采取虚拟用户数量的方式,多台业务前置机采用在一台前置机上绑定多个IP地址的方式实现,同时启动多个前置程序。

(2) 对于需求3,可以给出两种字符终端登录前置机的模式。

(3) 对于需求4,不同数据量可以执行不同的shell脚本来实现。实际上可以执行相同的脚本,而循环输出不同字节数的文本文件内容。最后,对于不同的系统版本,则只能逐一测试,因为谁也代替不了谁。当然,以用户实际使用的环境为重点。

3) 测试用例的设计

测试工作离不开测试用例的设计。不完全、不彻底是软件测试的致命缺陷,任何程序只能进行少量而有限的测试。测试用例在此情况下产生,同时它也是软件测试系统化、工程化的产物。当明确了测试需求和策略后,设计用例只是一件顺水推舟的事。

4) 怎样组合测试点

从测试需求可以提取出许多的测试点,而测试用例则是测试点的组合。怎样组合呢?

可以参考这样一个原则:一个测试用例是为验证某一个具体的需求,在一个测试场景下,进行的若干必要操作的最小集合。也就是说,只要明确地定义目的、场景、操作,就形成了用例的基本轮廓。再加上不同类型测试必需的测试要素，就构成了完整的测试用例。对于容量测试来说，测试要素无外乎容量值，一定容量下正常工作的标准等。表 8-3 给出了一个容量测试用例模板。

表 8-3 容量测试用例模板

<table>
<tr><td colspan="2" rowspan="4">系统测试用例</td><td>用例标识</td><td></td></tr>
<tr><td>用例类型</td><td>容量测试</td></tr>
<tr><td>编写人</td><td></td></tr>
<tr><td>编写日期</td><td></td></tr>
<tr><td colspan="2">测试目的</td><td colspan="2"></td></tr>
<tr><td colspan="2">需求可追踪性</td><td colspan="2"></td></tr>
<tr><td colspan="2">测试约束</td><td colspan="2"></td></tr>
<tr><td colspan="2">测试环境</td><td colspan="2"></td></tr>
<tr><td colspan="2">测试工具</td><td colspan="2"></td></tr>
<tr><td colspan="2">初始化</td><td colspan="2"></td></tr>
<tr><td>N.</td><td>操作步骤及输入</td><td colspan="2">预期结果及通过准则</td></tr>
<tr><td>1.</td><td></td><td colspan="2"></td></tr>
<tr><td>2.</td><td></td><td colspan="2"></td></tr>
<tr><td colspan="2">测试结果问题报告标识码</td><td colspan="2"></td></tr>
<tr><td colspan="2">审核：</td><td colspan="2"></td></tr>
<tr><td colspan="2">附注：</td><td colspan="2"></td></tr>
</table>

作为前面例子的延续，下面简单说明一下各栏目的填法。

(1) 测试目的。需要验证的测试需求，如“在×××的容量条件下，前置程序是否能正常工作”。

(2) 需求可追踪性。对应测试需求的标识号。

(3) 测试约束条件。本次测试需遵循的制约条件，如以终端服务器模式登录到主机。

(4) 测试环境。前置程序的版本等。

(5) 测试工具。来源于测试策略，如前面提到的终端服务器模拟程序。

(6) 初始化。在测试前需做的准备工作。

(7) 操作步骤及输入。如终端登录，不同的数据量操作等。

(8) 预期结果及通过准则。一定容量下正常工作的标准，如正常录像，正常压缩传送，资源占用率等。

对于不同的容量条件，因为测试场景不一样，建议编写不同的用例。

8.6 安全性测试

安全性测试是检查系统对非法侵入的防范能力。安全测试期间，测试人员假扮非法入侵者，采用各种办法试图突破防线。例如：

(1) 想方设法截取或破译口令。

(2) 专门开发软件来破坏系统的保护机制。

(3) 故意导致系统失败，企图趁恢复之机非法进入。

(4) 试图通过浏览非保密数据推导所需信息等。

理论上讲，只要有足够的时间和资源，没有不可进入的系统。因此系统安全设计的准则是使非法侵入的代价超过被保护信息的价值，此时非法侵入者便无利可图。

8.6.1 安全性测试的概念

安全性测试是检查系统对非法侵入的防范能力，其目的是为了发现软件系统中是否存在安全漏洞。软件安全性是指在非正常条件下不发生安全事故的能力。

安全性一般分为两个层次，即应用程序级的安全性和系统级别的安全性。常见分类如下。

(1) 物理环境的安全性(物理层安全)。

(2) 操作系统的安全性(系统层安全)。

(3) 网络的安全性(网络层安全)。

(4) 应用的安全性(应用层安全)。

(5) 管理的安全性(管理层安全)。

1. 系统层安全测试

测试操作系统配置安全性的主要问题包括：

(1) 不必要的用户账号。

(2) 文件和目录权限、特别是关键的配置文件。

(3) 网络磁盘卷，如网络文件服务(Network File Service，NFS)或 Windows 共享目录。

(4) 日志文件。

(5) 注册表。

(6) 不必要的后台处理。

(7) 口令策略。

2. 网络安全层测试

非授权 Web 访问，测试主机是否有这种安全漏洞的方法如下。

(1) 以一个不会被过滤掉的连接(譬如说拨号连接)连接到因特网上。

(2) 把浏览器的代理服务器地址指向待测试的 WinGate 主机。

(3) 如果浏览器能访问到因特网，则 WinGate 主机存在着非授权 Web 访问漏洞。

3. 应用安全层测试

应用安全层测试用于身份验证、权限管理、内容攻击和缓冲区溢出。

1) 身份验证

身份验证包括：

(1) HTTP 基本身份验证。

(2) 系统登录/定制的身份验证表单。

2) 权限管理

权限管理包括：

(1) 功能权限。

(2) 数据对象权限。

(3) 时间权限。

3）内容攻击

例如，System("echo；cp /etc/passwd /home/ftp/pub ；echo gocha！ >>tmpfile")

4）缓冲区溢出

一些常见的容易出现缓冲区溢出的地方包括：

(1) URL 末尾的参数。

(2) 命令行的参数。

(3) 文件内容。

(4) 网络包。

(5) 简单的用户输入。

(6) HTTP 头(内容不能多于 32 字节)。

(7) 解析器，特别是当它们查找特定字符或字符串作为触发器时，更容易出错。

当然，整体来说，程序级安全性和系统级安全性是存在很大的不同的。

(1) 应用程序级别的安全性包括对数据或业务功能的访问，而系统级别的安全性包括对系统的登录或远程访问。

(2) 应用程序级别的安全性可确保在预期的安全性情况下，操作者只能访问特定的功能或用例，或者只能访问有限的数据。例如，某财务系统可能会允许所有人输入数据，创建新账户，但只有管理员才能删除这些数据或账户。

(3) 系统级别的安全性对确保只有具备系统访问权限的用户才能访问应用程序，而且只能通过相应的入口来访问。

8.6.2 安全性测试的方法

1. 功能验证

功能验证是采用软件测试当中的黑盒测试方法，对涉及安全的软件功能，如用户管理模块、权限管理模块、加密系统、认证系统等进行测试，主要是验证上述功能是否有效。

2. 漏洞扫描

安全漏洞扫描通常是借助于特定的漏洞扫描器完成。漏洞扫描器是一种能自动检测远程或本地主机安全性弱点的程序，通过使用漏洞扫描器，系统管理员能够发现所维护信息系统存在的安全漏洞，从而在信息系统网络安全防护过程中做到有的放矢，及时修补漏洞。

3. 模拟攻击试验

对于安全测试来说，模拟攻击试验是一组特殊的黑盒测试案例，通常以模拟攻击来验证软件或信息系统的安全防护能力。

在数据处理与数据通信环境中的几种攻击方法为冒充、重演、消息篡改、服务拒绝、内部攻击、外部攻击、陷阱门、特洛伊木马和侦听技术。

那么，在应用时如何确定安全性标准，具体来说可从以下几方面考虑。

1）安全目标

(1) 预防。对有可能被攻击的部分采取必要的保护措施，如密码验证等。

(2) 跟踪审计。从数据库系统本身、主体和客体三方面来设置审计选项，审计对数据库对象的访问以及与安全相关的事件。数据库审计员可以分析审计信息、跟踪审计事件、追查责任，并且对系统效率的影响减至最小。

(3) 监控。能够针对软件或数据库的实时操作进行监控，并对越权行为或危险行为发出警报信息。

(4) 保密性和机密性。可防止非授权用户的侵入和机密信息的泄露。

(5) 多级安全性。指多级安全关系数据库在单一数据库系统中存储和管理不同敏感性的数据，同时通过自主访问控制和强制访问控制机制保持数据的安全性。

(6) 匿名性。防止匿名登录。

(7) 数据的完整性。防止数据在未被授权情况下被修改的性质。

2) 安全的原则

(1) 加固最脆弱的环节。进行风险分析并提交报告，加固其薄弱环节。

(2) 实行深度防护。利用分散的防护策略来管理风险。

(3) 失败安全。在系统运行失败时有相应的措施保障软件安全。

(4) 最小优先权。原则是对于一个操作，只赋予所必需的最小的访问权限，而且只分配必需的最少时间。

(5) 分割。将系统尽可能分割成小单元，隔离那些有安全特权的代码，将对系统可能的损害减少到最小。

(6) 简单化。软件设计和实现要尽可能直接，满足安全需求的前提下构筑尽量简单的系统，关键的安全操作都部署在系统不多的关键点上。

(7) 保密性。避免滥用用户的保密信息。

3) 缓冲区溢出

防止内部缓冲区溢出的实现、防止输入溢出的实现、防止堆和堆栈溢出的实现。

4) 密码学的应用

(1) 使用密码学的目标。机密性、完整性、可鉴别性、抗抵赖性。

(2) 密码算法(对称和非对称)。考虑算法的基本功能、强度、弱点及密钥长度的影响。

(3) 密钥管理的功能。生成、分发、校验、撤销、破坏、存储、恢复、生存期和完整性。

(4) 密码术编程。加密、散列运算、公钥密码加密、多线程、加密 Cookie 私钥算法、公钥算法及 PKI、一次性密码、分组密码等。

5) 信任管理和输入的有效性

信任的可传递、防止恶意访问、安全调用程序、网页安全、客户端安全、格式串攻击。

6) 口令认证

口令的存储、添加用户、口令认证、选择口令、数据库安全性、访问控制(使用视图)、保护域、抵抗统计攻击。

7) 客户端安全性

版权保护机制(许可证文件、对不可信客户的身份认证)、防篡改技术(反调试程序、检查和对滥用的响应)、代码迷惑技术、程序加密技术。

8) 安全控制/构架

过程隔离、权利分离、可审计性、数据隐藏、安全内核。

8.6.3 安全性测试执行

安全性测试是验证系统的保护机制在非常条件下是否能起保护作用，即是否符合安全目标。

(1) 危险和威胁分析。执行系统和它的实用环境的风险和威胁分析。

（2）以一种它们可以和系统的安全性动作相比较的方式来定义安全性需求和划分优先级。基于威胁分析，为系统定义安全需求，最关键的安全性需求应该得到最大程度的关注。注意，系统最弱的链接也是重要的，安全性需求的定义是一个反复的过程。

（3）模拟安全行为。基于划分的安全需求的优先次序，识别形成系统安全动作的功能和它们依赖的优先顺序。

（4）执行安全性测试。使用合适的证据收集和测试工具。

（5）估计基于证据的安全活动的可能性和影响。合计出一个准确的结果及系统是否满足安全性需求，如表 8-4 所示。

表 8-4　信息安全性测试用例

假想目标 A		
前提条件		
非法入侵手段	**是否实现目标**	**代价-利益分析**
⋮		
假想目标 B		
前提条件		
非法入侵手段	**是否实现目标**	**代价-利益分析**
⋮		

8.7　用户界面测试

对于图形化界面，良好的外观往往能够吸引眼球，激发顾客（用户）的购买、使用欲望，最终实现商业利益。在软件设计之中，良好的人机界面设计越来越受到系统分析、设计人员的重视。软件界面设计既强调个性张扬，又要实用。在实际的软件设计中，UI 的标准已经在不知不觉中确立了。为了确保用户界面向用户提供了适当的访问浏览信息及方便的操作，就有了用户界面测试。

8.7.1　用户界面测试的概念

用户界面（Graphics User Interface，GUI）测试是对图形用户界面进行的测试。一般来说，当一个软件产品完成用户界面设计后，就确定了它的外观架构和用户界面元素。进入开发测试阶段后，软件开发工程师和软件测试工程师通过对用户界面的操作来测试和验证软件的功能。用户界面测试主要应该参考如下标准进行。

1. 易用性

按钮名称应该易懂，用词准确，没有模棱两可的字眼，要与同一界面上的其他按钮易于区分，能望文知意最好。理想的情况是用户不用查阅帮助就能知道该界面的功能并进行相关的正确操作。易用性细则如下。

（1）完成相同或相近功能的按钮用 Frame 括起来，常用按钮要支持快捷方式。

（2）完成同一功能或任务的元素放在集中位置，减少鼠标移动的距离。

（3）按功能将界面划分局域块，用 Frame 括起来，并要有功能说明或标题。

(4) 界面要支持键盘自动浏览按钮功能,即按 Tab 键的自动切换功能。

(5) 界面上输入的和重要信息的控件在 Tab 顺序中应当靠前,位置也应放在窗口上较醒目的位置。

(6) 同一界面上的控件数最好不要超过 10 个,多于 10 个时可以考虑使用分页界面显示。

(7) 分页界面要支持在页面间快捷切换,常用组合快捷键 Ctrl+Tab。

(8) 默认按钮要支持 Enter 操作,即按 Enter 键后自动执行默认按钮对应操作。

(9) 可写控件检测到非法输入后应给出说明并能自动获得焦点。

(10) Tab 键的顺序与控件排列顺序要一致,目前流行总体从上到下,同行间从左到右的方式。

(11) 复选框和选项框按选择概率的高低而先后排列。

(12) 复选框和选项框要有默认选项,并支持 Tab 选择。

(13) 选项数相同时多用选项框而不用下拉列表。

(14) 界面空间较小时使用下拉框而不用选项框。

(15) 选项数较少时使用选项框,相反使用下拉列表。

(16) 专业性强的软件要使用相关的专业术语,通用性界面则提倡使用通用性词眼。

2. 规范性

通常,界面设计都按 Windows 界面的规范来设计,即包含菜单条、工具栏、工具箱、状态栏、滚动条、右键快捷菜单的标准格式。可以说,界面遵循规范化的程度越高,则易用性相应地就越好。小型软件一般不提供工具箱。规范性细则如下。

(1) 常用菜单要有命令快捷方式。

(2) 完成相同或相近功能的菜单用横线隔开放在同一位置。

(3) 菜单前的图标能直观地代表要完成的操作。

(4) 菜单深度一般要求最多控制在三层以内。

(5) 工具栏要求可以根据用户的要求自己选择定制。

(6) 相同或相近功能的工具栏放在一起。

(7) 工具栏中的每一个按钮要有及时提示信息。

(8) 一条工具栏的长度最长不能超出屏幕宽度。

(9) 工具栏的图标能直观地代表要完成的操作。

(10) 系统常用的工具栏设置默认放置位置。

(11) 工具栏太多时可以考虑使用工具箱。

(12) 工具箱要具有可增减性,由用户自己根据需求定制。

(13) 工具箱的默认总宽度不要超过屏幕宽度的 1/5。

(14) 状态条要能显示用户切实需要的信息,常用的有目前的操作、系统状态、用户位置、用户信息、提示信息、错误信息等,如果某一操作需要的时间较长,还应该显示进度条和进程提示。

(15) 滚动条的长度要根据显示信息的长度或宽度能及时变换,以利于用户了解显示信息的位置和百分比。

(16) 状态条的高度以放置五号字为宜,滚动条的宽度比状态条的略窄。

(17) 菜单和工具条要有清楚的界限;菜单要求凸出显示,这样在移走工具条时仍有立体感。

(18) 菜单和状态条中通常使用 5 号字，工具条一般比菜单要宽，但不要宽得太多，否则看起来很不协调。

(19) 右键快捷菜单采用与菜单相同的准则。

3. 帮助设施

系统应该提供详尽而可靠的帮助文档，在用户使用产生迷惑时可以自己寻求解决方法。帮助设施细则如下。

(1) 帮助文档中的性能介绍与说明要与系统性能配套一致。

(2) 打包新系统时，在帮助文档中对作了修改的地方要做相应的修改。

(3) 操作时要提供及时调用系统帮助的功能，如常用 F1 快捷键。

(4) 在界面上调用帮助时应该能够及时定位到与该操作相对的帮助位置。也就是说，帮助要有即时针对性。

(5) 最好提供目前流行的联机帮助格式或 HTML 帮助格式。

(6) 用户可以用关键词在帮助索引中搜索所要的帮助，当然也应该提供帮助主题词。

(7) 如果没有提供书面的帮助文档的话，最好有打印帮助的功能。

(8) 在帮助中应该提供我们的技术支持方式，一旦用户难以自己解决可以方便地寻求新的帮助方式。

4. 合理性

屏幕对角线相交的位置是用户直视的地方，正上方 1/4 处为易吸引用户注意力的位置，在放置窗体时要注意利用这两个位置。合理性细则如下。

(1) 父窗体或主窗体的中心位置应该在对角线焦点附近。

(2) 子窗体位置应该在主窗体的左上角或正中。

(3) 多个子窗体弹出时应该依次向右下方偏移，以显示出窗体标题为宜。

(4) 重要的命令按钮与使用较频繁的按钮要放在界面上醒目的位置。

(5) 错误使用容易引起界面退出或关闭的按钮不应该放在易点位置，横排开头或最后与竖排最后为易点位置。

(6) 与正在进行的操作无关的按钮应该加以屏蔽(Windows 中用灰色显示，没法使用该按钮)。

(7) 对可能造成数据无法恢复的操作必须提供确认信息，给用户放弃选择的机会。

(8) 非法的输入或操作应有足够的提示说明。

(9) 对运行过程中出现问题而引起错误的地方要有提示，让用户明白错误出处，避免形成无限期的等待。

(10) 提示、警告或错误说明应该清楚、明了、恰当。

5. 美观与协调性

界面应该大小适合美学观点，感觉协调舒适，能在有效的范围内吸引用户的注意力。美观与协调性细则如下。

(1) 长宽接近黄金点比例，切忌长宽比例失调或宽度超过长度。

(2) 布局要合理，不宜过于密集，也不能过于空旷，合理的利用空间。

(3) 按钮大小基本相近，忌用太长的名称，免得占用过多的界面位置，按钮的大小与界面的大小和空间要协调。

(4) 字号的大小要与界面的大小比例协调，通常使用字体中宋体的 9～12 号较为美观，很少使用超过 12 号的字号。

(5) 前景与背景色搭配合理协调,反差不宜太大,考虑使用 Windows 界面色调,最好少用深色,如大红、大绿等。

(6) 界面风格要保持一致,字的大小、颜色、字体要相同,除非是需要艺术处理或有特殊要求的地方。

(7) 如果窗体支持最小化和最大化或放大时,窗体上的控件也要随着窗体而缩放,切忌只放大窗体而忽略控件的缩放。

(8) 对于含有按钮的界面一般不应该支持缩放,即右上角只有关闭功能。

(9) 通常父窗体支持缩放时,子窗体没有必要缩放。

(10) 如果能给用户提供自定义界面风格则更好,由用户自己选择颜色、字体等。

6. 菜单位置

菜单是界面上最重要的元素,菜单位置按功能来组织。菜单位置测试细则如下。

(1) 菜单通常采用"常用—主要—次要—工具—帮助"的位置排列,符合流行的 Windows 风格。

(2) 常用的有"文件""编辑""查看"等,几乎每个系统都有这些选项,当然要根据不同的系统有所取舍。

(3) 下拉菜单要根据菜单选项的含义进行分组,并且按照一定的规则进行排列,用横线隔开。

(4) 一组菜单的使用有先后要求或有向导作用时,应该按先后次序排列。

(5) 没有顺序要求的菜单项按使用频率和重要性排列,常用的放在开头,不常用的靠后放置,重要的放在开头,次要的放在后边。

(6) 如果菜单选项较多,应该采用加长菜单的长度而减少深度的原则排列。

(7) 菜单深度一般要求最多控制在三层以内。

(8) 对常用的菜单要有快捷命令方式,组合原则见快捷方式的组合。

(9) 对与进行的操作无关的菜单要用屏蔽的方式加以处理,如果采用动态加载方式——即只有需要的菜单才显示——最好。

(10) 菜单前的图标不宜太大,与字高保持一致最好。

(11) 主菜单的宽度要接近,字不应多于 4 个,每个菜单的字数能相同最好。

(12) 主菜单数目不应太多,最好为单排布置。

7. 快捷方式的组合

在菜单及按钮中使用快捷键可以让喜欢使用键盘的用户操作得更快一些。在英文 Windows 及其应用软件中快捷键的使用大多是一致的。

8. 安全性考虑

在界面上通过下列方式来控制出错概率,会大大减少系统因用户人为的错误引起的破坏。开发者应当尽量周全地考虑到各种可能发生的问题,使出错的可能降至最小。如应用出现保护性错误而退出系统,这种错误最容易使用户对软件失去信心。因为这意味着用户要中断思路,并费时费力地重新登录,而且已进行的操作也会因没有存盘而全部丢失。安全性细则如下。

(1) 最重要的是排除可能会使应用非正常中止的错误。

(2) 应当注意尽可能避免用户无意输入无效的数据。

(3) 采用相关控件限制用户输入值的种类。

(4) 当用户作出选择的可能性只有两个时,可以采用单选框。

(5) 当选择的可能再多一些时,可以采用复选框,每一种选择都是有效的,用户不可能输入任何一种无效的选择。

(6) 当选项特别多时,可以采用列表框、下拉列表。

(7) 在一个应用系统中,开发者应当避免用户做出未经授权或没有意义的操作。

(8) 对可能引起致命错误或系统出错的输入字符或动作要加限制或屏蔽。

(9) 对可能发生严重后果的操作要有补救措施。通过补救措施,用户可以回到原来的正确状态。

(10) 对一些特殊符号的输入、与系统使用的符号相冲突的字符等进行判断并阻止用户输入该字符。

(11) 对错误操作最好支持可逆性处理,如取消系列操作。

(12) 在输入有效性字符之前应该阻止用户进行只有输入之后才可进行的操作。

(13) 对可能造成等待时间较长的操作应该提供取消功能。

(14) 常用的特殊字符有;、’、”、＞、＜、,、`、‘、:、“、[、”、{、\、|、}、]、+、=、)、-、(、_、*、&&、^、%、$、#、@、!、~、,、。、?、/以及空格。

(15) 与系统采用的保留字符冲突的要加以限制。

(16) 在读入用户所输入的信息时,根据需要选择是否去掉前后空格。

(17) 有些读入数据库的字段不支持中间有空格,但用户确实需要输入中间空格,这时要在程序中加以处理。

9. 多窗口的应用与系统资源

设计良好的软件不仅要有完备的功能,而且要尽可能地占用最低限度的资源。

(1) 在多窗口系统中,有些界面要求必须保持在最顶层,避免用户在打开多个窗口时,不停地切换甚至最小化其他窗口来显示该窗口。

(2) 在主界面载入完毕后自动卸出内存,让出所占用的 Windows 系统资源。

(3) 关闭所有窗体,系统退出后要释放所占的所有系统资源,除非是需要后台运行的系统。

(4) 尽量防止对系统的独占使用。

8.7.2 用户界面测试的方法

常用的用户界面测试方法有以下两种。

1. 基于 GUI 的手工测试方法

GUI 的手工测试方法是按照软件产品的文档说明设计测试用例,依靠人工敲击键盘的方式输入测试数据,然后根据实际的运行结果与预期的结果相比较得出测试结论。但是当今的软件产品的功能越来越复杂,越来越完善,一般一套软件包括丰富的用户界面,每个界面里又有相当数量的对象元素,所以 GUI 测试完全依靠手工测试方法是难以达到测试目标的。

2. 基于 GUI 的自动化测试方法

GUI 的自动化测试方法包括两方面:一方面是选择一个能够完全满足测试自动化需要的测试工具;另一方面是使用编程语言(如 Java、C++ 等)编写自动化测试脚本,但是任何一种工具都不能够完全支持众多不同应用的测试,所以通常的做法是使用一种主要的自动化测试工具,并且使用编程语言编写自动化测试脚本,以弥补测试工具的不足之处。自动化测试的引入大大提高了测试的效率和准确性,而且专业测试人员设计的脚本可以在软件生命周期的各个阶段重复使用。

GUI 的自动化测试可以由易入难地分为以下三类。

1）记录回放类

这一类不需要太多的计划、编程和调试。优点在于简单方便；缺点在于稳定性差、兼容性差，所以脚本运行寿命很短。同时由于缺少结果的验证部分，所以很难找出 Bug。可以考虑在产品开发接近尾声时，用于尚未自动化的已知 Bug 的回归测试。

2）测试用例自动化类

这一类是指将需要反复测试或在多种配置下重复测试的用例自动化。基本实现过程如下。

（1）制订测试计划。

（2）设计测试用例。

（3）针对每一个测试用例评估自动化的可行性和经济性。

（4）将决定要自动化的测试用例做详细步骤分解。

（5）编写公用资源库（日志记录、异常处理等）。

（6）编写自动化程序。

（7）调试。

（8）运行。

这类自动化测试最为灵活，能够发现较多的 Bug，并且可以较好地与测试计划相协调。当前，大中型软件企业主要使用这种类型的自动化测试。

3）自动测试类

这一类是指自动生成测试用例并自动运行。这类自动化测试的最大优点在于它的无限可能性。另外，它通常能发现手工测试极难发现的错误，而且一旦实现了这种自动化，其维护费用将大大低于前两类测试，不过这类自动化测试的初期投入成本非常高，而且它的测试效果受其智能化程度的制约也非常大。这类测试的基本实现过程通常如下。

（1）购买或开发基本测试自动化框架。

（2）编写必要的接口及其他公用资源。

（3）建立行为模型。

（4）设立测试目标参数。

（5）自动生成测试计划和测试用例。

（6）筛选并执行测试用例。

下面介绍一个 GUI 测试案例分析。如图 8-10 所示，在用户界面菜单中，出现了重复的菜单项问题，即将一个命令放在菜单栏的多个菜单中。

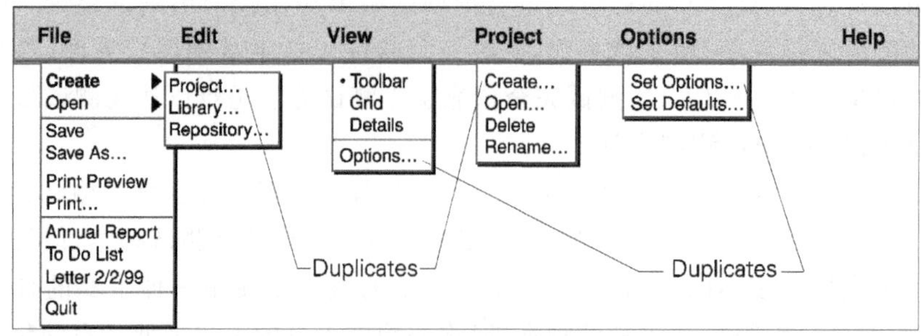

图 8-10 重复的菜单项

那么,如何避免此种情况出现呢?具体来说,需要:

(1) 在开发过程中可以允许有菜单重复,但发布前一定要消除重复。

(2) 遵照行业标准。

8.8 安装/卸载测试

安装/卸载测试(install/uninstall testing):对软件的全部、部分或升级安装/卸载处理过程的测试。

8.8.1 安装/卸载测试的概念

软件如要实现其功能(除嵌入式软件外),第一步是安装操作。理想情况下,一个软件的安装程序应当可以较好地与已有系统相兼容,并有相应的提示界面供用户参考,安装完毕并实现其功能。若事先没有正确的安装测试,导致软件安装错误或失败,则软件根本就谈不上正确的执行,因此安装测试就显得相当重要。

安装测试就是要确保用在系统中的软件包能够提供足够的安装步骤,使得产品在工作条件下可以交付使用。对于可配置的系统以及那些需要和环境动态交互的系统而言,系统的安装测试非常重要。在安装测试的过程之中,安装选项的处理需要花费更大的代价。

首先设计的测试用例就是完全安装系统。此外,必须设计测试用例测试软件的定制安装。由于各种软件选项之间可能有着一些依赖关系,如果某些软件选项没有安装,则它们就不会被复制到安装目录下,但这些选项中的库或是一些驱动程序是其他选项需要的。可以使用交互矩阵记录各种软件选项之间的依赖关系,然后设计测试用例,使得测试用例安装某些选项而不会安装其他选项。如果某两个选项是互不相关的,则期望的结果就是系统能够正常安装和操作。在一些具有复杂安装选项的场合下,通常会提供典型安装、完全安装和自定义安装这几种安装方式。

安装测试的步骤如下。

(1) 找出系统将要发布的各种操作系统的类型。

(2) 至少找出一个每种类型都具有典型环境的操作系统,且未将系统安装到操作系统上。

(3) 使用安装操作系统。

(4) 运行系统测试中的一个回归测试,并对测试结果进行评估。

卸载测试主要是测试系统能否正常地被卸载掉。

1. 安装和卸载程序测试目的

1) 安装性测试的目的

安装性测试的目的是验证系统成功安装的能力,并保证程序安装后能正常运行。因此,清晰且简单的安装过程是系统文档中最重要的部分。安装过程中会进行以下操作。

(1) 从源主机上执行安装程序。

(2) 登录目的主机。

(3) 询问目的主机以获得其环境信息。

(4) 基于从用户环境和用户选择的安装选项(比如完全安装、最小安装或者自定义安装)等处收集的信息安装软件组件。

(5) 解压缩文件(RAR 或 ZIP)。

(6) 搜索或创建目录。

(7) 复制应用程序可执行文件、DLL 文件或数据文件，还要检查各文件在目的主机上是否已有更新的版本。

(8) 复制共享文件(同其他应用共享)，比如在 Windows 环境下，将这些文件复制到 winnt\system32 目录下。

(9) 创建注册表。

(10) 填入有效的注册表内容。

(11) 改变注册项.ini 文件或者.bat 文件。

(12) 重新启动系统。

(13) 启动数据库表、存储过程、触发器等。

(14) 创建或更新配置文件。

2) 卸载性测试的目的

卸载性测试的目的是验证成功卸载系统的能力。卸载程序的过程中通常会有以下活动。

(1) 删除目录。

(2) 删除应用程序文件。

(3) 删除应用程序的 EXE 文件和专用 DLL 文件。

(4) 检查特定文件是否被其他已安装的应用程序使用。

(5) 如果没有其他应用程序使用，删除共享文件。

(6) 删除注册表项。

(7) 恢复原有注册表项。

(8) 通过添加/删除程序执行卸载。

2. 安装和卸载程序测试内容

1) 用户安装选项测试

(1) 完全安装：安装程序所有文件和组件。

(2) 典型安装：典型安装通常是默认的选项，它安装大多数但不是所有的应用程序文件和组件。

(3) 扩展安装：将安装所有的文件和组件，另外还要安装通常留在 CD 中或者产品提供商那里的其他一些文件或组件。

(4) 最小安装：这个安装过程只安装运行应用程序必需的最少数量的文件，这种安装选项可节省磁盘空间。

(5) 自定义安装：这个安装过程提供安装组件选项，可以让用户选择他们希望安装的程序功能模块，同时可让用户选择安装路径。

(6) 命令行安装：该安装过程主要是命令行的方式提供选项。

(7) 客户端/服务器选项：有些程序是 C/S 接口，如大多数网络版杀毒软件，在安装过程会让用户选择安装客户端程序还是服务器端程序。

2) 安装源和目的地测试

安装程序可以在不同的媒体类型运行，应用程序也可以安装在不同的媒体类型(及主机)上。对于每种单独的情况都要识别并且进行完全测试。

(1) 从本地或者远程驱动器开始软盘安装。

(2) 从本地 CD-ROM 或者远程共享 CD-ROM 进行安装。

(3) 从 Web 上下载安装而不保存下载文件。

(4) 从 Web 上下载文件,然后从本地或者远程主机上执行安装程序。

(5) 从硬盘安装,包括本地或共享硬盘或移动硬盘。

3) 用户安装卸载界面测试

(1) 卸载选项测试。在卸载程序过程中,程序会提供界面让用户选择卸载选项,包括:①删除文件夹选项;②删除共享文件选项;③卸载完成后,观察安装目录或共享文件是否存在。

(2) 安装使用测试。程序安装后由于有些 DLL 文件不能正常复制或复制到指定目录下,程序经常不能启动,因此安装后要对程序进行功能测试和界面测试。

(3) 安装影响测试。程序安装后会将一些共享文件复制到已有的目录下,如 winnt\system32 目录下或\Program Files\Common Files 下,会覆盖原有的文件或 DLL,这时应测试与这些共享文件相关的程序的功能是否受到了影响。

(4) 卸载影响测试。程序卸载后会将一些共享文件删除,如 winnt\system32 目录下或\Program Files\Common Files 下的文件或 DLL,这时应测试与这些共享文件相关的程序的功能是否受到了影响。

3. 测试环境考虑

为了提高安装/卸载程序测试的有效性,需考虑各种可能的测试环境,主要包括:

(1) 在最小配置下的安装。

(2) 在一个干净的系统(机器上只有操作系统)上安装和运行应用程序、卸载程序。

(3) 在一个已安装多个应用程序的系统上安装和运行应用程序、卸载程序。

(4) 在安装程序后对操作系统进行升级(如从 Windows 2000 到 Windows XP)。

(5) 对应用程序的升级安装,要检查安装程序是否删除了数据文件。

(6) 在安装过程中减少可用磁盘空间,查看安装程序是否能够在安装开始后对磁盘空间的意外减少做出合适的反应。

(7) 在安装中途取消安装,查看安装程序是否能够将系统恢复到初始状态。

8.8.2 安装/卸载测试的方法

安装/卸载测试应考虑以下几方面的内容。

(1) 首先,安装前应先备份测试机的注册表。然后参照安装手册中的步骤进行安装,主要考虑安装过程中所有的缺省选项和典型选项的验证。

(2) 安装有自动安装和手工配置之分,应测试不同的安装组合的正确性,最终使所有组合均能安装成功。

(3) 安装过程中要进行异常配置或状态情况(继电等)测试。

(4) 检查安装后能否产生正确或是多余的目录结构和文件,以及文件属性是否正确。

(5) 安装测试应该在所有的运行环境上进行验证,如操作系统、数据库、硬件环境、网络环境等。

(6) 台式机和笔记本计算机硬件的差别会造成其安装时出现问题,因此至少要在一台笔记本计算机上进行安装测试。

(7) 安装后应执行卸载操作,检测系统是否可以正确完成任务。

(8) 检测安装该程序是否对其他的应用程序造成影响。

(9)如有 Web 服务,应检测会不会引起多个 Web 服务的冲突。

8.9 文档测试

软件产品由可运行的程序、数据和文档组成。文档是软件的一个重要组成部分。在软件的整个生命周期中,会产生许多文档,在各个阶段中以文档作为前阶段工作成果的总结和后阶段工作的依据。软件文档的分类如表 8-5 所示。

表 8-5 软件文档的分类

用户文档	开发文档	管理文档
用户手册、操作手册、维护修改建议	软件需求说明书、数据库设计说明书、概要设计说明书、详细设计说明书、可行性研究报告	项目开发计划、测试计划、测试报告、开发进度月报、开发总结报告

8.9.1 文档测试的概念

软件文档已成为软件的一个重要组成部分,而且种类繁多,对文档的测试也变得必不可少。文档的种类包括联机帮助文档或用户手册、指南和向导、安装和设置指南、示例及模板、错误提示信息、用于演示的图像和声音、授权/注册登记表及用户许可协议、软件的包装、广告宣传材料等。

好的文档能达到提高易用性与可靠性、降低技术支持的费用的目的,从而提高产品的整体质量。非代码的文档测试主要检查文档的正确性、完备性和可理解性。

文档测试(documentation testing)主要针对系统提交给用户的文档进行验证,目标是验证软件文档是否正确记录系统的开发全过程的技术细节。通过文档测试可以改进系统的可用性、可靠性、可维护性和安装性。文档测试包括用户文档测试和开发文档测试。

1. 测试内容

1) 用户文档测试的内容

测试人员假定自己是用户,按照文档中的说明进行操作。在进行文档测试时,可以考虑以下几方面。

(1) 把用户文档作为测试用例选择依据。

(2) 确切的按照文档所描述的方法使用系统。

(3) 测试每个提示和建议,检查每条陈述。

(4) 查找容易误导用户的内容。

(5) 把缺陷并入缺陷跟踪库。

(6) 测试每个在线帮助超链接。

(7) 测试每条语句,不要想当然。

(8) 表现的像一个技术编辑而不是一个被动的评审者。

(9) 首先对整个文档进行一般的评审,然后进行一个详细的评审。

(10) 检查所有的错误信息。

(11) 测试文档中提供的每个样例。

(12) 保证所有索引的入口有文档文本。

(13) 保证文档覆盖所有关键用户功能。

(14) 保证阅读类型不是太技术化。

(15) 寻找相对比较弱的区域，这些区域需要更多的解释。

2) 开发文档测试的内容

(1) 系统定义的目标是否与用户的要求一致。

(2) 系统需求分析阶段提供的文档资料是否齐全。

(3) 文档中的所有描述是否完整、清晰、准确地反映用户要求。

(4) 是否已经描述与所有其他系统成分的重要接口。

(5) 被开发项目的数据流与数据结构是否足够、确定。

(6) 所有图表是否清楚，在不补充说明时能否理解。

(7) 主要功能是否已包括在规定的软件范围之内，是否都已充分说明。

(8) 软件的行为和它必须处理的信息、必须完成的功能是否一致。

(9) 设计的约束条件或限制条件是否符合实际。

(10) 是否考虑了开发的技术风险。

(11) 是否考虑过软件需求的其他方案。

(12) 是否考虑过将来可能会提出的软件需求。

(13) 是否详细制定了检验标准，它们能否对系统定义是否成功进行确认。

(14) 有没有遗漏、重复或不一致的地方。

(15) 用户是否审查了初步的用户手册或原型。

(16) 项目开发计划中的估算是否受到了影响。

(17) 接口，即分析软件各部分之间的联系，确认软件的内部接口与外部接口是否已经明确定义，模块是否满足高内聚低耦合的要求，模块作用范围是否在其控制范围之内。

(18) 风险，即确认该软件设计在现有的技术条件下和预算范围内是否能按时实现。

(19) 实用性，即确认该软件设计对于需求的解决方案是否实用。

(20) 技术清晰度，即确认该软件设计是否以一种易于翻译成代码的形式表达。

(21) 可维护性，即从软件维护的角度出发，确认该软件设计是否考虑了方便未来维护。

(22) 质量，即确认该软件设计是否表现出良好的质量特征。

(23) 各种选择方案，即看是否考虑过其他方案，比较各种选择方案的标准是什么。

(24) 限制，即评估对该软件的限制是否实现，是否与需求一致。

(25) 其他具体问题，如对于文档、可测试性、设计过程等进行评估。

2. 测试对象

(1) 安装手册。

(2) 用户手册。

(3) 联机帮助。

(4) 示例与模板。

(5) 错误提示。

(6) 授权/注册登记表和用户许可协议。

(7) 软件包装和市场宣传材料。

3. 测试技巧

(1) 对于不涉及运行程序的文档,主要是确保文档正确、完备、易于理解。

(2) 对于涉及运行程序的文档,应在运行程序的同时检查对应的文档,并额外保证文档与程序执行结果的一致性。

8.9.2 文档测试的方法

非代码的文档测试主要检查文档的正确性、完备性和可理解性。正确性是指不要把软件的功能和操作写错,也不允许文档内容前后矛盾。完备性是指文档不可以虎头蛇尾,更不许漏掉关键内容。文档中很多内容对开发者可能是显然的,但对用户而言不见得都是显然的。

行之有效的用户文档测试方法可以分两大类:走查,只通过阅读文档,不必执行程序就可完成测试,方法有文档走查、边界值检查、标识符检查、标题及标题编号检查、引用测试、可用性测试;验证,对比文档和程序执行结果,用于测试操作步骤、示例和屏幕截图,方法有操作流程检查、链接测试、界面截图测试等。

常用的文档性测试方法有以下几种。

1) 文档走查

熟悉软件特性的人,只通过阅读文档来检查文档的质量。走查最有效的工具是检查单,检查单的设计有两条原则:横向分块,将文档分为若干部分,划分的基本单位是文档的章节;纵向分类,将同一类错误,设计在一个检查单中,只检查规定的检查项。

2) 数据校对

(1) 只需检查文档中数据所在部分,而不必检查全部文档。检查的数据主要有边界值、程序的版本、硬件配置、参数默认值等。

(2) 边界值校对:通过查阅设计文档,检查用户文档中的边界值,例如所需内存最小值、数据表示范围等。如果设计文档中没有给出明确值,需要测试人员测试这些值。

(3) 软件版本校对:检查操作系统、数据库管理系统、中间件、软件补丁等,保证说明的准确和完整。校对的标准首先是需要文档,其次是软件规格或设计文档。

(4) 硬件配置校对:检查软件运行所需要的硬件环境中CPU、内存、I/O设备、网络设备,以及专用设备等的名称和型号,保证硬件配置的正确和完整。校对的标准首先是软件需求文档,其次是软件规格或设计文档。

3) 操作流程检查

(1) 程序的操作流程主要有安装/卸载操作过程、参数配置操作过程、功能操作和向导功能。对这些操作流程的检查如同程序的测试,需要运行程序,检查的方法是对比文档是否符合程序的执行流程,检查文档的描述是否准确和易于理解。

(2) 操作流程检查与程序测试相似,但是测试人员不需要编写测试用例,文档的输入/输出就是测试输入/输出,如果程序执行的结果与文档不一致,需要进一步确认是文档的错误还是程序的错误。

4) 引用测试

文档之间的相互引用,如术语、图、表和示例等Bug的多发处,加之文档中究竟有多少处引用,事先并不清楚,因此测试起来比较困难。引用是单向指针,适用追踪法,即从文档开始处,逐项检查引用的正确性。

5）链接测试

与引用测试类似，但是链接测试是专用于测试电子文档中的超链接。当超链接关系复杂时，这项测试也较复杂，需要借助于有向图，否则可能迷失在链接中。测试方法是为每个链接在有向图中画一条有向边，直到所有的链接都反映到有向图中，如果有失败的链接或不正确的链接，就找到了 Bug。

6）可用性测试

本项测试只针对文档的可用性，不涉及整个软件的可用性，软件可用性测试是更复杂的问题。这项测试又分为两种策略：一是由软件专家进行测试，要求测试者是软件专家，对被测试软件的功能非常熟悉，掌握相应领域知识，专家依靠他们的经验和知识完成测试；二是用户测试，选择一些对软件不熟悉，但具有操作软件必需领域知识的人员来承担，他们以用户加初学者的身份测试文档的可用性。

7）界面截图测试

界面截图测试需要分为两种情况进行分别测试，一是走查的方法，检查文档的图片的大小、编号、色彩和文档中的位置，以及引用的界面是否正确、合理和有代表性；二是执行程序，对比文档的界面截图与程序是否一致，保证界面截图的连续性，如标题、菜单、列表内容、用户名、系统响应等是否与实际程序一致。

测试技术适宜找出的 Bug 类型见表 8-6。

表 8-6 测试技术适宜找出的 Bug 类型

	语言类错误	版面类错误	逻辑类错误	一致性错误	联机文档功能错误
文档走查	√	√	√	√	√
数据校对			√	√	
操作流程检查			√		√
引用测试				√	
链接测试					√
可用性测试			√		
界面截图测试				√	

8.10 回归测试

8.10.1 回归测试的概念

进行系统测试时，当发现一些严重的软件缺陷需要修正时，需要构造一个新的软件包或新的软件补丁，然后进行测试。回归测试是指在发生修改后重新测试先前的测试，以保证修改的正确性，并保证此修改不会引起其他的错误。

回归测试的目的是：

（1）所做的修改达到了预定的目的，如错误得到了改正，新功能得到了实现，能够适应新的运行环境，等等。

（2）不影响软件原有功能的正确性。

回归测试是在软件发生变动时保证原有功能正常运作的一种测试策略和方法。回归测试不需要进行全面的测试，而是根据修改的情况进行有选择性的测试。这里所说的保证软件原有功能正常运作，称为软件修改的正确性。可以从两方面来理解：

(1) 所做的修改达到了预期的目的，例如缺陷得到了修改，新增加的功能得到了实现。

(2) 软件的修改没有引入新的缺陷，没有影响原有的功能实现。

8.10.2 回归测试的方法

1) 测试用例库的维护

(1) 删除过时的测试用例。

(2) 改进不受控制的测试用例。

(3) 删除冗余的测试用例。

(4) 增添新的测试用例。

2) 回归测试包的选择

(1) 再测试全部用例。

(2) 基于风险选择测试。

(3) 基于操作剖面选择测试。

(4) 再测试修改的部分。

3) 回归测试的基本过程

(1) 识别出软件中被修改的部分。

(2) 从原基线测试用例库 T 中排除所有不再适用的测试用例，确定那些对新的软件版本依然有效的测试用例，其结果是建立一个新的基线测试用例库 T0。

(3) 依据一定的策略从 T0 中选择测试用例测试被修改的软件。

(4) 生成新的测试用例集 T1，用于测试 T0 无法充分测试的软件部分。

(5) 用 T1 执行修改后的软件。

8.11 项目案例

8.11.1 学习目标

(1) 掌握系统测试的基本原理。

(2) 掌握系统测试的各种类型和方法。

(3) 熟悉系统测试执行过程。

(4) 掌握系统测试记录和报告的填写。

8.11.2 案例描述

针对“艾斯医药商务系统”开展系统测试，并提供测试结论和建议。

8.11.3 案例要点

对“艾斯医药商务系统”进行系统测试，包括性能测试、可靠性、安全性、可使用性、兼容性、安装和手册等方面。

8.11.4 案例实施

1）性能测试

系统响应时间判断原则(2-5-10 原则)：

(1) 系统业务响应时间小于 2s,判为优秀,用户对系统感觉很好。

(2) 系统业务响应时间为 2～5s,判为良好,用户对系统感觉一般。

(3) 系统业务响应时间为 5～10s,判为及格,用户对系统勉强接受。

(4) 系统业务响应时间超过 10s,判断为不及格,用户无法接受系统的响应速度。

登录模块性能指标测试,如表 8-7 所示。

表 8-7 登录模块性能指标测试

用户数	#样本	平均响应时间/ms	50%用户的响应时间/ms	90%用户的响应时间/ms	最小响应时间/ms	最大响应时间/ms	异常/%	吞吐量/($KB \cdot s^{-1}$)
10	10	166	157	216	137	230	0.00	43.47826
20	20	271	282	300	140	301	0.00	66.44518
50	50	262	266	331	130	350	0.00	142.45014
75	75	319	326	379	143	403	0.00	182.03883

购物模块性能指标测试,如表 8-8 所示

表 8-8 购物模块性能指标测试

用户数	#样本	平均响应时间/ms	50%用户的响应时间/ms	90%用户的响应时间/ms	最小响应时间/ms	最大响应时间/ms	异常/%	吞吐量/($KB \cdot s^{-1}$)
10	10	86	90	100	48	101	0.00	98.03922
20	20	73	65	100	34	123	0.00	161.29032
50	50	168	180	259	48	267	36.00	186.56716
75	75	199	184	341	17	408	68.00	182.92683

说明：在 JMeter 性能测试中,采用多线程数量模拟多用户在 1s 进行并发操作,75 人以内用户并发操作系统时基本能够在 2s 内响应,系统的响应很快。用户在 50 人以内进行并发操作系统时比较稳定,系统反应良好。50 人同时并发操作系统时,登录模块依旧保持稳定,但购物模块出现 36%的异常,表示无法支持超过 50 人的用户同时并发操作。

2）可靠性测试(如表 8-9 所示)

表 8-9 可靠性测试

测试内容	基本要求	测试情况	测试通过	
			是	否
掉电	客户机掉电或强行关机后重启机器,不丢失数据	实现要求	□	□
⋮	⋮	⋮		

3）安全性测试(如表 8-10 所示)

表 8-10　安全性测试

测试内容	基本要求	测试情况	测试通过	
			是	否
用户权限	所有授权用户是否能在所授权限下进行工作,不容许超权限	实现要求	□	□
数据库权限	数据库的安全性符合保密要求	实现要求	□	□
⋮	⋮	⋮		

4）易用性测试(如表 8-11 所示)

表 8-11　易用性测试

测试内容	基本要求	测试情况	测试通过	
			是	否
易安装性	安装参数给出默认值或提示,需要用户干预的地方尽量少,操作方便	实现要求	□	□
⋮	⋮	⋮		

5）兼容性测试(如表 8-12 所示)

表 8-12　兼容性测试

测试内容	基本要求	测试情况	测试通过	
			是	否
硬件	软件对硬件的最低配置要求、推荐配置和特殊要求	数据库服务器：2.4GHz 以上 CPU，3GB 以上内存，400GB 以上硬盘 Web 服务器：2.4GHz 以上 CPU，3GB 以上内存，160GB 以上硬盘 客户机：2.0GHz 以上 CPU，1GB 以上内存，80GB 以上硬盘	□	□
⋮	⋮	⋮		

6）安装与用户手册测试(如表 8-13 所示)

表 8-13　安装与用户手册测试

测试内容	基本要求	测试情况	测试通过	
			是	否
启动安装程序	如果安装了 CD-ROM,插入安装盘后自动启动安装程序。 在 CD 盘中突出显示 setup.exe 文件,双击文件启动安装程序	实现要求	□	□
⋮	⋮	⋮		

7）测试结论

“艾斯医药商务系统”在用户现场环境进行功能、性能、可靠性、安全性、可使用性、兼容性、安装和手册等方面进行了全面、严格、规范的测试。测试结果表明：“艾斯医药商务系统”基本达到业务需求文档中的要求，并具有以下特点。

（1）系统架构先进、简单。该系统采用先进的 B/S 架构，后台支持各种大小数据库，系统结构清晰明确，可满足网络软件应用的要求。

（2）功能全面。“艾斯医药商务系统”是基于互联网的应用软件，通过该软件能了解到已公开发布的药品，对客户需要的药品进行采购，包括查询药品、购买药品、下订单等流程，方便、快捷实现购物过程。

（3）系统安全性较好。系统具有严格的权限设置功能，权限设置可细化到字段级，不同权限的人员只能看到自己有权限访问的字段内容，有效地保证了数据的安全性。

（4）系统可靠性高。对客户机掉电或强行关机后重启机器、网络异常中断，有完善的数据校验机制，对用户输入不符合要求的数据，给出了简洁、准确的提示信息，必要时给出了帮助。

（5）系统兼容性好。系统设计灵活，支持与税源分析系统相关应用软件实现数据交换和共享。能满足用户在各种操作系统，各种 Web 应用服务器及各种主流数据库支撑软件下的使用。

（6）系统预测统计模型通过严格测试，以大量数据进行预测，使预测模型求出的预测数据更接近真实数据。对大量数据进行预警分析，预警结果正确。

（7）测试结论：通过。

8）建议

“艾斯医药商务系统”目前采用的是开源的 Tomcat Web 服务器和 MySQL 数据库服务器，能基本适应目前的功能、性能和质量需求，但考虑到未来用户数量和业务扩展需求，建议如下。

（1）业务扩展性：针对将来的业务发展需要，建议采用 J2EE 的 SSH 框架，这样可以很方便的增加新的功能，利用已留接口只需改变当前层次颗粒度的构件即可实现，扩展公司的业务。

（2）网络扩展性：针对将来用户的访问量可能增加，用户的并发量可能极大的情况，采用分布式的架构，采用 DNS 分配的方式，将请求分配给几个 Web 服务器，在用户访问量增加的情况下，可以通过增加 Web 服务器的方式来满足要求。

（3）未来可考虑移植到商用的 WebLogic 应用服务器和 Oracle 数据库中，以保证更好的可扩展性和可维护性。

8.11.5 特别提示

系统测试日报的写作目的：

（1）测试人员总结每天的测试工作，便于了解自己的测试进度和测试情况，用以调整下一天的工作计划。

（2）测试人员对被测对象每天给出评估结果，用以调整后续工作中的测试策略。

（3）测试人员向测试经理反映测试中的困难，保证测试的顺利进行。

（4）测试经理通过测试日报了解每个测试人员的工作进度，把握测试的整体进度，发现进度上的风险及时调整计划。

(5) 测试经理通过测试日报了解各模块缺陷发展趋势,判断测试是否可以退出。

(6) 开发经理可以通过软件测试日报了解当前被测试软件的质量情况,并可以调整缺陷修改的人力资源。

(7) 如果产品有多个测试组并行测试,测试日报可以提供彼此测试交流的手段。

8.11.6 拓展与提高

对 Windows 系统自带的应用程序做一个性能测试,写出测试指标,分析指标过程及测试报告。

本章小结

本章主要介绍了系统测试的主要内容。

系统测试是将已经集成好的软件系统作为整个计算机系统的一个元素,与计算机硬件、某些支持软件和人员等其他系统元素结合在一起,在实际运行环境下,对系统进行一系列的组装测试和确认测试。

系统测试关注整个系统,需要测试的内容多而繁杂,主要包括性能测试、容量测试、压力测试、安全性测试、用户界面测试、文档测试等。

习　题

1. 系统测试是什么?
2. 功能测试与用户界面测试有何不同?
3. 简述系统测试的主要内容。
4. 针对某杀毒软件,考虑其系统测试的主要内容。
5. 请为某图书馆信息管理系统设计功能测试策略。
6. 容量测试与压力测试的区别有哪些?
7. 进行容量测试一般由哪几步构成?
8. 什么是性能测试? 在实际设计中性能测试的侧重点是什么?
9. 针对某论坛,考虑其需要测试的内容。
10. 什么是回归测试? 它有什么用处? 一般如何进行回归测试?

第9章 验收测试

学习目的与要求

本章介绍验收测试的相关概念。通过本章的学习，掌握Alpha测试、Beta测试的具体内容。

本章主要内容

- 验收测试的概念。
- 验收测试的主要内容。
- Alpha测试。
- Beta测试。

9.1 验收测试的概念

验收测试是部署软件之前的最后一个测试操作。验收测试的目的是确保软件准备就绪，并且可以让最终用户将其用于执行软件的既定功能和任务。实施验收测试的常用策略主要有3种，分别是正式验收测试、Alpha测试（又称非正式验收测试、α测试）和Beta测试（又称β测试）。策略的选择通常建立在合同需求、公司标准以及应用领域的基础上。

验收测试(acceptance test)是在软件产品完成了功能测试和系统测试之后、产品发布之前所进行的软件测试活动。它是技术测试的最后一个阶段，是将程序与其最初的需求及最终用户当前的需要进行比较的过程，也称为交付测试。验收测试的前提是系统或软件产品已通过了系统测试的软件系统。

验收测试分为用户验收测试和操作验收测试。

用户验收测试的目标是确认被测应用能满足业务需求，并在将软件正式交付给最终用户之前，确保系统正常工作并可以使用。用户验收测试在测试组的协助下，由一个或多个用户代表执行。

操作验收测试的目标是确认被测应用满足其操作需求，

并确保系统正式工作且可以使用。操作验收测试在测试组的协助下,由一个或多个操作代表执行。

用户验收测试与操作验收测试的不同之处在于,操作验收测试用于验证被测应用在操作和管理方面的情况,例如更新后的被测应用的安装,对被测应用极其数据的备份、归档和恢复以及注册新用户并为其分配权限。用户验收测试用来验证被测应用符合其业务需求,并在正式提交给最终用户之前确信系统工作正确且可用。实际上,如果被测应用仅支持一些简单的系统管理功能,用户验收测试与操作测试通常会合并为一个测试活动。

验收测试应该使用黑盒方法来验证高级的系统业务需求和操作需求。实际上,用户代表将通过执行其在平常使用系统时执行的典型任务来测试被测应用。验收测试也应该由用户代表进行系统文档(如用户指南)的测试。

必须在被测应用的需求阶段就考虑用户验收测试问题,例如测试计划、测试需求的评审和用户代表的确定。通常,验收测试涉及由测试分析员选择系统测试脚本中一个有代表性的子集,并要求用户代表执行它们。这些测试用例的选择可以基于以下活动的结论。

(1) 与用户代表的讨论。

(2) 评审被测应用的需求,找出应该验证的特别重要的地方或功能。

(3) 被测应用的可用性方面。

(4) 系统文档(如用户手册)。

(5) 用户帮助机制(包括文本和在线帮助)。

验收测试一般在测试组的协助下由用户代表执行。验收测试由测试组组长监督,他负责保证在质量控制和监督下使用适当的测试技术执行充分的测试。测试分析设计人员确定在验收测试时运行的测试脚本和测试用例,并确定是否需要设计和实现附加的测试脚本,来执行用户代表可能要求测试的被测应用的某个方面。要进行这种附加的工作,必须和测试组组长讨论并得到测试组组长的认可。测试执行人员协助用户代表执行验收测试的测试脚本,并和独立的测试观察人员一同解释测试用例的结果。测试执行人员还负责在测试工作开始前建立和初始化测试环境。

在验收测试中,由一名独立测试观察员监控测试过程是非常重要的。独立测试观察员将正式地见证执行各个测试用例的结果。独立测试观察员将扮演“保镖”的角色,以防止过度热情的测试人员试图说服或强制用户代表(他们了解自己领域的专业知识,但可能是一个信息技术新手)接受测试所真正关心的测试结果。如果公司有质量保证小组,独立观察员可以从该组中选出。测试组长将和开发组长联系,确定被测应用的开发进程以及被测应用可能的交付日期,以便进行验收测试。

9.2 验收测试的主要内容

验证系统是否达到了用户需求规格说明书(包括项目或产品验收准则)中的要求,测试尽可能地发现软件中存留的缺陷,从而为软件进一步改善提供帮助,并保证系统或软件产品最终被用户接受。验收测试是向未来的用户表明系统能够像预定要求那样工作,也就是验证软件的有效性。验收测试的任务,即验证软件的功能和性能如同用户所合理期待的那样。

验收测试的常用策略有 3 种,即正式验收测试、非正式验收测试(α 测试)和 β 测试。

选择的策略通常建立在合同需求、组织和公司标准以及应用领域的基础上。

1. 正式验收测试

正式验收测试是一项管理严格的过程，它通常是系统测试的延续，计划和设计这些测试的周密和详细程度不亚于系统测试。选择的测试用例应当是系统测试中所执行测试用例的子集，并且不应当偏离所选择的测试用例方向。在很多项目中，正式验收测试是通过自动化测试工具执行的。

1）正式验收测试的主要优点

（1）要测试的功能和特性都是已知的。

（2）测试的细节是已知的并且可以对其进行评测。

（3）这种测试可以自动执行，支持回归测试。

（4）可以对测试过程进行评测和监测。

（5）可接受性标准是已知的。

2）正式验收测试的主要缺点

（1）要求大量的资源和计划。

（2）这些测试可能是系统测试的再次实施。

（3）可能无法发现软件中由于主观原因造成的缺陷。

3）正式验收测试的方式

正式验收测试主要有以下两种方式。

（1）在某些组织中，开发组织（或其独立的测试小组）与最终用户组织的代表一起执行验收测试。

（2）在其他组织中，验收测试完全由最终用户组织执行，或者由最终用户组织选择人员组成一个客观公正的小组来执行。

2. 验收测试方法

1）验收测试的过程

进行验收测试，必须了解验收测试的过程。只有按照验收过程来进行，才能保证验收测试的顺利实施。验收测试的过程如下。

（1）软件需求分析。了解软件功能和性能要求、软硬件环境要求等，并特别要了解软件的质量要求和验收要求。

（2）编制验收测试计划和项目验收准则。根据软件需求和验收要求，编制测试计划，制定所需测试的测试项，制定测试策略及验收通过准则，并由客户参与计划评审。

（3）测试设计和测试用例设计。根据验收测试计划和项目验收准则编写测试用例，并经过评审。

（4）测试环境搭建。建立测试的硬件环境、软件环境等。

（5）测试实施。测试并记录测试结果。

（6）测试结果分析。根据验收通过准则分析测试结果，给出验收是否通过和测试评价。

（7）测试报告。根据测试结果编制缺陷报告和验收测试报告，并提交给客户。

2）验收测试的具体步骤

验收测试的具体步骤如图 9-1 所示。

（1）验收测试项目洽谈，双方就测试项目及合同进行洽谈。

（2）签订验收合同。

（3）开发方提交测试样品及相关资料。开发方需提交的文档包括：

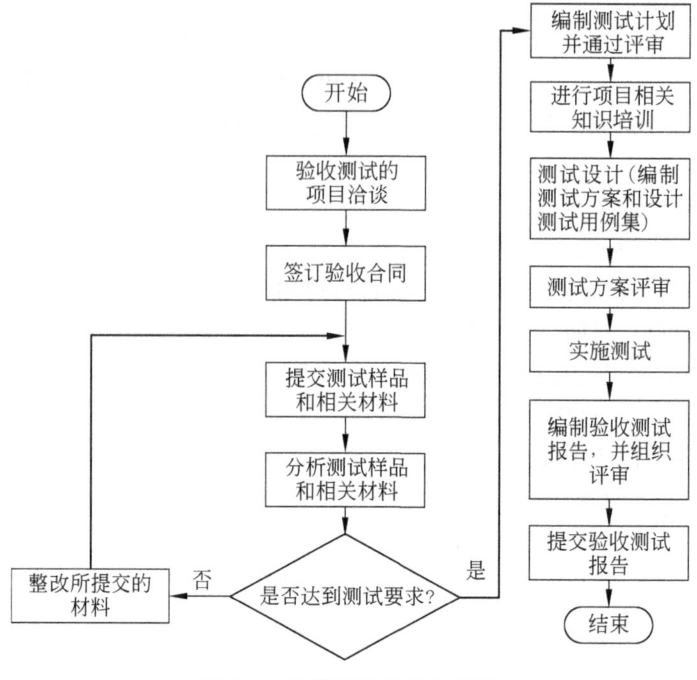

图 9-1　验收测试的具体步骤

① 基本文档：验收测试必需的文档，包括用户手册、安装手册、操作手册、维护手册、软件开发合同、需求规格说明书、软件设计说明、软件样品(可刻录在光盘)。

② 特殊文档：根据测试内容不同，委托方需提交的文档，包括软件产品开发过程中的测试记录、软件产品源代码。

(4) 测试方分析测试样品和相关材料，分析是否达到测试要求。若没有达到测试要求则整改，要求开发方整改所提交的材料，重新提交；若达到测试要求则进入下一步。

(5) 编制测试计划并通过评审。

(6) 进行项目相关知识培训。

(7) 评测中心编制测试方案和设计测试用例集。

(8) 评测中心测试组成员、委托方代表一起对测试方案进行评审。

(9) 评测中心对测试方案进行整改，并实施测试。在测试过程中每日提交测试事件报告给委托方。

(10) 评测中心编制验收测试报告，并组织内部评审。

(11) 评测中心提交验收测试报告。

3) 验收测试完成标准

(1) 完全执行了验收测试计划中的每个测试用例。

(2) 在验收测试中发现的错误已经得到修改并且通过了测试，或者经过评估留待下一版本中修改。

(3) 完成软件验收测试报告。

注意：

(1) 必须编写正式的、单独的验收测试报告。

(2) 验收测试必须在实际用户运行环境中进行。

(3) 由用户和测试部门共同执行,如公司自开发产品,应由测试人员、产品设计部门、市场部门等共同进行。

4) 验收测试报告

作为测试的结果,需要给出测试报告,验收测试也不例外。在验收测试的结束部分,需要以文档的形式提供验收测试报告作为对验收测试结果的一个书面说明。验收报告的模板如下。

验收报告一般分为 3 部分:头部、主体、尾部。

(1) 验收报告的头部应该标明项目的一些基本信息,参考格式如下。

项目验收报告

项目名称:

产品名称:

产品版本:

客户名称:

供应方:

验收日期:

(2) 验收报告主体内容可以参考以下的模板格式。

目录

1 前言

1.1 编写目的

……

1.2 项目背景

……

2 功能验收

验收项类别 验收项名称 说明 是否通过验收 备注

3 性能验收

验收项类别 验收项名称 说明 是否通过验收 备注

4 交付物验收

验收项类别 验收项名称 说明 是否通过验收 备注

硬 件

软 件(安装光盘)

文 档

……

5 验收结论

……

(3) 在验收报告的尾部,需要注明验收报告的时间,验收单位(个人)等验收测试相关信息。参考格式如下。

验收方:	提供方:
项目负责人签字:	项目负责人签字:
日期:	日期:

5) 用户验收测试实施

用户验收测试可以分为两部分:软件配置审核和可执行程序测试。其大致顺序可分为文档审核、源代码审核、配置脚本审核、测试程序或脚本审核、可执行程序测试。

对于一个外包的软件项目而言，软件承包方通常要提供可执行程序、源程序、配置脚本、测试程序或脚本相关的软件配置内容。

主要的开发类文档：需求分析说明书、概要设计说明书、详细设计说明书、数据库设计说明书、测试计划、测试报告、程序维护手册、程序员开发手册、用户操作手册、项目总结报告。

主要的管理类文档：项目计划书、质量控制计划、配置管理计划、用户培训计划、质量总结报告、评审报告、会议记录、开发进度月报。

在开发类文档中，容易被忽视的文档有程序维护手册和程序员开发手册。

程序维护手册的主要内容包括系统说明（包括程序说明）、操作环境、维护过程、源代码清单等。编写目的是为将来的维护、修改和再次开发工作提供有用的技术信息。

程序员开发手册的主要内容包括系统目标、开发环境使用说明、测试环境使用说明、编码规范及相应的流程等。实际上就是程序员的培训手册。

通常，正式的审核过程分为以下 5 步。

(1) 计划。

(2) 预备会议（可选）：对审核内容进行介绍并讨论。

(3) 准备阶段：各责任人事先审核并记录发现的问题。

(4) 审核会议：最终确定工作产品中包含的错误和缺陷。

(5) 问题追踪。

审核要达到的基本目标是：根据共同制定的审核表，尽可能地发现被审核内容中存在的问题，并最终得到解决。

在根据相应的审核表进行文档审核和源代码审核时，还要注意文档与源代码的一致性。

在文档审核、源代码审核、配置脚本审核、测试程序或脚本审核都顺利完成后，就可以进行验收测试的最后一个步骤——可执行程序测试。

可执行程序测试包括功能、性能等方面的测试，每种测试也都包括目标、启动标准、活动、完成标准和度量 5 部分。

要注意的是，不能直接使用开发方提供的可执行程序来测试，而要按照开发方提供的编译步骤，从源代码重新生成可执行程序。

在真正进行用户验收测试之前，一般应该已经完成了以下工作（也可以根据实际情况有选择地采用或增加）。

(1) 软件开发已经完成，并全部解决了已知的软件缺陷。

(2) 验收测试计划已经过评审并批准，并且置于文档控制下。

(3) 对软件需求说明书的审查已经完成。

(4) 对概要设计、详细设计的审查已经完成。

(5) 对所有关键模块的代码审查已经完成。

(6) 对单元、集成、系统测试计划和报告的审查已经完成。

(7) 所有的测试脚本已经完成，并至少执行过一次，且通过评审。

(8) 使用配置管理工具且代码置于配置控制下。

(9) 软件问题处理流程已经就绪。

(10) 已经制定、评审并批准验收测试完成标准。

具体的测试内容通常包括：

(1) 安装(升级)。

(2) 启动与关机。

(3) 功能测试(正例、重要算法、边界、时序、反例、错误处理)。

(4) 性能测试(正常的负载、容量变化)。

(5) 压力测试(临界的负载、容量变化)。

(6) 配置测试、平台测试、安全性测试、恢复测试(在出现掉电、硬件故障或切换、网络故障等情况时,系统是否能够正常运行)、可靠性测试等。

如果执行了所有的测试用例、测试程序或脚本,用户验收测试中发现的所有软件问题都已解决,而且所有的软件配置均已更新和审核,可以反映软件在用户验收测试中所发生的变化,那么用户验收测试就完成了。

3. 验收测试用例的设计要点

(1) 验收测试的目的主要是验证软件功能的正确性和需求的符合性。软件研发阶段的单元测试、集成测试、系统测试的目的是发现软件错误,将软件缺陷在交付给客户之前排除,而验收测试是与客户共同参与的,旨在确认软件符合需求规格的验证活动。这是组织和编写验收测试用例的出发点。

(2) 验收测试用例所覆盖的范围应该只是软件功能的子集,而不是软件的所有功能。在V字模型中验收测试与需求分析阶段是相对应的。因此,验收测试用例与软件需求规格说明书之间具有可追溯性。一个软件产品可能使用在多个项目中,因而可能具有复杂多样的功能,验收测试不可能也没有必要把研发阶段所有的测试用例都重新执行一遍。

(3) 验收测试用例应当是粗粒度的、结构简单的、条理清晰的,而不应当过多地描述软件内部实现的细节。验收测试预期结果的描述,要从用户可以直观感知的方面来体现,而不是针对内部数据结构的展示。因此,需要用黑盒测试的方法,尽量屏蔽软件的内部结构。

(4) 验收测试用例的组织应当面向客户,从客户使用和业务场景的角度出发,而不是从开发者实现的角度出发。使用客户习惯的业务语言来描述业务逻辑,根据业务场景来组织测试用例和流程,适当迎合客户的思维方式和使用习惯,便于客户理解和认同。

(5) 设计验收测试用例应当充分把握客户的关注点。在保证系统完整性的基础上,把客户关心的主要功能点和性能点作为测试的重点,其他功能点可以忽略,避免画蛇添足。

(6) 验收测试用例可以适当地展示软件的某些独有特性,引导和激发客户的兴趣,达到超出客户预期效果的目的。适当展示软件在某些方面的独特功能,能够为软件增色,特别是在针对招标入围、设备选型、系统演示等目的的测试活动中,可以弥补软件在其他方面的不足,赢得加分的效果。

9.3 Alpha 测试

Alpha 测试(非正式验收测试或 α 测试)是指软件开发公司组织内部人员模拟各类用户对即将面市的软件产品(称为 α 版本)进行测试,试图发现错误并修正错误。

在非正式验收测试中,执行测试过程的限定不像正式验收测试中那样严格。在此测试中,确定并记录要研究的功能和业务任务,但没有可以遵循的特定测试用例。测试内容由各测试员决定。这种验收测试方法不像正式验收测试那样组织有序,而是更为主观。

经过 α 测试调整后的软件产品称为 β 版本。紧随其后的 β 测试,是指软件开发公司组织各方面的典型用户在日常工作中实际使用β版本,并要求用户报告异常情况、提出批评意见。然后,软件开发公司再对β版本进行改错和完善。

Alpha测试的优点:

(1) 要测试的功能和特性都是已知的。

(2) 可以对测试过程进行评测和监测。

(3) 可接受性标准是已知的。

(4) 与正式验收测试相比,可以发现更多由于主观原因造成的缺陷。

Alpha测试的缺点:

(1) 需要计划和管理资源。

(2) 无法控制所使用的测试用例。

(3) 最终用户可能沿用系统工作的方式,并可能无法发现缺陷。

(4) 最终用户可能专注于比较新系统与遗留系统,而不是专注于查找缺陷。

(5) 用于验收测试的资源不受项目的控制,并且可能受到压缩。

9.4 Beta测试

1. Beta测试的概念

在3种验收测试策略中,Beta测试(β测试)需要的控制是最少的。在β测试中,采用的数据和方法完全由各测试人员决定。各测试人员负责创建自己的环境,选择数据,并决定要研究的功能、特性和任务,负责确定自己对于系统当前状态的接受标准。

β测试由最终用户实施,通常开发组织对最终用户很少管理或不进行管理。β测试是所有验收测试策略中最主观的。

β测试的优点:

(1) 测试由最终用户实施。

(2) 有大量的潜在测试资源。

(3) 可提高客户对参与人员的满意程度。

(4) 与正式或非正式验收测试相比,可以发现更多由于主观原因造成的缺陷。

β测试的缺点:

(1) 未对所有功能或特性进行测试。

(2) 测试流程难以评测。

(3) 最终用户可能沿用系统工作的方式,并可能没有发现或没有报告缺陷。

(4) 最终用户可能专注于比较新系统与遗留系统,而不是专注于查找缺陷。

(5) 用于验收测试的资源不受项目的控制,并且可能受到压缩。

(6) 可接受性标准是未知的。

(7) 需要更多辅助性资源来管理β测试人员。

β测试就是把产品有计划地分发到目标市场,从市场收集反馈信息,把关于反馈信息的评价成易处理的数据表,再把这些数据分发给所涉及的各个部门。

β测试通常被看成一种"用户测试"。这是β测试定义的核心思想,从有效的β测试中,可以获得大量的信息。除了为公司提供标准的客户需求外,β测试还包括有用性测试、功能测试、兼容性测试和可靠性测试。

β 测试通常在产品发布到市场之前，邀请公司的客户参与产品的测试工作。这些测试参与者通常是出于不同的原因而志愿参加测试的。一般情况下，他们都是出于对新的、有创新的产品感兴趣才参加测试的，但是也有人是希望使用免费的产品或者希望该产品能够帮助自己解决某些问题才参加测试的。

β 测试过程如图 9-2 所示。

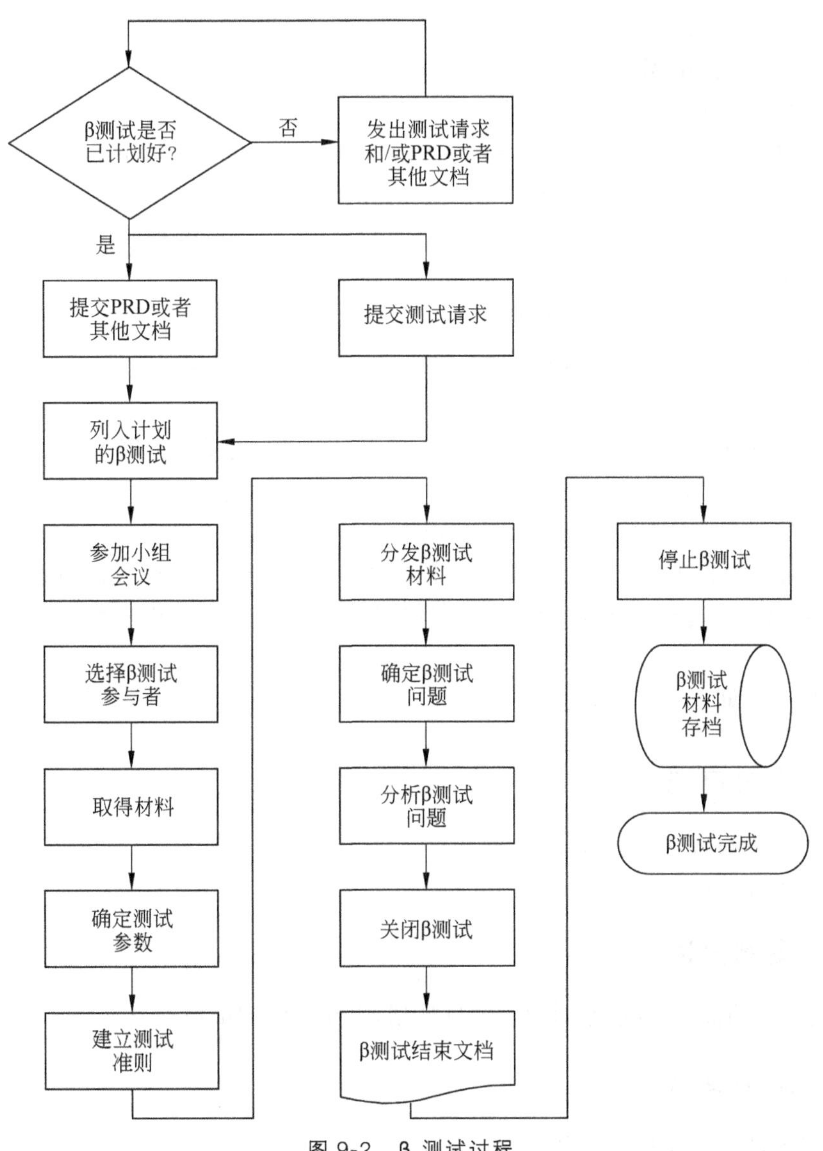

图 9-2 β 测试过程

2. Beta 测试的前提条件

总的来说，真正的 β 测试应具备 3 个条件，这 3 个条件是目标市场、可使用的测试产品和要求测试结果。满足这 3 个条件，并不意味着一定能够成功。然而，如果不满足这些条件，就会阻碍 β 测试的成功，这 3 个条件的任何一项都可能摧毁 β 测试本该具有的价值。

（1）目标市场：真正的 β 测试应该保证所有测试参与者都是目标市场的一部分，只有这样，才能对产品的质量、功能和设计进行客观评价。测试候选人应该是最有可能购买该产品的人。寻找真实的用户，在现实环境下测试产品是非常重要的。

(2) 可使用的测试产品：在将产品分发给客户之前要进行产品可用性的评估。如果一个产品处于很难使用的状态，那么β测试除能证实该产品有问题外就没有其他意义了。

(3) 要求测试结果：这也是最后一个β测试条件，执行测试的公司或部门必须“要求”反馈结果。换言之，当公司把产品分发给客户时，就应该清楚客户会发表自己的意见和想法，公司必须要求获取这些信息。

3. Beta 测试人员组织

β测试过程可以由一个人或一组工程师和营销人员共同完成。通常情况下，β测试团队的规模和复杂程度与被测产品的功能复杂程度有关。一个完整的β测试小组由下列成员构成。

(1) 测试经理：负责设计和改善整个β测试过程的策略和进程。为了保证β测试正常运行，测试经理需要监督和管理各种测试人员、资源和预算。β测试经理的任职条件是既要有技术实力，又要有客户服务技巧，还要有一定的管理经验。

(2) β测试工程师：他的首要任务就是选择有一定的技术背景，能够胜任β测试的测试参与者。一旦确定下β测试参与者，β测试工程师就花时间和他们建立友好和谐的关系，并收集反馈信息。

(3) β测试协调员：主要处理运输、软件复制、产品分发、物品整理等工作。

(4) β测试实验室管理员：负责β测试实验室设备管理和维护。

(5) 系统管理员：只有在拥有强大的交流工具时，β测试才会尽显其高效性。从 Internet 服务器、企业网服务器到电话系统，β测试过程需要一周 7 天、一天 24 小时都能正常工作，并从测试参与者那里收集到最新的信息。系统管理员所负责的就是操作和维护这一过程。

9.5 项目案例

9.5.1 学习目标

(1) 掌握验收测试的概念和特点。

(2) 熟悉验收测试报告的编写。

9.5.2 案例描述

根据“艾斯医药商务系统”编写验收测试计划，提交验收测试报告。

9.5.3 案例要点

(1) 验收测试的过程和主要内容。

(2) 验收测试报告的格式和内容。

9.5.4 案例实施

验收测试报告

1. 前言

1.1 编写目的

本测试报告主要用于测试分析整个“艾斯医药商务系统”是否满足用户需求规格说明书中

的要求，主要描述如何进行功能及性能的验收测试活动、测试活动流程以及测试活动的工作安排。

1.2 项目背景

本测试报告从属于亚思晟科技有限公司，为×××医药公司实现“艾斯医药商务系统”的测试。

项目任务的提出者：亚思晟公司项目管理部。

系统的开发者：亚思晟公司。

系统的使用者：×××医药公司。

此测试项目的进行，将在系统测试通过确认后开始执行，基准是准确、全面的需求文档。测试重点是对开发实现的功能和性能进行验收测试。

2. 功能验收

(1) 功能测试情况概要如表 9-1 所示。

表 9-1 功能测试情况概要

验收模块名称	开始时间	结束时间	用例数/个	用例通过数/个	问题数/个	用例通过率/%
购物管理	2022-××	2022-××	10	8	2	80
订单管理	2022-××	2022-××	…	…	1	…
登录及用户管理	2022-××	2022-××	…	…	5	…
邮件及商品管理	2022-××	2022-××	…	…	1	…
其他	2022-××	2022-××	…	…	1	…

(2) 各个模块中 Bug 数量统计如图 9-3 所示。

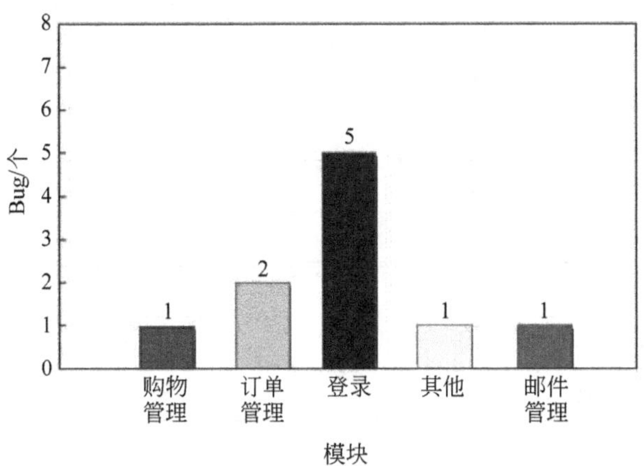

图 9-3 各个模块中 Bug 数量统计

(3) 各个模块中 Bug 严重级别统计如图 9-4 所示。

3. 性能验收

(1) 登录管理验收如表 9-2 所示。

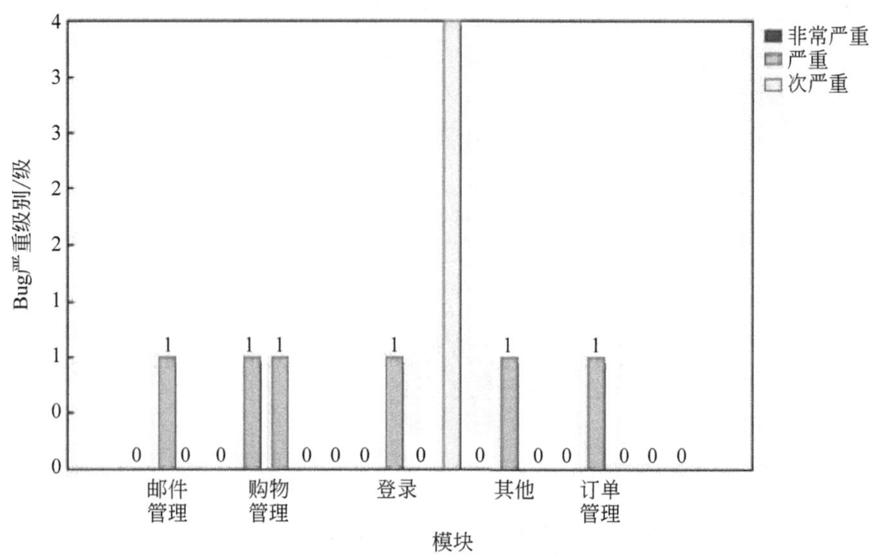

图 9-4　各个模块中 Bug 严重级别统计

表 9-2　登录管理验收

<table>
<tr><td>并发</td><td colspan="3">20</td></tr>
<tr><td>总吞吐量</td><td colspan="3">9444440</td></tr>
<tr><td rowspan="3">错误</td><td>个数</td><td colspan="2">描述</td></tr>
<tr><td>5</td><td colspan="2">…</td></tr>
<tr><td>2</td><td colspan="2">…</td></tr>
<tr><td rowspan="2">事务名称</td><td colspan="3">耗时</td></tr>
<tr><td>Minimum</td><td>Average</td><td>Maximum</td></tr>
<tr><td>login</td><td>0.124</td><td>0.576</td><td>0.682</td></tr>
<tr><td colspan="4">系统资源使用情况</td></tr>
<tr><td>CPU</td><td>0.033</td><td>1.253</td><td>3.125</td></tr>
<tr><td>可用内存</td><td>14431</td><td>14452.25</td><td>14484</td></tr>
<tr><td>并发</td><td colspan="3">40</td></tr>
<tr><td>总吞吐量</td><td colspan="3">18888880</td></tr>
<tr><td rowspan="3">错误</td><td>个数</td><td colspan="2">描述</td></tr>
<tr><td>1</td><td colspan="2">…</td></tr>
<tr><td>2</td><td colspan="2">…</td></tr>
<tr><td rowspan="2">事务名称</td><td colspan="3">耗时</td></tr>
<tr><td>Minimum</td><td>Average</td><td>Maximum</td></tr>
<tr><td>login</td><td>0.127</td><td>0.963</td><td>1.241</td></tr>
<tr><td colspan="4">系统资源使用情况</td></tr>
</table>

续表

CPU	0.521	2.119	7.324
可用内存	14383	14442.6	14488
并发	60		
总吞吐量	28333320		
错误	个数	描述	
	2	…	
	3	…	
事务名称	耗时		
	Minimum	Average	Maximum
login	0.147	1.548	1.947
系统资源使用情况			
CPU	0.228	2.326	11.947
可用内存	14348	14415.786	14497

(2) 用户管理验收如表 9-3 所示。

表 9-3 用户管理验收

并发	20		
总吞吐量	43835953		
错误	个数	描述	
	8	…	
	4	…	
事务名称	耗时		
	Minimum	Average	Maximum
列表	0	1.239	2.8
登记	0.002	0.141	0.291
保存	1.743	3.229	4.852
系统资源使用情况			
CPU	0.032	3.138	11.322
可用内存	14601	14618.029	14631
并发	40		
总吞吐量	75284630		
错误	个数	描述	
	2	…	
	7	…	

续表

事务名称	耗时		
	Minimum	Average	Maximum
列表	0	2.819	7.522
登记	0.001	0.328	0.935
保存	2.021	5.214	9.105
系统资源使用情况			
CPU	0	8.063	37.174
可用内存	14553	14580.111	14606

并发	60	
总吞吐量	192796729	
错误	个数	描述
	2	…
	6	…

事务名称	耗时		
	Minimum	Average	Maximum
列表	0	3.526	6.476
登记	0.002	0.222	0.557
保存	3.556	5.567	9.611
系统资源使用情况			
CPU	0.295	22.736	58.171
可用内存	14468	14507.367	14523

……

4. 交付物验收

(1) 硬件。

(2) 软件(安装光盘)。

(3) 文档：需求规格说明书.doc、软件测试计划.doc、用户手册.doc、用户培训手册.ppt、测试用例.doc、测试报告.doc、系统配置说明.doc。

5. 验收结论

在软件功能测试方面，由软件测试工程师、用户等根据需求规格说明书对整个系统进行试运行，基本满足全部功能。在性能测试方面，进行了可移植性测试、并发访问测试，系统可以正常运行，验收测试目的已达到。

验收方：　　　　　　　　　　　　提供方：

项目负责人签字：　　　　　　　　项目负责人签字：

日期：　　　　　　　　　　　　　日期：

9.5.5 特别提示

针对产品类软件的测试：

(1) α 测试是在公司内部有用户组织和参与的测试。

(2) β 测试是在外部有用户进行的测试。

(3) α 测试对发现缺陷是可控的，但缺陷有人数和地域限制。

(4) β 测试不会认真地去发现缺陷，有时仅仅是为了抢占市场。

9.5.6 拓展与提高

对“艾斯医药商务系统”进行 α 测试和 β 测试。

本章小结

验收测试是相应于需求规格说明书进行的、与用户关系较为紧密的测试。验收测试的策略通常有正式验收测试、Alpha 测试(α 测试)和 Beta 测试(β 测试)。

习　　题

1. 什么是验收测试?
2. 用户验收测试与操作验收测试有什么不同之处?
3. 验收测试的主要内容是什么?
4. 验收测试用例的设计要点是什么?
5. Alpha 测试和 Beta 测试有什么不同?

第10章 软件测试管理

学习目的与要求

本章介绍软件测试管理的相关内容，其中包括测试团队和测试用例的组织与管理。通过本章的学习，将了解和掌握测试管理工作的整个流程，重点掌握软件 Bug 的有关管理。

本章主要内容

- 测试团队的组织结构。
- 测试用例的组织和管理。
- 软件 Bug 管理。

10.1 测试团队的组织和管理

随着软件开发规模的增大、复杂程度的增加，以寻找软件中的故障为目的的测试工作更加困难。

软件测试管理的目的是使软件测试技术在项目中顺利实施，并产生预期的效果。为了尽可能多地找出程序中的故障，开发出高质量的软件产品，必须对测试工作进行组织策划和有效管理，采取系统的方法建立起软件测试管理体系，对测试活动进行监管和控制，以确保软件测试在软件质量保证中发挥应有的关键作用。

软件测试团队的组织与管理是指测试团队应该如何组建。在实际项目开发中，有些单位常常忽视测试团队存在的意义，当要实施测试时，往往临时找几个程序员充当测试人员；也有些单位尽管认识到了组建测试团队的重要性，但在具体落实时往往安排一些毫无开发经验的行业新手去做测试工作，这常常导致测试效率低下。通常，一个好的测试团队首先要有好的带头人，这个带头人必须具有较为丰富的开发经验，对开发过程中常见的缺陷或错误了然于胸，而且还需要有亲和力和人格魅力。其次，测试团队还应有具备一技之长的成员，例如对某些自动化测试工具运用娴熟或者能轻而易举地编写自动化测试脚本。另外，测试团队还应有兼职成员，例如在验收测试实施过程中同行评审是最常使用的一种形式，这些同行专家就属于兼职测试团队成员。测试团队里往往包括几个开发经验欠缺的新成员，这部分人员可以安排去从事交付验收或黑盒测试之类的工作。

10.1.1 测试团队组织结构

组织结构是指用一定的模式对责任、权威和关系进行安排，直至通过这种结构发挥功能。测试组织结构设计时主要考虑以下因素。

(1) 垂直还是平缓。

(2) 集中还是分散。

(3) 分级还是分散。

(4) 专业人员还是工作人员。

(5) 功能还是项目。

选择合理高效的测试组织结构方案的准则：

(1) 提供软件测试的快速决策能力。

(2) 利于合作，尤其是产品开发与测试开发之间的合作。

(3) 能够独立、规范、不带偏见地运作并具有精干的人员配置。

(4) 有利于满足软件测试与质量管理的关系。

(5) 有利于满足软件测试过程管理要求。

(6) 有利于为测试技术提供专有技术。

(7) 充分利用现有测试资源，特别是人。

(8) 对测试者的职业道德和事业产生积极的影响。

为了对测试人员进行有效的、合理的管理，必须做好 3 方面的工作：

(1) 建立合理的、高效的组织结构。

(2) 设立正确的分工体系，即角色与职责。

(3) 培养测试人员。

进行软件测试的测试组织结构形式很多，目前常见的测试组织结构有开发与测试混合团队组织和独立的测试小组两种形式。

为了提高测试有效性，必须建立专门独立的测试团队，该组织可以连续为公司所有项目服务，为公司管理层提供独立、不带偏见的高质量的信息。建立独立测试团队的具体优势体现以下几方面。

(1) 专业分工和测试技术的不断发展，需要专门测试组织去掌握。

(2) 为管理层提供独立且客观的高质量信息。

(3) 有效地收集企业的质量数据。

(4) 使得测试成为整个机构共享的资源。

(5) 测试组织的存在提高了测试工作的质量，使其工作目标明确，能够从宏观的角度显示自身的价值。

(6) 测试是仅有的工作，没有开发压力，有利于测试人员测试水平的提高。

任何事情都有正负两方面，在实际测试中，独立的测试团队也会有不利的方面，具体体现在以下几方面。

(1)“踢皮球”综合征。测试人员发现软件缺陷后,有时开发人员会不承认或确认,双方会互相纠缠,浪费时间。

(2)强调“我们”与“他们”,合作效果差。测试与开发分开为两个团队,由于人本身的心理因素,会使双方人为地把一个项目的目标分成两部分,影响相互合作。

(3)形成学习曲线。前期与开发人员分离,需要一段时间了解和熟悉测试对象。

独立的测试小组,即主要工作是进行测试的小组,他们专门从事软件的测试工作。测试组设组长一名,负责整个测试的计划、组织工作。测试小组的其他成员由具有一定的分析、设计和测试经验的专业人员组成,人数根据具体情况可多可少,一般3~5人为宜。测试组长与开发组长在项目中的地位是同级和平等的关系。

10.1.2 角色和职责

在整个测试组织中,根据测试团队的组织结构和职责,测试团队中应该包括测试主管、测试经理、测试分析与设计者、软件测试开发者、软件测试执行者等多种角色。

为了让测试团队的每一个成员都能清楚自己的任务,并使每一个任务都能落实到具体的负责人,测试管理者必须定义测试团队成员的角色和职责。表10-1至表10-5给出了一些典型的测试人员角色及其职责。需要指出的是,并非所有的测试团队都必须要有这些角色,而是要根据具体不同的项目和任务而定。一个测试工程师也有可能兼任几种不同的角色,重要的是要将特定的角色分给合适的人员。

测试主管:①建设测试团队;②优化测试过程;③向上级领导汇报测试信息;④确认测试结论。

测试经理(组长):①制订测试计划;②控制测试进度;③评估测试效果。

测试分析与设计者:①获取测试需求;②决定测试策略;③制定测试大纲;④设计测试用例;⑤指导测试执行;⑥开发/评估测试工具;⑦测试经验与技术的积累;⑧设计测试工具。

测试开发者:①测试用例开发;②测试工具开发;③测试驱动程序开发;④测试脚本开发。

测试执行者:①执行测试活动;②参与测试用例设计;③填写测试记录;④编写测试报告。

表10-1 测试人员的性格与角色

类　　型	人格特点	测试角色分配
现实型,偏好需要技能、力量、协调性的活动	害羞、真诚、持久、稳定、顺从、实际	测试开发者、测试执行者
研究型,偏好需要思考、组织和理解的活动	分析、创造、好奇、独立	测试分析与设计者
社会型,偏好能够和帮助提高别人的活动	社会、友好、合作、理解	测试管理者
传统型,偏好规范、有序、清楚明确的活动	顺从、高效、实际、缺乏想象力、缺乏灵活性	测试执行者
企业型,偏好能够影响和获得权利的活动	自信、进取、精力充沛、盛气凌人	测试分析与设计者
艺术型,偏好需要创造性表达的模糊且无规则可循的活动	富于想象力、无序、杂乱、理想、情绪化、不实际	测试分析与设计者

表 10-2 测试经理职责

角色	测试经理(Test Manager)
定义	负责项目测试任务,以确保测试活动成功的角色
职责	● 协商测试工作的目标与提交的成果,管理测试活动的范围,并据此制订测试计划; ● 为测试活动分配人力资源和获取测试设施; ● 监督项目测试活动的进度和效果; ● 解决阻碍测试开展的矛盾和问题; ● 通过发现重要的缺陷来推进提高项目产品的质量水平; ● 关注软件开发过程并推动改善工件(需求、代码等)的可测试性
专业技能	● 具备软件开发过程各方面的基本知识; ● 拥有测试方法、技术和工具等广泛的经验; ● 掌握计划和管理的技能; ● 熟悉被测试系统领域的相关知识; ● 拥有编程经验
活动	确定测试任务,识别测试动因,获取测试承诺,评估和推进产品质量,评估和改进测试活动
工件	测试计划,变更请求,事项列表,测试评估总结

表 10-3 测试分析员职责

角色	测试分析员(Test Analyst)
定义	负责识别和定义所需测试,监督具体测试进展和成果的角色
职责	● 识别将通过测试来验证的测试对象条目; ● 定义合适的测试要求和相关的测试数据; ● 收集和管理测试数据; ● 分析各测试周期的结果
专业技能	● 具备软件开发过程各方面的基本知识; ● 拥有良好的分析技能; ● 关注细节并且有坚韧不拔的毅力; ● 对软件常见的失效与错误有充分理解; ● 拥有测试方法、技术和工具等广泛的经验; ● 熟悉被测试系统领域的相关知识; ● 拥有测试经验; ● 可以由需求阐释员兼任,方便按照用例编制测试用例
活动	识别测试对象,确定测试思路,定义测试细节,确定评估和跟踪要求,判断测试结果,验证各构造版本中的变更
工件	测试计划,测试评估总结,变更请求,测试指南,测试思路列表,测试用例,测试数据,测试结果记录,工作负载分析模型

表 10-4 测试设计员职责

角色	测试设计员(Test Designer)
定义	负责针对测试目标设计测试途径以确保测试被成功实施的角色
职责	● 确定并描述相应的测试技术; ● 确定相应的测试支持工具;

续表

角　　色	测试设计员(Test Designer)
职责	● 定义并维护测试自动化架构; ● 详述和验证需要的测试环境配置; ● 验证与评估测试途径
专业技能	● 具备软件开发过程各方面的基本知识; ● 拥有验证测试成果的经验; ● 具备诊断和解决调试问题的技能; ● 拥有硬件与软件安装、配置等广博知识; ● 拥有使用自动化测试工具的成功经验; ● 对软件常见的失效与错误有充分理解; ● 深入掌握被测试系统领域的相关知识; ● 拥有编程经验; ● 具备开发团队领导和软件设计的技能; ● 可以由软件架构师充当本角色
活动	定义测试途径,确定测试机制,定义测试环境配置,组织测试实施元素,定义测试元素
工件	测试计划,测试脚本,测试自动化构架,测试界面规格,测试环境配置,测试套件

表 10-5　测试员职责

角　　色	测试员(Tester)
定义	负责遵照设计的测试途径,负责实施测试的角色
职责	● 为给定的测试确定最合适的实施途径; ● 实施各个测试; ● 设置并执行测试; ● 记录测试结果并验证测试的执行; ● 分析执行遇到的错误并能够恢复
专业技能	● 具备软件开发过程各方面的基本知识; ● 接受过使用相应自动化测试工具的培训; ● 拥有使用自动化测试工具的经验; ● 具备诊断和调试的技能; ● 拥有编程经验; ● 可以由测试分析员充当本角色
活动	实施测试,实施测试套件,执行测试套件,分析测试失败
工件	测试套件,测试脚本,测试记录,变更请求

10.1.3　测试人员培养

一个高效的测试团队要有人才培养计划,不断加强测试人员的职业技能。测试人才培养涉及人才的招聘、培训与培养和其职业发展规划。

1. 人员选择要求

1) 对测试组成员的素质要求

(1) 技术能力。测试是一门技术,这里的技术不仅指业务技术,还包括测试技术。

(2) 沟通能力。具备良好的沟通能力有利于更好的理解系统实现和用户需求，有利于相互间的经验共享。

(3) 自信心。对个人有自信心，对整个测试团队有信心。

(4) 耐心。在艰苦和繁杂的测试工作中坚持下去的能力。

(5) 怀疑精神。要怀疑一切不平常的现象都有可能是系统的缺陷导致，包括怀疑开发人员的解释。

(6) 洞察力。从现象看本质，从不起眼的表征看到可能潜伏的大隐患。

(7) 有条理、注意细节。也可以说是细致、细心，测试时有条不紊、一丝不苟才不会放过缺陷。

(8) 责任心。测试并不仅仅是个技术问题，更是个职业道德问题。

2) 对测试组成员的技术要求

(1) 系统测试人员，要求对系统的整体掌握程度比较高，对各种专项测试比较熟悉。

(2) 单元测试要求测试者要关注程序的基本组成部分，对模块的内部细节极为了解，细小到函数级，并且应在编码阶段同步进行。

(3) 集成测试人员要求既熟知模块的内部细节，又能从足够高的层次上观察整个系统。

2. 人员培训与培养

计算机软、硬件技术发展迅猛，测试人员必须有足够的能力来适应这些变化。另外，测试工作本身需要技术的支持，需要掌握众多的理论和实践。缺乏这些知识和经验，测试的深度和广度就不够，测试的质量就无法保证。从测试管理的角度来说，为了高效地实现测试工作的目标，需要不断地帮助他们进行知识的更新和技术能力的提升，这些就需要通过培训来达到。

测试经理和测试人员应该接受有关测试过程、方法、工具方面的专业培训，要求掌握需求评审，能提出明确的测试需要，拟制测试计划和测试用例的方法。项目经理应在不同的阶段安排针对不同测试活动的应用领域专业知识培训。面向测试的培训应在项目计划或项目测试计划中文档化。培训内容主要有产品知识、测试理论、测试技术、测试工具培训等。培训方式主要有以师带徒、技术交流、外请外派、现场实践等。

3. 测试人员职业发展规划

软件测试人员的职业发展规划如表 10-6 所示。

表 10-6 软件测试人员的职业发展规划

发展阶段	发展计划行动
第一阶段：掌握技术技能	熟悉整个测试工程生命周期，开始参与被测应用领域；评估/试用自动测试工具，开发和执行测试脚本，学习测试自动化编程技术；进一步培养在编程语言、操作系统、网络和数据库等方面的技术技能
第二阶段：测试过程全面了解	提高对测试过程生命周期的理解；评审、制订、改进测试/开发标准和确定的过程；参与需求、设计、代码审查、走查和评审；指导更多初级测试工程师或程序员改进测试自动化编程技术；进一步培养在生命周期支持工具(如测试工具、需求管理工具)方面的技能

续表

发 展 阶 段	发展计划行动
第三阶段：领导测试组工作	监管3～8名测试工程师或程序员，完成任务进度安排、跟踪和报告；参加测试会议；研究测试或开发工作的技术手段；完成测试规划并制订出测试计划；保持技能并花费相当多的时间就测试过程、计划、设计和开发指导其他测试工程师；保持使用生命周期支持工具的技能
第四阶段：测试部长/开发部长/项目经理	管理一个或多个项目的测试工作；保持使用生命周期支持工具的技能

10.2　测试用例的组织和管理

10.2.1　测试用例报告

一般来说，测试用例报告必包含以下内容。

1）测试总结报告名称

为测试总结报告取一个唯一编号和专用名称。

2）总结

总结对测试项的评价，指明被测试项及其版本/修订版本级别，指出测试活动的发生环境。

对每个测试项，如果存在，则引用测试计划、测试设计规范、测试过程规范、测试项传递报告、测试日志和测试事件报告。

3）差异

（1）报告测试项与设计规范之间的差别。

（2）指出测试计划、测试设计或测试过程之间的差异。

（3）说明各差异产生的原因。

4）综合评估

（1）根据测试计划规定的综合准则，对测试过程进行综合评价。

（2）指出未被充分测试的特性或特性组合并说明其缘由。

5）结果小结

（1）总结测试的结果。

（2）指出所有已解决的事件并总结其解决方法。

（3）指出尚未解决的事件。

6）评价

（1）对每个测试项进行总的评价。

（2）本评价必须以测试结果和项一级的通过/失败判据为依据，可包括对失败风险的估计。

7）活动小结

（1）总结主要的测试活动和事件。

（2）总结资源消耗数据，如人员的整体水平，总机时和每项主要测试活动所花费的时间。

（3）批准意见。

（4）规定本报告必须由哪些人（姓名和职务）审批。

1. 测试用例报告

(1) 测试用例的构成。

(2) ID。

(3) 项目/软件。

(4) 程序版本。

(5) 编制人/编制时间。

(6) 功能模块。

(7) 测试项。

(8) 测试目的。

(9) 预置条件。

(10) 参考文献。

(11) 测试环境。

(12) 测试输入。

(13) 操作步骤。

(14) 预期结果。

(15) 执行结果。

(16) 优先级。

(17) 测试用例之间的关联。

(18) 测试用例模板。

(19) 普通模板。

(20) DB、Word、Excel、XML。

(21) IEEE 829 标准模板。

(22) 管理工具提供的模板。

(23) 测试用例模板。

2. 编写有效的测试用例

1) 面临的困难

(1) 测试时间有限。

(2) 数据量太大。

(3) 测试用例的有效性。

2) 解决的措施

(1) 时间有限。从风险识别、评估、减缓和跟踪的角度来着手处理。

(2) 数据量太大。一点多例、宁缺勿滥。

3) 测试用例的有效性

(1) 选择合适的覆盖指标。

(2) 描述测试环境、用户环境与模拟用户环境间的差别。

(3) 使用组织规定的测试用例模板。

(4) 建立测试公共数据。

(5) 确保测试用例的理解性和可执行性。

10.2.2 测试用例的组织和跟踪

1. 测试用例的组织

任何一个项目,其测试用例的数目是非常庞大的,如何来组织、跟踪和维护测试用例是一件非常重要的事情。在整个测试过程中,可能会涉及不同测试类型的测试用例,如何来组织测试用例,是测试成功与否的一个重要因素,也是提高测试效率的一个重要步骤。

测试用例的组织,可以用以下不同的方法来组织或分类。

(1) 按照软件功能模块组织:软件系统一般是根据软件的功能模块来进行工作任务分配的。因此,根据软件功能模块进行测试用例设计和执行等是常用的一种方法。根据模块来组织测试用例,可以保证测试用例能够覆盖每个系统模块,达到较好的模块测试覆盖率。

(2) 按照测试用例类型组织:按不同测试用例的类型进行测试用例的分类和组织,也是一种常用的方法。例如,可以根据配置测试用例、可用性测试用例、稳定性测试用例、容量测试用例、性能测试用例等对具体的测试用例进行分类和组织。

(3) 按照测试用例优先级组织:测试用例是有优先级的。对于任何软件,实现穷尽测试是不现实的。在有限的资源和时间内,应该先进行优先级高的测试用例,或者用户最需要的功能模块,或者风险最大的功能模块。

在上面的 3 种测试用例组织方法中,按照功能模块进行划分是最常用的。不过也可以结合起来使用,比如在按照功能模块划分的基础上,再进行不同优先级的划分,甚至不同测试用例类型进行划分和组织。

测试用例组织好以后,就需要进行测试用例的执行,执行测试生命周期中的重要过程。具体的过程可以如下。

(1) 根据软件模块,进行具体测试用例的设计,这些测试用例可以保证模块的测试覆盖率。

(2) 软件的各个模块组成测试单元(单元集成测试)。

(3) 测试单元和测试环境、测试平台以及测试资源等形成测试计划的重要组成部分,并最终形成完整的测试计划。

(4) 测试计划形成后,需要确定测试执行计划。

(5) 将测试执行计划划分成多个不同的测试任务。

(6) 将测试任务分配给测试人员实现测试执行过程。

(7) 测试人员执行测试得到测试结果和测试相关信息。

2. 测试用例跟踪

在测试执行之前,需要回答一些问题:哪些测试单元是需要测试的?有多少测试用例需要执行?如何来记录测试过程中测试用例的状态?如何通过测试用例的状态来确定测试的重点?什么模块是需要进行重点测试的?

要回答这些问题,就需要对测试过程中测试用例进行跟踪。测试过程中,测试用例的基本状态有通过、未通过和未测试 3 种。根据在测试执行过程中测试用例的状态,实现测试用例的跟踪,从而达到测试的有效性。因此,测试用例的跟踪主要是针对测试执行过程中测试用例的状态来进行的,通过测试状态的跟踪和管理,从而实现测试过程和测试有效性的管理和评估。

(1) 测试用例执行的跟踪:在测试执行的过程中,对测试用例的状态进行跟踪,可以有效地将测试过程量化。例如,执行一轮测试过程中,跟踪获取测试的测试用例的数目,每个测试人员每天能执行的测试用例数目,测试用例中通过、未通过、未测试的比例,等等。这些数据可以提供一些信息来判断软件项目执行的质量和执行进度,并对测试进度状态提供明确的数据,有利于测试进度和测试重点的控制。

(2) 测试用例覆盖率的跟踪:跟踪测试用例覆盖率,包括测试需求的覆盖率、测试平台的故障率、测试模块的覆盖率等。

测试用例的跟踪方式有多种。具体采用的方式需要跟踪组织的测试方针和测试过程、测试成熟度等。具体的方法有以下几种。

(1) 没有任何记录:纯粹通过测试人员的记忆来跟踪测试用例。这种方法并不可取,除非是测试项目是基于个人开发的小的软件系统。

(2) 电子表格:使用电子表格对测试用例执行过程进行记录和跟踪是一种比较高效的方法。通过电子表格来记录测试用例执行状况,可以直观地看到测试的状态、分析和统计测试用例的状态,以及测试用例和缺陷之间的关联状态,还有测试用例执行的历史记录等。这些测试用例的信息,可以为测试过程管理和测试过程分析提供有效的量化依据。

(3) 测试用例工具:最好的方法应该是通过测试用例的管理工具,来对测试用例状态、缺陷关联、历史数据等进行管理和分析。工具不仅能够记录和跟踪测试用例的状态变化,同时也能生成测试用例相关的结果报表、分析图等,这样可以更高效地管理和跟踪整个测试过程。不过,工具的使用需要更高的成本,并且需要专门的人员进行维护。

10.3 软件 Bug 管理

10.3.1 软件 Bug 的基本概念

在 IEEE 1983 of IEEE Standard 729 中对软件 Bug(缺陷)给出了标准的定义:①从产品内部看,软件缺陷是软件产品开发或维护过程中所存在的错误、毛病等各种问题;②从产品外部看,软件缺陷是系统所需要实现的某种功能的失效或违背。

软件缺陷有很多种,其中主要的软件缺陷类型有:

(1) 一些功能、特性没有实现或只实现了一部分。

(2) 软件设计不合理,存在缺陷,实际运行结果和预期结果不一致。

(3) 运行出错,包括运行中断、系统崩溃、界面混乱。

(4) 数据结果不正确、精度不够。

(5) 用户不能接受的其他问题,如存取时间过长、界面不美观。

对于软件而言,Bug 是程序编写错误而导致软件产生问题的缺陷。软件测试的目的就是找到软件程序代码内的 Bug,并且纠正它,这个过程称为 Debug。

Bug 产生的原因很多,具体有以下几点。

(1) 程序编写错误。

(2) 需求变更过于频繁。需求变更所造成的结果就是变更程序代码,程序代码只要稍做变更就必须经过测试来确保运行正常,所以这个影响是一个连锁反应,也称为依存问题。

(3) 软件的复杂度。图形用户界面(GUI)、B/S 结构、面向对象设计、分布式运算、底层通信协议、超大型关系数据库以及庞大的系统规模,都体现了软件复杂度大大高于以前,Bug 出现的可能性更高。

(4) 交流不充分或者沟通出问题。大部分项目人员在同客户进行交流时常常存在着各种各样的问题,究其原因,还是因为项目人员、参与人员和客户之间没有详细、充分、谨慎地进行交流。

(5) 测试人员的经验与技巧不足。

(6) 时间过于紧迫。

(7) 缺乏文档。贫乏或者差劲的文档使得代码维护和修改变得非常困难,结果导致其他开发人员或客户产生许多错误的理解。

(8) 管理上的缺陷。

10.3.2 软件 Bug 的状态和类型

Bug 是软件"与生俱来"的特征,不同的软件开发阶段会产生不同的 Bug,而不同的 Bug 又会产生不同的后果,因此 Bug 的属性也并不相同。

1. 软件 Bug 状态

软件 Bug 状态包括 Bug 初始状态(Unconfirmed & New)、Bug 分配状态(Assigned & Open)、Bug 修复状态(Resolved & Fixed)、Bug 关闭状态(Closed)、Bug 暂缓状态(Suspend)、Bug 重新分配状态(Reassigned & Reopen)、Bug 被拒绝状态(Rejected)。

2. 软件 Bug 的类型

软件 Bug 的类型主要有需求类 Bug、分析设计类 Bug、程序功能错误、程序运行时错误、编码规范类错误、数据库类错误、接口类错误、界面类错误、配置类 Bug、建议性错误。

1) 需求阶段的 Bug

需求阶段的 Bug 是最难发现和最难修复的,而且值得注意的是,需求阶段的 Bug 如果没有及时发现,那么等到实现阶段发现时,修复它的费用要比当初修复它高 15～75 倍。

产生需求阶段 Bug 的主要原因是:①模糊、不清晰的需求;②被忽略的需求;③相互冲突的需求。

2) 分析设计阶段的 Bug

分析设计阶段的 Bug 比需求阶段产生的 Bug 特征明显易于捕获,但是其维修代价很高,因为设计 Bug 已经作为一个整体影响着整个系统的实现。

产生分析设计阶段 Bug 的主要原因是:①忽略设计;②混乱的设计;③模糊的设计。

3) 实现阶段的 Bug

实现阶段的 Bug 是软件系统中最普通、最一般的"常规 Bug"。

可以将实现阶段出现的 Bug 分为:①消息错误;②用户界面错误;③遗漏的功能;④内存溢出或者程序崩溃;⑤其他实现错误。

第①种 Bug 说明软件系统向用户发送了出错的消息,可能消息是合理的或者表现为某种中断机制,但是用户认为这是一个 Bug。

第②种 Bug 是用户界面错误,可归纳为 GUI 错误,可能是由于 GUI 制作不标准而导致用户不能正确地工作。

第③种 Bug 为遗漏的功能 Bug (以输入框输入信息错误、程序抛出未异常为典型)。

第④种 Bug 为内存溢出或程序崩溃 Bug,表现为程序挂起、系统崩溃,属于一种比较严重的软件 Bug。

4）配置阶段的 Bug

配置阶段的 Bug 出现的原因复杂，比较典型的是旧的代码覆盖了新的代码，或者测试服务器上的代码和实现人员本机最新代码版本不一致。可能是实现人员操作配置管理工具不正确引起的，也可能是由于测试人员或最终用户操作不正确。

5）短视将来的 Bug

“千年虫”问题就是当初的设计人员为了节省硬件成本给全球造成了难以估量的损失。作者曾经为一家大药房开发了一套药品管理的软件，由于最初的时候对业务流程并不熟悉，所以在定义药品编码时把许多药品的 ID 定义为了整型变量。开始作者认为这些足以定义所有的药品名称了，没想到一年以后，由于药房的业务量急增，药品的 ID 就不够了。由于整套系统是用 PowerBuilder 编写，整型变量的最大值只有 32767，因此，程序经常由于数据溢出而出现问题，后来作者被迫用了近一个星期的时间来修改原来的程序。

6）静态文档的 Bug

说明模糊、描述不完整和过期的都属于静态文档的 Bug。说明模糊特指无充分的信息判断如何正确地处理事情；描述不完整特指文档信息不足以支持用户完成某项工作；过期的文档是没有及时更新过的、错误的文档。

10.3.3 软件 Bug 严重等级和优先级

软件 Bug 按问题严重程度分为 3 个等级：轻微的、严重的和致命的。严重性和优先级是表征软件测试缺陷的两个重要因素，影响着软件缺陷的统计结果和修正缺陷的优先顺序，特别在软件测试的后期，将影响软件是否能够按期发布。

严重性，顾名思义就是软件缺陷对软件质量的破坏程度，即软件缺陷的存在将对软件的功能和性能产生怎样破坏性的影响。

在软件测试中，软件缺陷严重性的判断应该从软件最终用户的观点做出判断，即判断缺陷的严重性要为用户考虑，考虑缺陷对用户使用造成的恶劣后果的严重性。

优先级是表示处理和修正软件缺陷的先后顺序的指标，即哪些缺陷需要优先修正，哪些缺陷可以稍后修正。确定软件缺陷优先级，更多的是站在软件开发工程师的角度考虑问题，因为缺陷的修正顺序是个复杂的过程，有些不是纯粹技术问题，而且开发人员更熟悉软件代码，能够比测试工程师更清楚修正缺陷的难度和风险。

一般地，严重性程度高的软件缺陷具有较高的优先级。严重性高的缺陷对软件造成的质量危害性大，需要优先处理，而严重性低的缺陷可能只是软件不太尽善尽美，可以稍后处理。但是，严重性和优先级并不总是一一对应。有时严重性高的软件缺陷的优先级不一定高，甚至不需要处理，而一些严重性低的缺陷却需要及时处理，具有较高的优先级。

处理缺陷严重性和优先级的常见错误主要有以下两种情形。

一是将比较轻微的缺陷报告成较高级别的缺陷和高优先级，夸大缺陷的严重程度，经常给人“狼来了”的错觉，影响软件质量的正确评估，也耗费开发人员辨别和处理缺陷的时间。

二是将很严重的缺陷报告成轻微缺陷和低优先级，可能掩盖很多严重的缺陷。如果在项目发布前，发现还有很多由于不正确分配优先级造成的严重缺陷，将需要投入很多的人力和时间进行修正，影响软件的正常发布。或者这些严重的缺陷成了“漏网之鱼”，随软件一起发布出去,影响软件的质量和用户的使用信心。

通常将缺陷的严重性和优先级分成以下 4 级。

(1) 非常严重的缺陷:主要指程序运行时错误、需求及设计错误。例如,软件的意外退出甚至操作系统崩溃,将造成数据丢失。

(2) 较严重的缺陷:主要指功能错误等。例如,软件的某个菜单不起作用或者产生错误的结果。

(3) 软件一般缺陷:主要指界面错误。例如,本地化软件的某些字符没有翻译或者翻译不准确。

(4) 软件细微缺陷:主要指建议性 Bug。例如,某个控件没有对齐、某个标点符号丢失等。

对于缺陷的优先性,如果分为 4 级,则可以参考下面的方法确定。

(1) 最高优先级:主要指必须马上修复的缺陷。例如,软件不能正常运行等缺陷。

(2) 较高优先级:影响软件功能和性能的一般缺陷。

(3) 一般优先级:本地化软件的某些字符没有翻译或者翻译不准确的缺陷。

(4) 低优先级:对软件的质量影响轻微或出现概率很低的缺陷。

10.3.4 软件 Bug 管理流程

在公司中,关注 Bug 的相关人员主要是测试组长、测试工程师、测试经理、程序员、产品经理、技术支持(售后服务)、工程实施人员、系统分析设计者、项目开发经理、高级管理者等,他们在 Bug 管理的职责分工如下。

(1) 测试组长:直接面对测试人员,对测试和缺陷报告的质量负责。

(2) 测试工程师:负责报告缺陷,并监控所报告缺陷的解决。

(3) 测试经理:是测试组长和测试工程师的领导,对测试工作的质量负责,监督测试人员。

(4) 程序员:使得系统处于现状的关键人员,并负责对 Bug 的修改。

(5) 产品经理:主要关心产品稳定性和技术支持成本,是最有力的质量支持人士,他最关心产品能否按时发布,从市场的角度对一些特定问题特别感兴趣。

(6) 技术支持(售后服务)、工程实施人员:需要知道产品中有多少已知的缺陷;出席缺陷延期处理评审会,就哪些会增加客户服务电话比率的问题提出反对延期处理建议;有时在关键的最后时刻报告缺陷;客户报告缺陷的接口。

(7) 系统分析设计人员:是系统需求与设计修改者。

(8) 项目经理:负责开发高质量的软件,决定缺陷修正优先次序,最终决定缺陷修正的相关事项,分配给适当的程序员。

(9) 高级管理者:负责缺陷的数量统计以及缺陷报告和修正图表的统计;他不关心单个缺陷,除非程序的运行结果使公司感到不安,或一个非常大的失败,或程序的表现惹恼了用户,造成大量用户较为强烈的反应。

图 10-1 给出了一个软件企业中典型的 Bug 管理流程。表 10-7 至表 10-11 给出了常用的 Bug 报告模板。

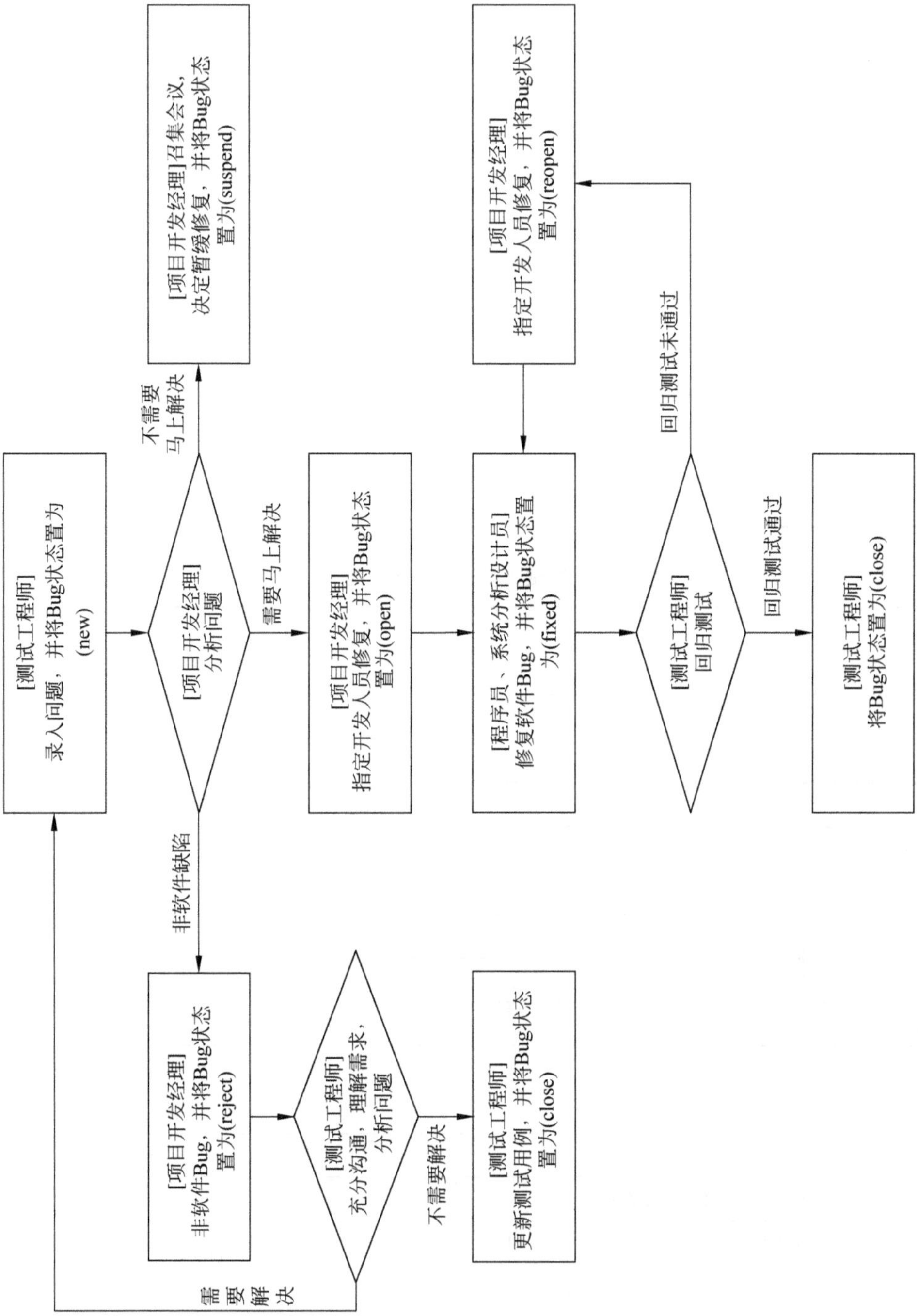

[测试工程师]
录入问题，并将Bug状态置为(new)

[项目开发经理]
分析问题

需要马上解决

[项目开发经理]
指定开发人员修复，并将Bug状态置为(open)

[程序员、系统分析设计员]
修复软件Bug，并将Bug状态置为(fixed)

[测试工程师]
回归测试

回归测试通过

[测试工程师]
将Bug状态置为(close)

不需要马上解决

[项目开发经理]召集会议，决定暂缓修复，并将Bug状态置为(suspend)

回归测试未通过

[项目开发经理]
指定开发人员修复，并将Bug状态置为(reopen)

非软件缺陷

[项目开发经理]
非软件Bug，并将Bug状态置为(reject)

[测试工程师]
充分沟通，理解需求，分析问题

不需要解决

[测试工程师]
更新测试用例，并将Bug状态置为(close)

需要解决

图 10-1 典型的软件 Bug 管理流程

表 10-7　Bug 报告模板

Bug ID	
版本	
状态	
优先级	
严重级	
提交人	
提交时间	
解决时间	
分配给	
项目(产品)	
模块	
标题	
详细描述	
备注	(可加附件和贴图)

表 10-8　测试人员登记新的 Bug

Bug ID			
版本			
状态	New...		
优先级			
严重级			
提交人	* * *		
提交时间			
解决时间			
分配给			
项目(产品)			
模块			
标题			
详细描述			
备注	(可加附件和贴图)		
解决信息		验证信息	
解决人		验证人	
解决的版本		验证的版本	
解决时间		验证时间	
解决方法		备注	

表 10-9　项目经理分配软件 Bug

<table>
<tr><td>Bug ID</td><td colspan="3"></td></tr>
<tr><td>版本</td><td colspan="3"></td></tr>
<tr><td>状态</td><td colspan="3">New→Open/Reopen</td></tr>
<tr><td>优先级</td><td colspan="3"></td></tr>
<tr><td>严重级</td><td colspan="3">* * *</td></tr>
<tr><td>提交人</td><td colspan="3"></td></tr>
<tr><td>提交时间</td><td colspan="3"></td></tr>
<tr><td>解决时间</td><td colspan="3">* * *</td></tr>
<tr><td>分配给</td><td colspan="3">* * *</td></tr>
<tr><td>项目(产品)</td><td colspan="3"></td></tr>
<tr><td>模块</td><td colspan="3"></td></tr>
<tr><td>标题</td><td colspan="3"></td></tr>
<tr><td>详细描述</td><td colspan="3"></td></tr>
<tr><td>备注</td><td colspan="3">(可加附件和贴图)</td></tr>
<tr><td colspan="2">解决信息</td><td colspan="2">验证信息</td></tr>
<tr><td>解决人</td><td></td><td>验证人</td><td></td></tr>
<tr><td>解决的版本</td><td></td><td>验证的版本</td><td></td></tr>
<tr><td>解决时间</td><td></td><td>验证时间</td><td></td></tr>
<tr><td>解决方法</td><td></td><td>备注</td><td></td></tr>
</table>

表 10-10　开发人员解决 Bug

Bug ID	
版本	
状态	Open/Reopen→Not Bug、Fixed(或 Resolved)Won't Fix
优先级	
严重级	* * *
提交人	
提交时间	
解决时间	* * *
分配给	* * *
项目(产品)	
模块	
标题	
详细描述	
备注	(可加附件和贴图)

续表

解决信息		验证信息	
解决人		验证人	
解决的版本		验证的版本	
解决时间		验证时间	
解决方法		备注	

表 10-11　测试人员验证解决的 Bug

Bug ID			
版本			
状态	Fixed→Closed		
优先级			
严重级			
提交人			
提交时间			
解决时间			
分配给			
项目(产品)			
模块			
标题			
详细描述			
备注	(可加附件和贴图)		
解决信息		验证信息	
解决人		验证人	
解决的版本		验证的版本	
解决时间		验证时间	
解决方法		备注	

新建的 Bug 处于 Active 状态,可以通过编辑指派给合适的解决者。解决 Bug 之后,Bug 状态变为 Resolved(修复),并自动指派给创建者。创建者验证 Bug。如果未修复,再重新激活,Bug 状态重新变为 Active(激活);如果已经修复,则可以关闭,Bug 状态变为 Closed(关闭),Bug 生命周期结束。已经关闭的 Bug 如果重新复现,也可以直接激活。图 10-2 为 Bug 的生命周期。

10.3.5　软件 Bug 管理常用工具

使用成熟的 Bug 管理工具实现 Bug 全程管理,可以有效地避免被大量的测试数据淹没而引发的一系列问题。使用 Bug 管理工具有如下优点。

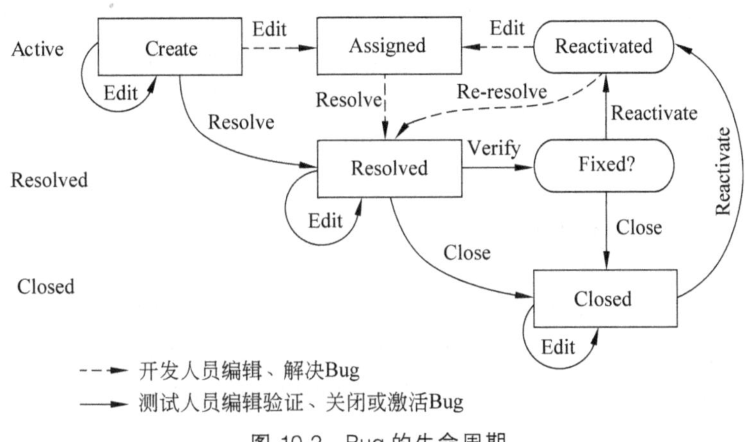

图 10-2 Bug 的生命周期

(1) Bug 管理工具安装简单、运行方便、管理安全。

(2) Bug 管理工具有利于 Bug 的清楚传递，由于使用了后台数据库进行管理，所以可以提供全面详尽的报告输入项，能够产生标准化的 Bug 报告。

(3) Bug 管理工具提供大量的分析选项和强大的查询匹配能力，能根据各种条件组合进行 Bug 统计。当 Bug 在它的生命周期中变化时，开发人员、测试人员及项目管理人员将及时获得动态的变化信息。

(4) Bug 管理人员允许获取 Bug 历史记录，并在检查 Bug 的状态时参考这一记录。

(5) Bug 管理工具可针对软件产品设定不同的模块，并针对不同的模块设定相关的责任人员，这样可以实现提交报告时自动发给指定的责任人。

(6) Bug 管理工具支持权限，设定不同的用户对 Bug 记录的操作权限不同，可有效控制进程管理。

(7) Bug 管理工具从最初的报告到最后的解决，都设定了不同的 Bug 严重程度和优先级，确保了错误不会被忽略，同时可以使注意力集中在优先级和严重程度高的错误上。

(8) Bug 管理工具可以自动发送邮件通知相关责任人员，并且根据设定的不同责任人自动发送最新的 Bug 动态信息，有效地帮助测试人员与开发人员进行沟通。

目前市面上已经出现一大批缺陷管理工具，有的工具专门做 Bug 的管理，有的工具则将缺陷管理、测试过程管理等全部集成在一个平台上。其中，商业软件主要有 MI 公司的 TestDirector(TD)、Rational 公司的 ClearQuest(CQ)，开源软件主要有 Bugzilla 和 BugFree 等。

Bugzilla 是 Mozilla 公司提供的一款开源的免费缺陷跟踪工具。作为一个产品缺陷的记录及跟踪工具，它能够建立一个完善的 Bug 跟踪体系，包括报告 Bug、查询 Bug 记录并产生报表、处理解决、管理员系统初始化和设置，并具有如下特点。

(1) 基于 Web 方式，安装简单、运行方便快捷、管理安全。

(2) 有利于缺陷的清楚传达。本系统使用数据库进行管理，提供全面详尽的报告输入项，产生标准化的 Bug 报告。提供大量的分析选项和强大的查询匹配能力，能根据各种条件组合进行 Bug 统计。当错误在它的生命周期中变化时，开发人员、测试人员及管理人员将及时获得动态的变化信息，允许获取历史纪录，并在检查错误的状态时参考这一记录。

(3) 系统灵活，强大的可配置能力。Bugzilla 工具可以对软件产品设定不同的模块，并针对不同的模块设定开发人员和测试人员。这样,可以实现提交报告时自动发给指定的责任人,并可设定不同的小组,设定不同的用户对 Bug 记录的操作权限不同,可进行有效的控制管理。允许设定不同的严重程度和优先级,可以在错误的生命期中管理错误,从最初的报告到最后的解决都有详细的记录,确保错误不会被忽略。同时,可以让开发人员将注意力集中在优先级和严重程度高的错误上。

(4) 自动发送邮件通知相关人员,根据设定的不同责任人自动发送最新的动态信息,有效地帮助测试人员和开发人员进行沟通。

BugFree 是借鉴微软公司的研发流程和 Bug 管理理念,使用 PHP+MySQL 独立编写的一个 Bug 管理系统,简单实用、免费并且开放源代码(遵循 GNU GPL)。服务器端在 Linux 和 Windows 平台上都可以运行,客户端无须安装任何软件,通过 IE、FireFox 等浏览器就可以自由使用。

BugFree 集成了 Test Case 和 Test Result 的管理功能。具体使用流程是:首先创建 Test Case(测试用例),运行 Test Case 产生 Test Result(测试结果),运行结果为 Failed 的 Case,可以直接创建 Bug。Test Case 标题、步骤和 Test Result 运行环境等信息直接复制到新建的 Bug 中。图 10-3 为 BugFree 的使用流程,更详细的信息请参考 BugFree 官方网站 www.bugfree.org.cn。

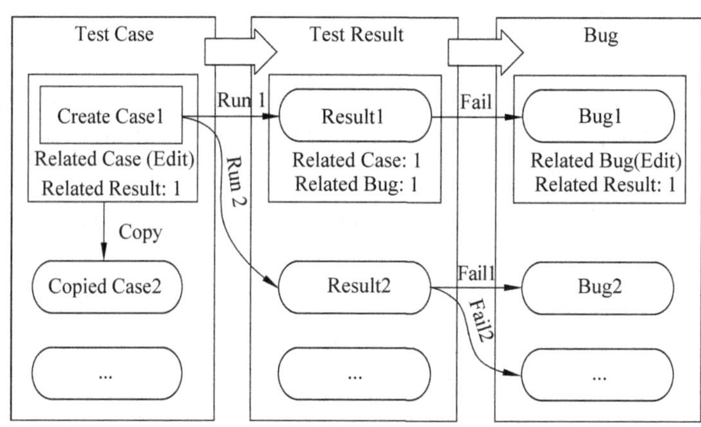

图 10-3　BugFree 的使用流程

下面介绍 BugFree 的使用。

1. 主界面

输入系统提供的默认管理员用户名:admin,密码(原始):123456;语言选择默认“简体中文”。单击“登录”按钮,进入 BugFree 主界面,如图 10-4 所示。

(1) 项目选择框:可以快速切换当前项目,项目模块框②和查询结果框⑥显示相应的模块结构和记录。

(2) 项目模块框:显示当前项目的模块结构。单击某一模块,查询结果框⑥会显示所选模块的所有记录。

(3) 个性显示框:①指派给我,显示最近 10 条指派给我的记录;②由我创建,显示最近 10 条由我创建的记录;③我的查询,保存查询框⑤的查询条件。

(4) 模式切换标签:切换 Bug、Test Case 和 Test Result 模式。默认登录为 Bug 模式。

(5) 查询框:设置查询条件。

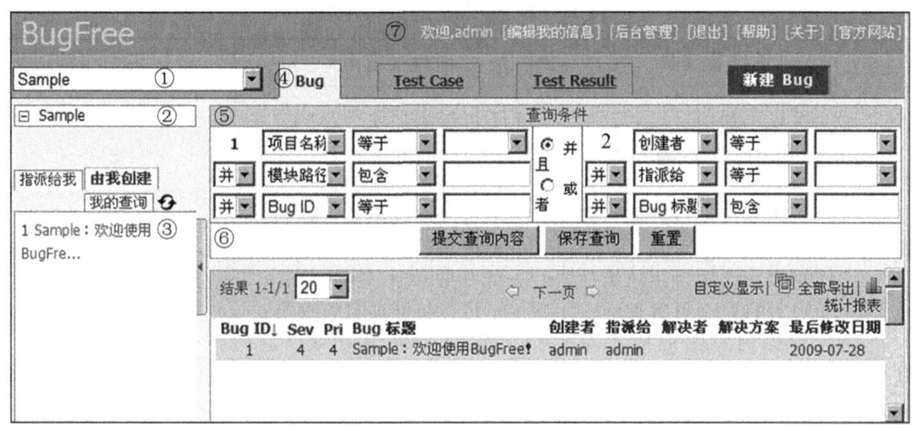

图 10-4 BugFree 主界面

(6) 查询结果框：显示当前查询的结果。①自定义显示，设置查询结果的显示字段；②全部导出，将当前查询结果记录导出到网页；③统计报表，显示当前查询结果的统计信息。

(7) 导航栏：显示当前登录用户名等信息。

2. 后台管理

1) BugFree 管理员角色

BugFree 的管理员包括系统管理员、项目管理员和用户组管理员 3 种角色。可以同时指派任意用户为任意角色。这 3 种管理员登录 BugFree 后，主页面上方导航栏会显示一个“后台管理”的链接。

2) 系统管理员

安装 BugFree 后，会自动创建一个默认的系统管理员账号 admin。可以通过编辑 BugFree 目录下的 Include/Config.inc.php 文件，增加其他系统管理员账号。

例如，假设要将 user1 设置为系统管理员。编辑 Include/Config.inc.php 文件，将 user1 添加到下面的行。

```
/* 2. Define admin user list. Like this: array('admin','test1') */
  $_CFG['AdminUser']=array('admin','user1');
```

注意：如果 user1 不存在，那么首先需要默认管理员账号 admin 登录后，再创建该用户。

3) 项目管理员

项目管理员只能由系统管理员指派，指定哪些用户组可以访问当前项目。该角色负责维护 Bug 和 Case 的模块结构，把系统管理员解放出来。

4) 用户组管理员

可以由系统管理员或其他用户组管理员指派，负责维护一个用户组。一般情况下，用户组管理员和项目管理员可以是同一个用户。但是，在大型的组织人员很多的情况下，可以指派专人对用户组进行维护。技术负责人则担当项目管理员的角色，负责维护 Bug 和 Case 的模块结构。

5) 管理员的具体权限

系统管理员、项目管理员和用户组管理员 3 种角色的详细权限如表 10-12 所示。

表 10-12　管理员的具体权限

	系统管理员	项目管理员	用户组管理员
项目管理	(1) 可以添加项目； (2) 可以查看和编辑所有项目； (3) 可以修改项目名称和显示顺序； (4) 可以指派项目用户组； (5) 可以指派项目管理员； (6) 可以编辑 Bug 或 Case 模块	(1) 不可以添加项目； (2) 仅可查看和编辑自己是项目管理员的项目； (3) 不可以修改项目名称和显示顺序； (4) 可以指派项目用户组； (5) 不可以指派项目管理员； (6) 可以编辑 Bug 或 Case 模块	无权限
用户管理	(1) 可以查看所有用户； (2) 可以添加用户； (3) 可以编辑、禁用或激活所有用户	(1) 可以查看所有用户； (2) 可以添加用户； (3) 可以编辑、禁用或激活自己创建的用户或本人	(1) 可以查看所有用户； (2) 可以添加用户； (3) 可以编辑、禁用或激活自己创建的用户或本人
用户组管理	(1) 可以查看所有用户组； (2) 可以添加用户组； (3) 可以编辑或删除所有用户组	(1) 可以查看所有用户组； (2) 可以添加用户组； (3) 可以编辑或删除自己添加的用户组	(1) 可以查看所有用户组； (2) 可以添加用户组； (3) 可以编辑或删除自己添加的用户组或自己是用户组管理员的组

3. 用户管理

单击主界面导航栏中“用户管理”项，切换到“用户列表”界面，如图 10-5 所示。

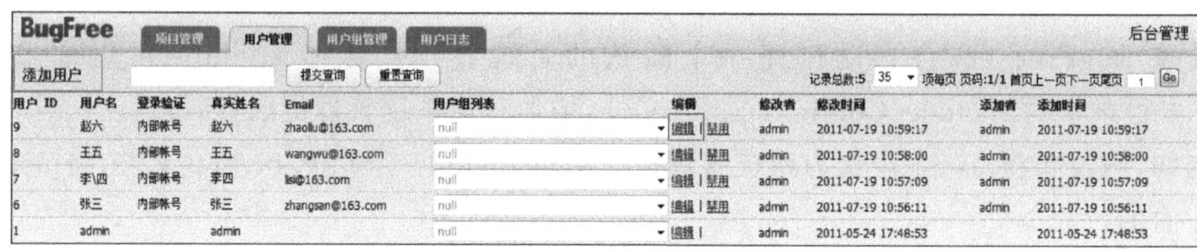

图 10-5　“用户列表”界面

(1) 添加用户。单击“添加用户”按钮切换到“添加用户”界面，如图 10-6 所示。根据提示，填写相应的信息，单击“保存”按钮完成用户添加。

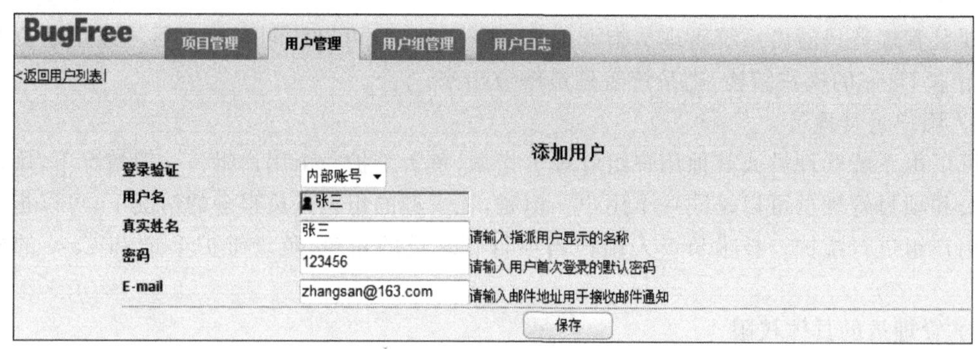

图 10-6　添加用户

(2) 禁用和激活用户。单击如图 10-5 所示“禁用”按钮后，该用户将无法登录 BugFree，并从所在用户组删除。包含该用户的记录将不再显示该用户的真实姓名，而以用户名代替。

再次单击“激活”按钮将恢复该用户，但需要重新指派用户组权限。

(3) 用户组管理。创建用户后，需要将用户添加到用户组，项目管理员通过指派用户组来分配权限。新用户只有在所属用户组指派给一个项目后才可以登录 BugFree 系统。

安装 BugFree 后，系统默认创建一个 All Users 默认组，该用户组包含所有用户，不需要额外添加用户。

图 10-7 表示要添加一个 TEST1 的用户组，组内有李四、王五、赵六 3 个成员，用户组管理员为王五，单击“保存用户组”按钮，即可完成返回用户组列表，如图 10-8 所示。此时，可以看到新添加的新用户组“TEST1”的信息。单击“编辑”按钮，可以对其进行编辑。

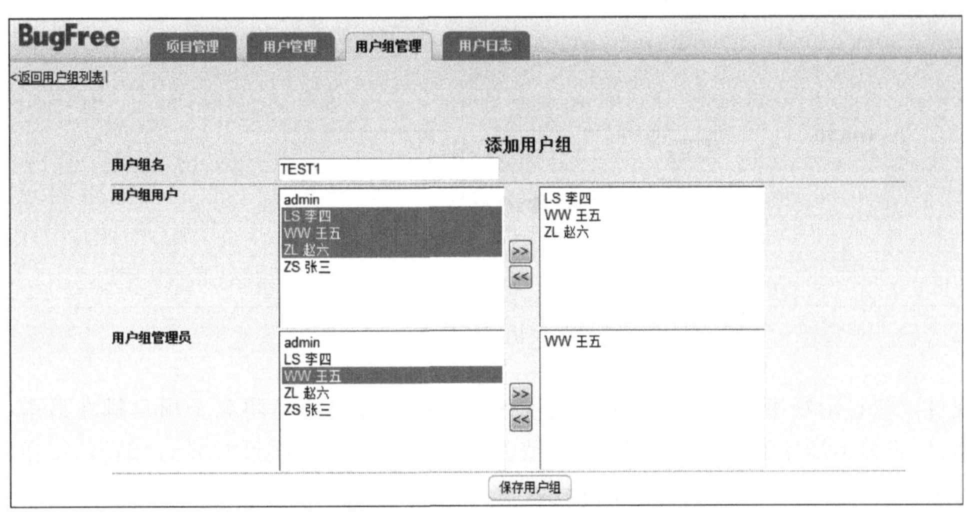

图 10-7 添加用户组

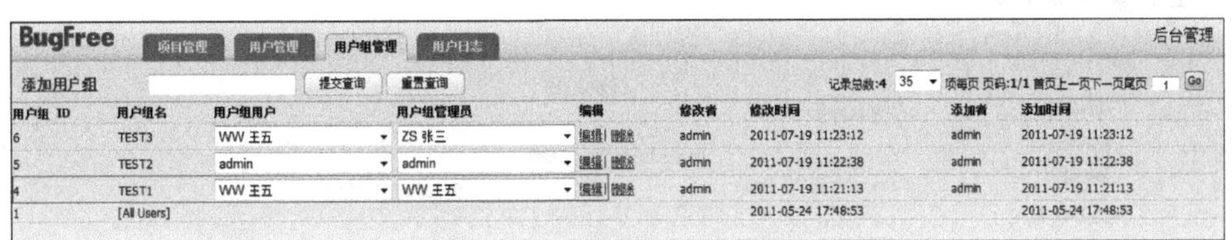

用户组 ID	用户组名	用户组用户	用户组管理员	编辑	修改者	修改时间	添加者	添加时间
6	TEST3	WW 王五	ZS 张三	编辑|删除	admin	2011-07-19 11:23:12	admin	2011-07-19 11:23:12
5	TEST2	admin	admin	编辑|删除	admin	2011-07-19 11:22:38	admin	2011-07-19 11:22:38
4	TEST1	WW 王五	WW 王五	编辑|删除	admin	2011-07-19 11:21:13	admin	2011-07-19 11:21:13
1	[All Users]					2011-05-24 17:48:53		2011-05-24 17:48:53

图 10-8 保存的用户组列表

4. 项目管理

以管理员的身份登录后，单击导航栏“后台管理”打开“后台管理”界面，管理员可以对项目、用户和用户组进行相应的管理，默认为项目列表，如图 10-9 所示。

显示顺序	项目 ID	项目名称	项目用户组	项目管理员	编辑	模块管理	修改者	修改时间	添加者	添加时间
3	2	艾斯医药商务系统	TEST1	ZS 张三	编辑|禁用	|Bug 模块|Case 模块	admin	2011-07-19 11:48:05	admin	2011-05-25 13:54:30
0	1	Sample	null	null	编辑|禁用	|Bug 模块|Case 模块	admin	2011-05-24 17:48:53		2011-05-24 17:48:53

图 10-9 项目列表

这里，可以通过单击"添加项目"添加一个新的项目，如图 10-10 所示。根据实际需求填写相应的信息，并为项目分配合适的项目组（如图 10-10 所示，只有 T2、T3 的用户组成员才能访问此项目）和项目管理员，最后单击"保存项目"按钮返回项目列表。此时，可以在项目列表中看到刚刚添加的项目信息。

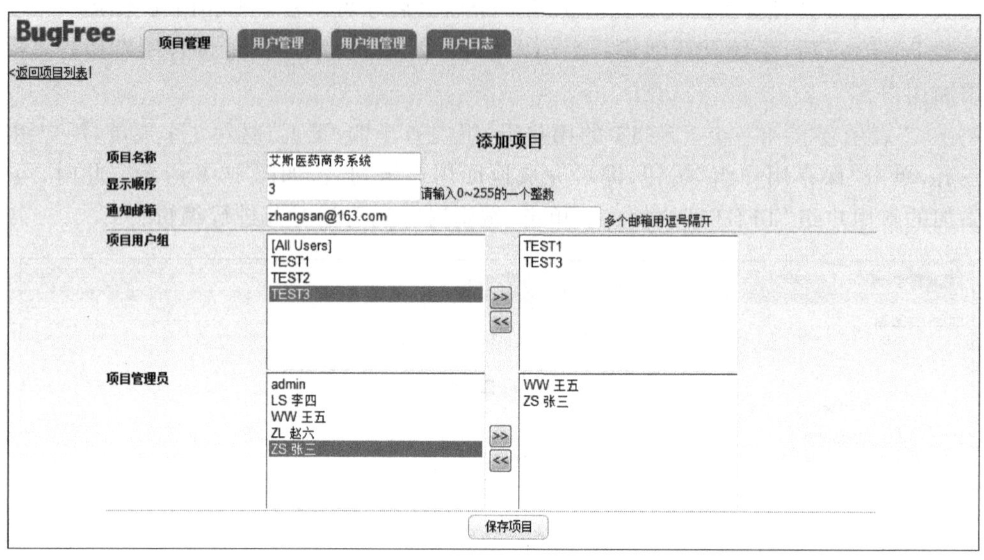

图 10-10　添加项目

项目默认显示顺序是按照创建的先后次序排列的。如果需要将某个项目排在最前面，编辑该项目，将显示顺序设置为 0～255 的数值。通过单击已存在项目右端的"编辑"按钮，也可以对此项目信息进行更改，如图 10-11 所示。

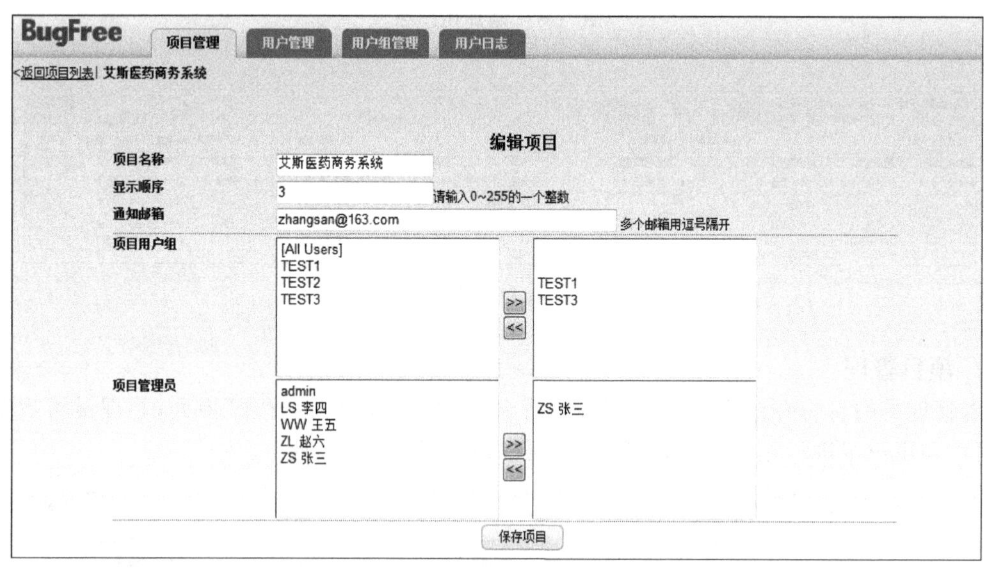

图 10-11　更改项目信息

5. 模块管理

创建项目之后，如图 10-12 所示，通过"Bug 模块"和"Case 模块"链接，可以分别为 Bug 和测试用例创建树状模块结构。一个项目可以包含多个模块，一个模块下面可以包含多个子模块。原则上，对子模块的层级没有限制。如此接连不断地“添加一个新的子模块”（注意“父模块”的选取），则各模块间可以形成类似图 10-13 左侧的树状列表。

BugFree 项目管理 用户管理 用户组管理 用户日志 后台管理

添加项目 提交查询 重置查询 记录总数:2 35 项每页 页码:1/1 首页上一页下一页尾页 1 Go

显示顺序	项目 ID	项目名称	项目用户组	项目管理员	编辑	模块管理	修改者	修改时间	添加者	添加时间
3	2	艾斯医药商务系统	TEST1	ZS 张三	编辑| 禁用	| Bug 模块| Case 模块	admin	2011-07-19 13:57:03	admin	2011-05-25 13:54:30
0	1	Sample	null	null	编辑| 禁用	| Bug 模块| Case 模块	admin	2011-05-24 17:48:53		2011-05-24 17:48:53

图 10-12 项目管理

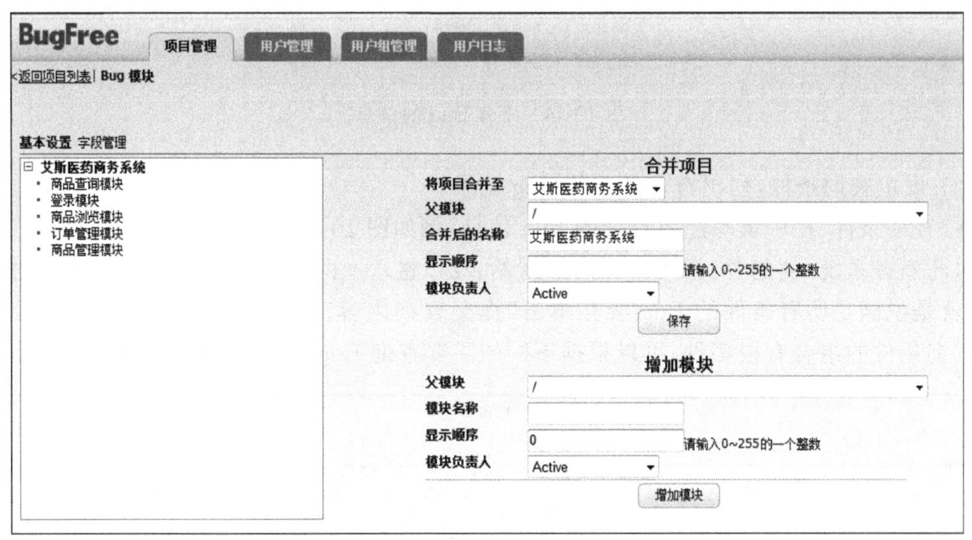

图 10-13 树状列表

与项目的显示顺序类似，“Case 模块”可以编辑模块的显示数据值，更改同级模块的排列顺序。

如果指定模块负责人，在创建该模块下的 Bug 或测试用例时，则会自动指派给该负责人。

删除一个模块后，该模块下面的 Bug 或测试用例将自动移动到其父模块中。

单击“禁用”按钮后，可以隐藏某个项目，但并不真正从数据库删除记录，该项目将对所有人员不可见。

再次单击“激活”按钮，将恢复该项目所有的记录。

6. Bug 的状态

在 BugFree 中，一个 Bug 只有 3 种状态：Active、Resolved、Closed。实践中经常有不熟悉的用户通过“编辑”（Edit）来改变所有的状态，这是不合适的。正确的状态转换方法应该是：①某个状态自己到自己的改变，使用“编辑”（Edit），如一个 Active 的 Bug 从一个人指派到另外一个人；②Active→Resolved 只能用“解决”（Resolve），Resolved→Closed 只能用“关闭”（Closed）；③Resolved→Active 和 Closed→Active 只能使用“激活”（Activate）。

7. 查询 Bug

可以设定不同的查询条件，查询想找的 Bug。目前，BugFree 提供了以下几种查询模式。

(1) 单击某个模块，可以显示该模块的所有 Bug。

如图 10-14 所示，单击“项目模块”框下的“登录模块”，就可以在 Bug 列表中显示此模块中所有 Bug 的信息。这样能够让修复人员很快得到某一模块的全部 Bug，使得修复效率得以提高。

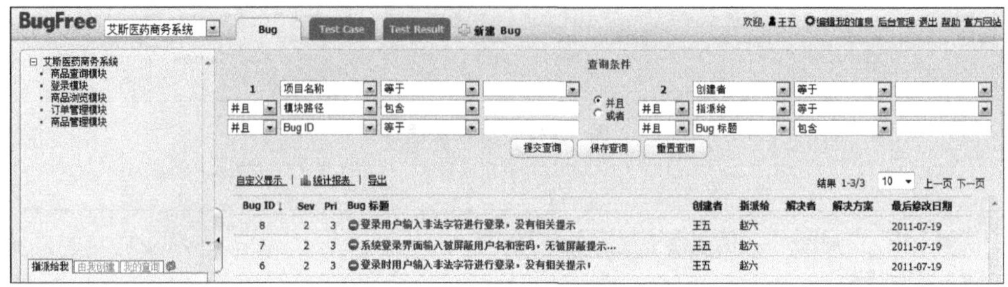

图 10-14　所有 Bug 的信息

(2) 设定查询条件，列出符合条件的 Bug 记录。

在“查询条件”栏中填写想要查询的 Bug 信息，例如图 10-15 中的查询条件为：项目名称：艾斯医药商务系统，创建者：WW 王五，指派给：ZL 赵六。两个条件之间的关系都是并且关系，也就是说满足所有条件的 Bug 会在单击“提交查询内容”按钮后显示在下面的 Bug 列表中。查询条件的组合有很多种，可以根据不同的需要查询 Bug 信息，准确性比较高。

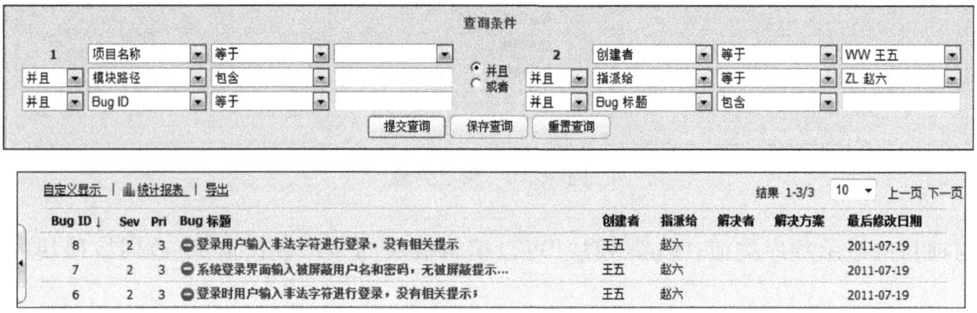

图 10-15　设定查询条件

还可以单击“保存查询”按钮来保存这些查询条件，如图 10-16 所示，在“查询标题”处给本次查询条件起一个容易见名知意的名称。

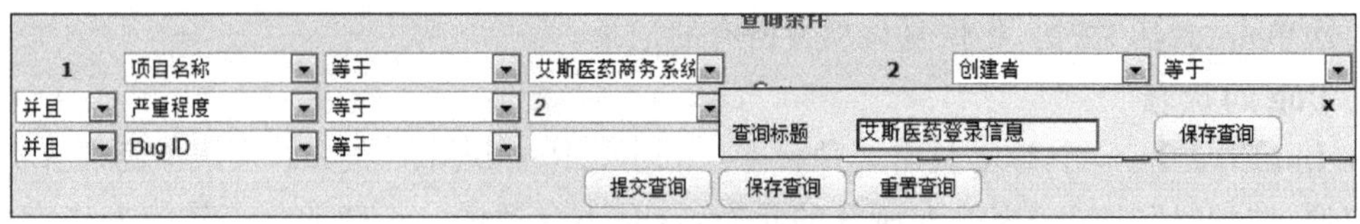

图 10-16　保存查询条件

单击“保存查询”后，在屏幕的左下角会出现如图 10-17 所示的查询条，方便以后的查询。

(3) 按某字段排序。

单击 Bug 列表的任何一个字段(如“创建者”“Bug ID”“最后修改日期”等)，就可以按该字段将 Bug 排序，同时该字段旁边有 ↑ 或 ↓ 表示当前是升序还是降序排序。再次单击本字段，

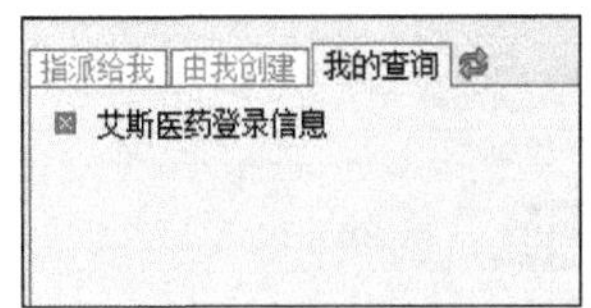

图 10-17 查询条

将会改变排序方式。如图 10-18 所示，将 Bug 按编号升序排序。

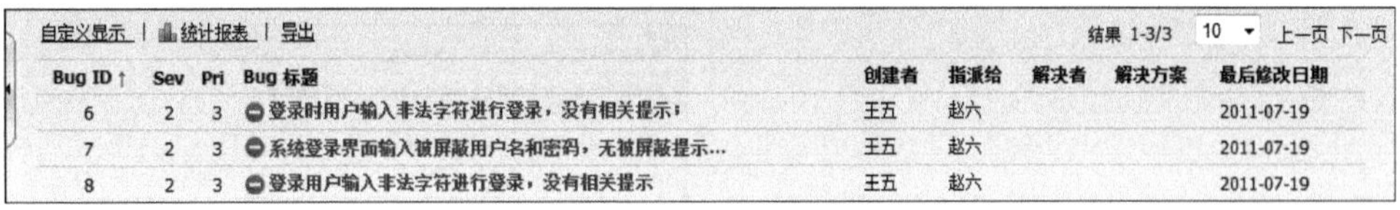

自定义显示 | 统计报表 | 导出　　　　结果 1-3/3　10　上一页 下一页

Bug ID ↑	Sev	Pri	Bug 标题	创建者	指派给	解决者	解决方案	最后修改日期
6	2	3	登录时用户输入非法字符进行登录，没有相关提示！	王五	赵六			2011-07-19
7	2	3	系统登录界面输入被屏蔽用户名和密码，无被屏蔽提示…	王五	赵六			2011-07-19
8	2	3	登录用户输入非法字符进行登录，没有相关提示	王五	赵六			2011-07-19

图 10-18 按编号升序排序

还可以自定义显示字段。单击图 10-18 中的“自定义显示”按钮，调出如图 10-19 所示的界面。

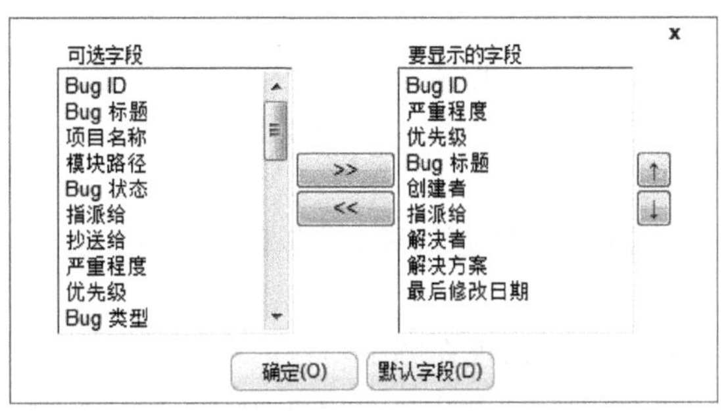

图 10-19 自定义显示

这样，就可以通过 >> 和 << 按钮来添加/删除显示字段，也可以通过 ↑ 和 ↓ 按钮设置显示字段的排列顺序。默认字段(D) 表示程序默认显示的字段，包括“Bug ID”“Sev”“Pr”“Bug 标题”“创建者”“指派给”“解决者”“解决方案”“最后修改日期”9 个字段。

8. Bug 管理

1) 新建 Bug

在 BugFree 系统中记录新 Bug 的方法步骤如下。

(1) 单击“新建 Bug”按钮，如图 10-20 所示。

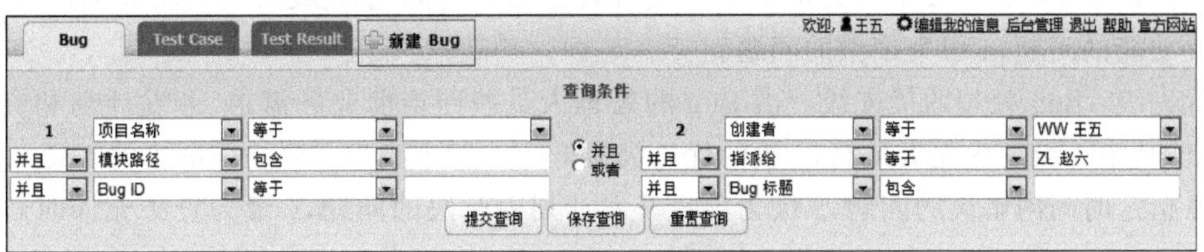

图 10-20 新建 Bug

(2) 打开新建 Bug 窗口，如图 10-21 所示。

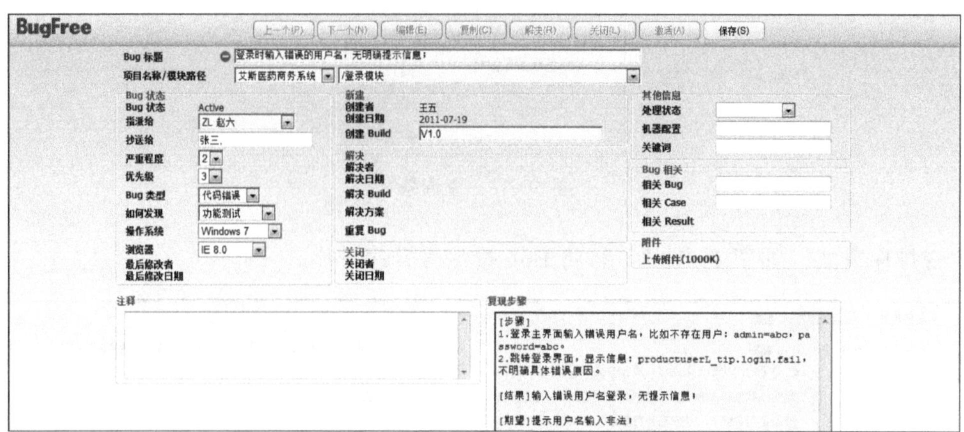

图 10-21　新建 Bug 窗口

(3) 根据 Bug 的特征为 Bug 命名，尽量做到见名知意。

(4) 注意，必须指定该 Bug 属于哪个项目的哪个模块，指定 Bug 类型以及严重程度等必填信息，并将本 Bug 指派给相应的同事。

这里着重说明一点：为了让 Bug 更容易重现，在书写“复现步骤”项时应尽量简洁明了。这样会使团队的工作效率得以提高，也会减少不必要的麻烦。

下面是 Bug 字段说明。

Bug 标题：为包含关键词的简单问题摘要，要有利于其他人员进行搜索或者通过标题快速了解问题。

项目名称/模块路径：指定问题出现在哪个项目的哪个模块。Bug 处理过程中，需要随时根据需要修改项目或模块，方便跟踪。如果后台管理指定了模块负责人，选择模块时则会自动指派给负责人。

指派给：Bug 的当前处理人。如果不知道 Bug 的处理人，可以指派给 Active，项目或模块负责人再重新分发、指派给具体人员。如果设定了邮件通知，被指派者会收到邮件通知。状态为 Closed 的 Bug，默认会指派给 Closed，表示 Bug 生命周期的结束。

抄送给：需要通知相关人员时填写，例如测试主管或者开发主管等。可以同时指派多个，人员之间用逗号分隔。如果设定了邮件通知，当 Bug 有任何更新时，则被指派者都会收到邮件通知。

严重程度：Bug 的严重程度。由 Bug 的创建者视情况来指定，其中 1 级为最严重的问题，4 级为最小的问题。一般 1 级为系统崩溃或者数据丢失的问题，2 级为主要功能的问题，3 级为次要功能的问题，4 级为细微的问题。

优先级：Bug 处理的优先级。由 Bug 的处理人员按照当前业务需求、开发计划和资源状态指定，其中 1 级的优先级最高，4 级的优先级最低。一般 1 级为需要立即解决的问题，2 级为需要在指定时间内解决的问题，3 级为项目开发计划内解决的问题，4 级为资源充沛时解决的问题。

其余选项字段(Bug 类型、如何发现、操作系统、浏览器)：可以通过编辑 Lang/ZH_CN_UTF-8/_COMMON.php 来自定义。

创建 Build：Bug 是在哪个版本(Build 或 Tag)被发现的。

解决 Build：Bug 是在哪个版本(Build 或 Tag)被解决的。

解决方案：参考 Bug 的 7 种解决方案。如果解决方案为 Duplicated，需要指定重复 Bug 的编号。

处理状态：Bug 处理过程的附属子状态。例如，Local Fix 表示已在本地修复，Checked In 表示修复代码已经提交，Can't Regress 表示修复的问题暂无法验证。

机器配置：测试运行的硬件环境。例如，lenovo R400 2.1G/2G/320G。

关键词：主要用于自定义标记，方便查询。关键词之间用逗号或空格分隔。例如，对于跨团队的项目开发，可以约定一个关键词统一标记项目。

相关 Bug：与当前 Bug 相关的 Bug。例如，相同代码产生的不同问题，可以在相关 Bug 注明。

相关 Case：与当前 Bug 相关的 Case。例如，测试遗漏的 Bug 可以在补充了 Case 之后，在 Bug 的相关 Case 注明。

上传附件：上传 Bug 的屏幕截图、Log 日志或者 Call Stack 等，以方便处理人员。

复现步骤：[步骤]要描述清晰，简明扼要，步骤数尽可能少；[结果]说明 Bug 产生的错误结果；[期望]说明正确的结果。可以在[备注]提供一些辅助性的信息，例如这个 Bug 在上个版本是否也能复现，以方便处理人员。

(5) 当 Bug 的信息填写完整时，就可以单击"保存"按钮完成 Bug 的提交。

BugFree 会自动生成 Bug 编号，如图 10-22 所示，此 Bug 的编号为 Bug#9。此时，可以再审查有没有错误，是否和自己的最初意愿一致。如果一切符合预期，那么就可以关闭此界面，一个 Bug 即提交完毕。

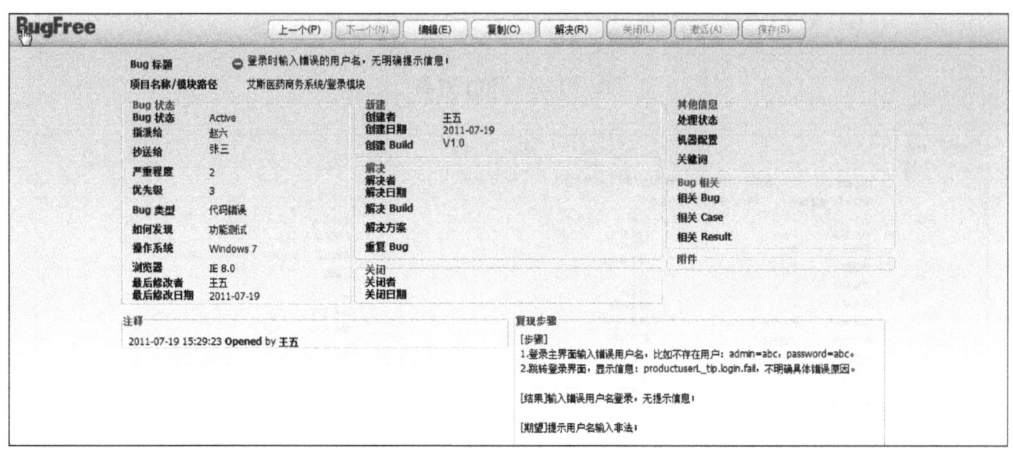

图 10-22　生成 Bug 编号

2) 编辑 Bug

在提交 Bug 的过程中难免会出现一些失误，这就需要对 Bug 进行编辑修改。

(1) 单击此 Bug。

(2) 单击"编辑"按钮，打开编辑 Bug 窗口，如图 10-23 所示。

(3) 修改相应的信息，单击"保存"按钮完成编辑。

3) 复制 Bug

在一个系统的测试过程中，难免会遇到很多相似的 Bug。如果每一个 Bug 都要彻底描述

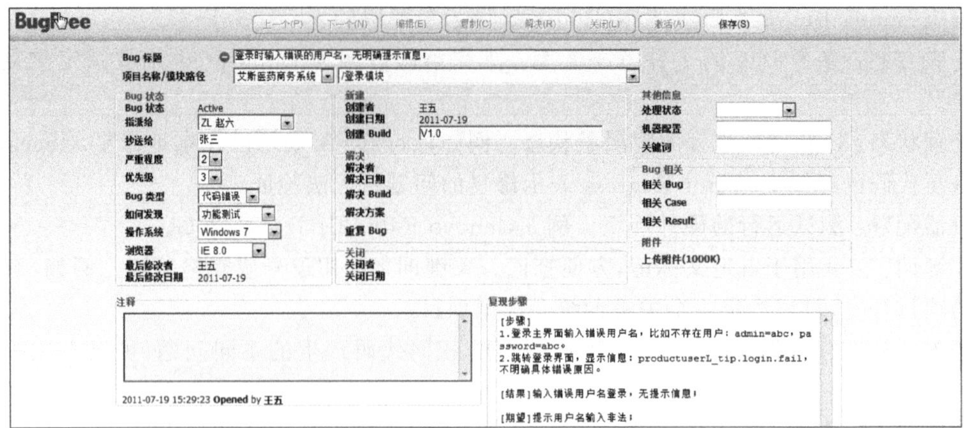

图 10-23　编辑 Bug

一遍，无论对个人还是对团队都是很大的负担。BugFree 为了防止这种现象的出现，特意增加了“复制”Bug 的功效。例如，前面已经提交了一个“登录用户输入非法字符进行登录，无明确提示信息”的 Bug，现经过测试又出现了非法用户登录，那么就可以进行 Bug 的复制了。

（1）找到一个“登录用户输入非法字符进行登录，没有相关提示”Bug，如图 10-24 所示，直接单击此 Bug 行，打开 Bug，如图 10-25 所示。

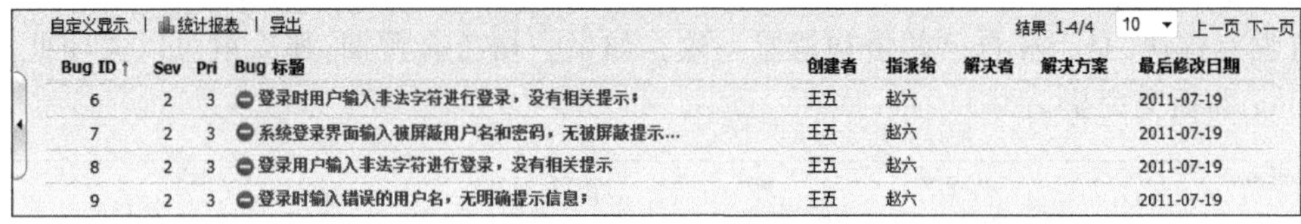

图 10-24　Bug 列表

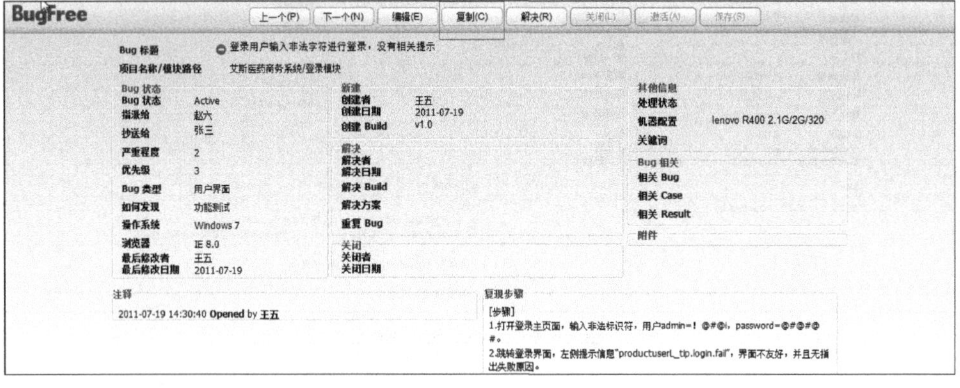

图 10-25　打开 Bug

（2）单击“复制”按钮，进入新建 Bug 窗口。这个与前面直接进行新建的 Bug 相同，如图 10-26 所示，只需在 Bug 的描述上进行简单的修改即可完成保存。

4）统计报表

前面提到过 Bug 的查询，在输入一定的查询条件后，单击“提交查询内容”会在下方显示符合条件的 Bug 信息。可是在一个项目中一定会存在符合某一条件的 Bug 数量很多，如果想要进一步更加清晰地查看 Bug 的分布情况，就可以单击“统计报表”按钮，如图 10-27 所示。

BugFree
上一个(P)
下一个(N)
编辑(E)
复制(C)
解决(R)
关闭(L)
激活(A)
保存(S)
Bug 标题
登录用户输入非法字符进行登录，没有相关提示
项目名称/模块路径
艾斯医药商务系统/登录模块
Bug 状态
Bug 状态 Active
指派给 Active
抄送给 张三
严重程度 2
优先级 3
Bug 类型 用户界面
如何发现 功能测试
操作系统 Windows 7
浏览器 IE 8.0
最后修改者 王五
最后修改日期 2011-07-19
新建
创建者 王五
创建日期 2011-07-19
创建 Build v1.0
解决
解决者
解决日期
解决 Build
解决方案
重复 Bug
关闭
关闭者
关闭日期
其他信息
处理状态
机器配置 lenovo R400 2.1G/2G/320
关键词
Bug 相关
相关 Bug
相关 Case
相关 Result
附件
注释
2011-07-19 15:52:55 Opened by 王五
复现步骤
[步骤]
1.打开登录主页面，输入非法标识符，用户admin=! @#@!，password=@#@#@#。
2.跳转登录界面，左侧提示信息"productuserL_tip.login.fail"，界面不友好，并且无指出失败原因。

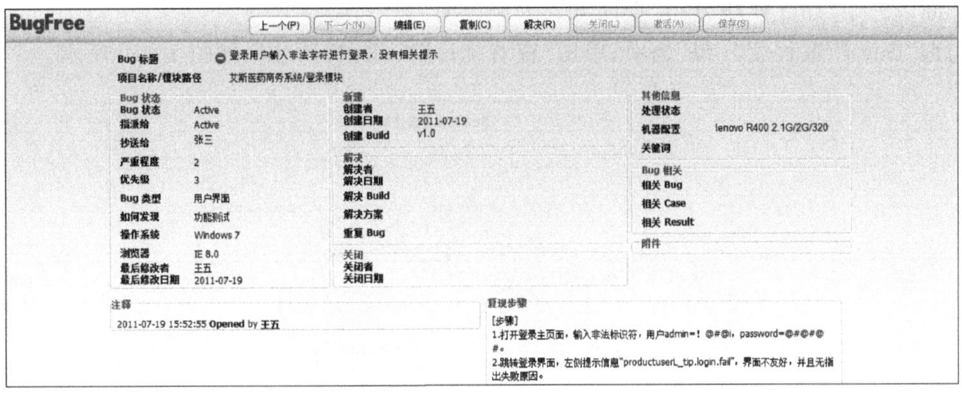

图 10-26 复制 Bug

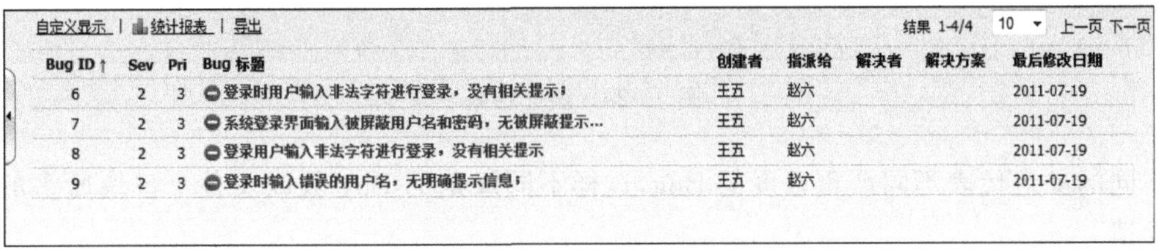

自定义显示
统计报表
导出
结果 1-4/4
10
上一页 下一页
Bug ID ↑ Sev Pri Bug 标题 创建者 指派给 解决者 解决方案 最后修改日期
6 2 3 登录时用户输入非法字符进行登录，没有相关提示； 王五 赵六 2011-07-19
7 2 3 系统登录界面输入被屏蔽用户名和密码，无被屏蔽提示... 王五 赵六 2011-07-19
8 2 3 登录用户输入非法字符进行登录，没有相关提示 王五 赵六 2011-07-19
9 2 3 登录时输入错误的用户名，无明确提示信息； 王五 赵六 2011-07-19

图 10-27 统计报表

单击"统计报表"按钮，打开的"Bug 统计报表"窗口如图 10-28 所示。窗口左侧为查看统计的方式，勾选相应的查看方式，单击"统计报表"按钮就会在右侧的空白处出现对前面 Bug 列表中的 Bug 的分布情况。

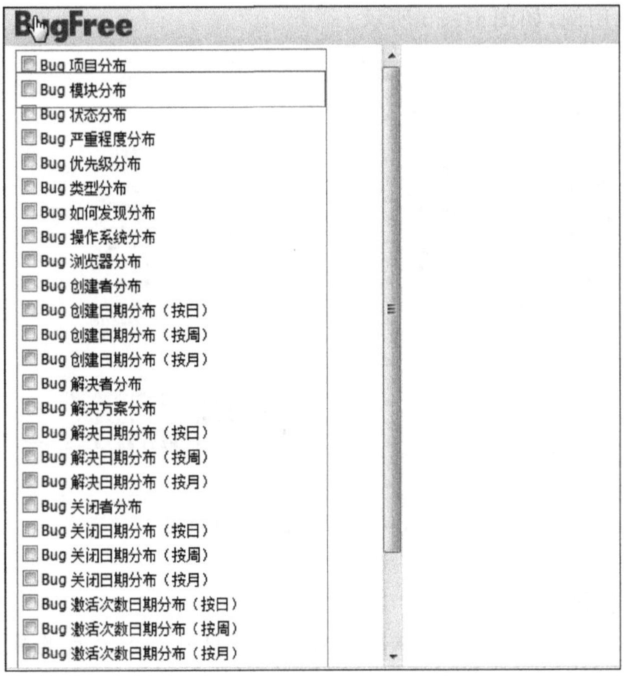

BugFree
Bug 项目分布
Bug 模块分布
Bug 状态分布
Bug 严重程度分布
Bug 优先级分布
Bug 类型分布
Bug 如何发现分布
Bug 操作系统分布
Bug 浏览器分布
Bug 创建者分布
Bug 创建日期分布（按日）
Bug 创建日期分布（按周）
Bug 创建日期分布（按月）
Bug 解决者分布
Bug 解决方案分布
Bug 解决日期分布（按日）
Bug 解决日期分布（按周）
Bug 解决日期分布（按月）
Bug 关闭者分布
Bug 关闭日期分布（按日）
Bug 关闭日期分布（按周）
Bug 关闭日期分布（按月）
Bug 激活次数日期分布（按日）
Bug 激活次数日期分布（按周）
Bug 激活次数日期分布（按月）

图 10-28 查看统计

下面以一个“Bug 模块分布”查询方式为例说明。

勾选“Bug 严重程度分布”选项，单击“查看统计”按钮，统计结果如图 10-29 所示。

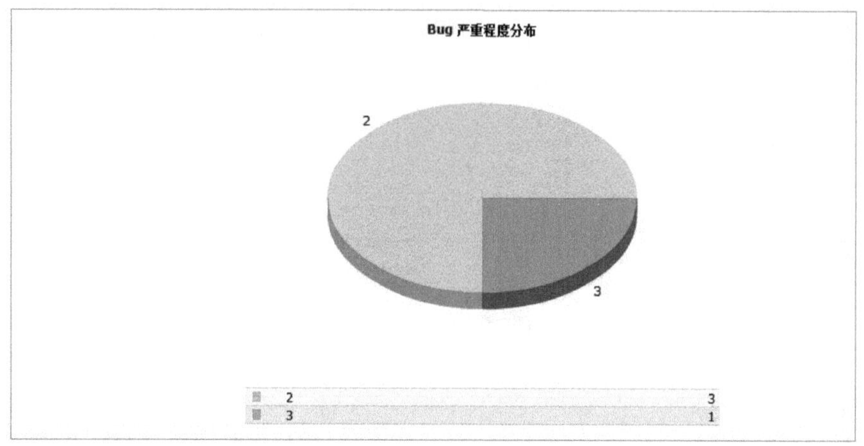

图 10-29　统计结果

不同的颜色代表不同严重程度的 Bug，这样不同级别的 Bug 数以及各个模块所占的比例一览无遗。

9. Test Case 管理

Test Case(测试用例)是在测试执行之前设计的一套详细的测试计划，包括测试环境、测试步骤、测试数据和预期结果。测试用例的录入与 Bug 的新建过程相似，在主界面导航栏单击 Test Case 按钮，即切换到 Test Case 模式，单击“新建 Case”按钮，切换到“新建 Case”界面，按照事先编写的测试用例录入相关内容，创建测试用例。也可以通过界面上方的“复制”按钮快速创建类似的测试用例，如图 10-30 所示。

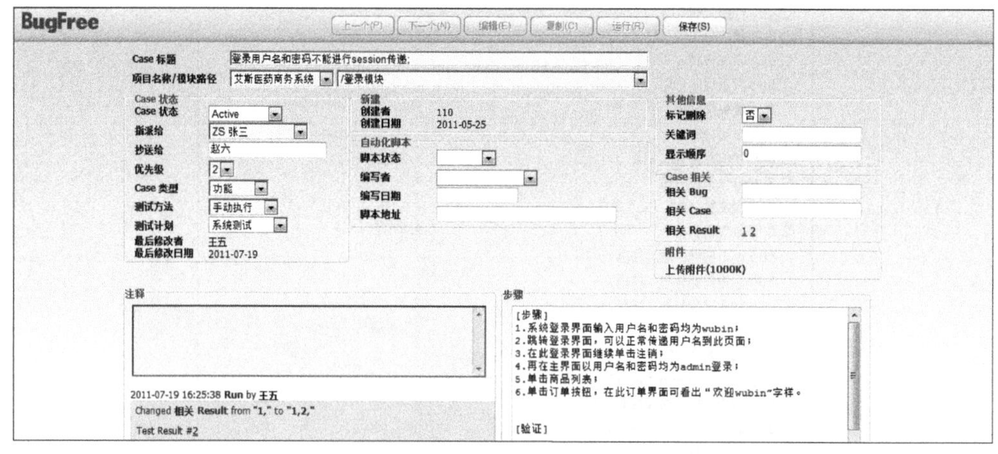

图 10-30　Test Case 管理页面

10. Test Result 管理

Test Result 只能通过运行已有测试用例来创建。打开一个已有的测试用例，单击界面上方“运行”按钮，进入创建 Test Result 界面，如图 10-31 所示。

Case 标题、模块路径和步骤等信息自动复制到新的 Test Result 中。同时，Test Result 相

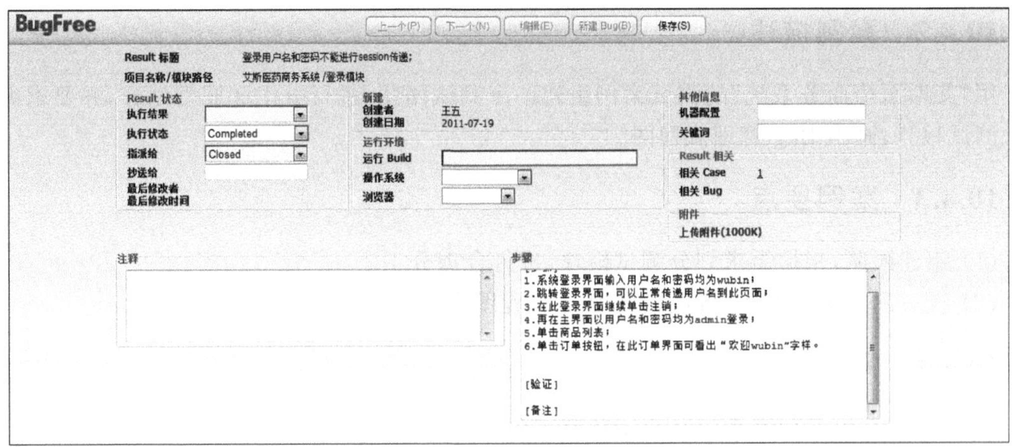

图 10-31 Test Result 界面

关 Case 自动指向该测试用例。记录执行结果(Pass 或 Fail)和运行环境信息(运行 Build、操作系统、浏览器等信息),保存测试用例,如图 10-32 所示。

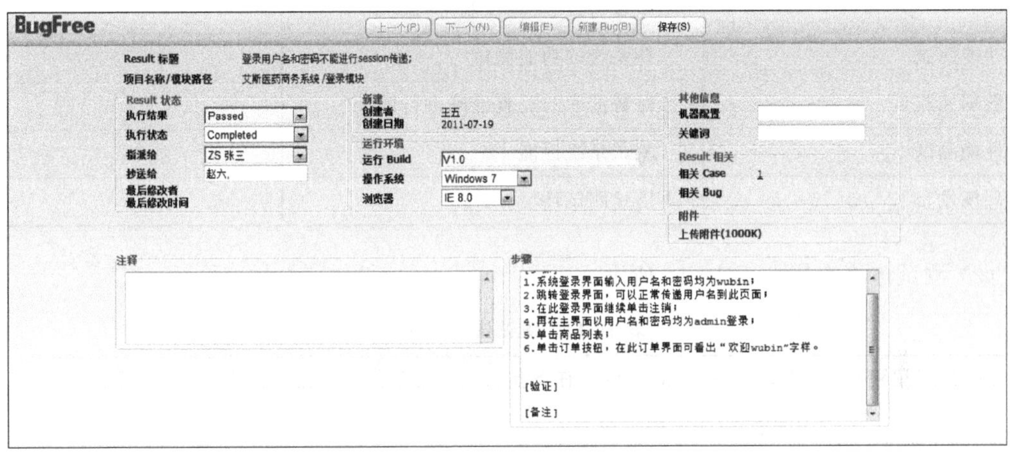

图 10-32 保存测试用例

针对执行结果为 Fail 的 Test Result,单击页面上方的"新建 Bug"按钮,创建新 Bug。Result 标题、模块路径、运行环境和步骤等信息自动复制到新的 Bug 中。同时 Test Result 相关 Bug 指向新建 Bug。

10.4 项目案例

10.4.1 学习目标

(1) 明确测试团队的组织结构、成员构成以及各自的分工与职责。

(2) 掌握测试报告的要点和内容。

(3) 掌握 Bug 管理的概念,熟悉 Bug 在软件流程中的状态以及 Bug 的常见类型。

(4) 划分 Bug 严重等级程度和优先级,了解它们的区别。

10.4.2 案例描述

用“艾斯医药商务系统”的测试案例组建一个测试团队，进行分工和职责划分，并要求编写提交测试报告，画出 Bug 管理流程图。

10.4.3 案例要点

(1) 组建团队，根据需求划分测试模块，进行合理分工。

(2) 统一测试文档模版，各成员在 Bug 流程图中分工合理、明确体现。

10.4.4 案例实施

(1) 在“艾斯医药商务系统”中，团队分工角色及职责与人员组成如表 10-13 所示。

表 10-13 团队分工角色及职责与人员组成表

角　色	职　责	人　员
测试负责人	管理测试工作	
QA	质量保证、质量控制	
功能测试	新系统的功能测试	
数据库测试	对数据库的完整准确进行验证	
性能测试	测试系统性能	
环境发布	搭建测试环境	

(2) 测试进度安排如表 10-14 所示。

表 10-14 测试进度安排表

<table>
<tr><th>测试阶段</th><th>里程碑</th><th>具体任务/输出产品</th><th>任务负责人</th><th>参与人员</th><th>起止时间</th><th>说　明</th></tr>
<tr><td>第一阶段</td><td>立项</td><td>艾斯医药项目测试计划书 V0.1</td><td></td><td></td><td></td><td></td></tr>
<tr><td rowspan="4">第二阶段</td><td rowspan="4">测试计划及评审</td><td rowspan="4">测试计划评审</td><td></td><td></td><td></td><td>人员变动，且项目开发周期发生变化，故变更测试计划</td></tr>
<tr><td></td><td></td><td></td><td>变更测试策略、测试方案</td></tr>
<tr><td></td><td></td><td></td><td>增加版本入口、出口准则、修改数据迁移部分的测试策略</td></tr>
<tr><td></td><td></td><td></td><td>测试进度安排、项目测试里程碑时间完善</td></tr>
<tr><td rowspan="2">第三阶段</td><td rowspan="2">功能测试环境搭建</td><td>测试环境搭建</td><td></td><td></td><td></td><td rowspan="2"></td></tr>
<tr><td>测试环境第二次部署</td><td></td><td></td><td></td></tr>
</table>

续表

测试阶段	里程碑	具体任务/输出产品	任务负责人	参与人员	起止时间	说　　明
第四阶段	功能测试执行	V0.1 版本测试报告				此任务可选
		V0.2 版本测试报告				
		测试流程表(见附件)				
		V0.3 版本测试报告(见附件)				
		V0.4 版本测试报告				
		V0.5 版本测试报告				
		V0.6 版本测试报告				
		V0.7 版本测试报告				
		V0.8 版本测试报告				
		V0.9 版本测试报告				
		V1.0 版本测试报告				
	回归测试					
	功能测试报告	项目功能测试报告				
	功能测试报告评审	项目功能测试报告评审记录				
第五阶段	性能测试环境搭建					
	性能测试用例设计	项目性能测试用例				
	性能测试用例评审	项目性能测试用例评审记录				
第六阶段	性能测试执行					
	性能测试报告	项目性能测试报告				
	性能测试报告评审	项目性能测试报告评审记录				
第七阶段	项目测试报告	项目整体测试报告				功能测试报告和性能测试报告整合
	项目整体测试报告评审	项目整体测试报告评审记录				
第八阶段	项目测试报告提交客户					审核、签字，提交用户
	结项					项目总结，项目资料备份，文档归档

(3) 缺陷跟踪。

① 缺陷的严重级别如表10-15所示。

表 10-15 缺陷的严重级别表

级别名称	级别标识	严重程度描述
非常严重	crash	造成软件的意外退出(死机、白页等),甚至系统崩溃; 造成数据丢失或者某项功能不起作用
严重	major	软件的某个菜单不起作用或者产生错误的结果; 主要功能不完整,所产生的问题会导致系统的部分功能不正常
一般	minor	使用接口不一致,不正确; 使用状态的转换流程不流畅; 本地化软件的某字符没有翻译、翻译不准确或出现文字错误
轻微	weak	软件不能完全符合用户的使用习惯; 用户使用不太方便; 某个菜单、控件没有对齐等,造成页面不美观; 标点符号丢失等易用性错误

② 缺陷的优先级别如表10-16所示。

表 10-16 缺陷的优先级别表

级别名称	严重程度描述	级别名称	严重程度描述
最高优先级	软件缺陷必须立即修正	一般优先级	发布软件最终版本前修正
较高优先级	新版本编译、发布前必须修正	低优先级	如果时间允许,尽量在软件发布前修正

③ Bug的生命周期如图10-33所示。

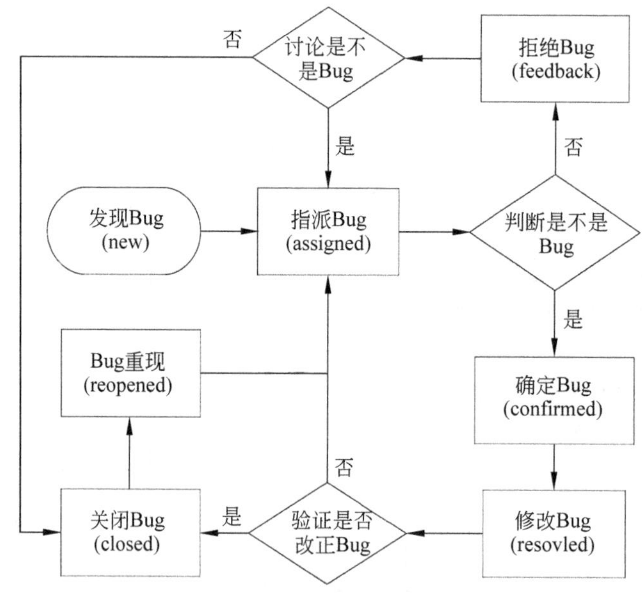

图 10-33 Bug的生命周期

说明：图 10-33 括号中为 Bug 在管理工具中的状态标识。

10.4.5 特别提示

团队的定义：一个清晰的团队定义有助于将新的组织形式与更传统的工作组区分开来。“一个团队由少量的人组织，这些人有互补的技能，对一个共同目的、绩效目标及方法做出承诺并彼此负责。”

10.4.6 拓展与提高

（1）如果公司让你组建一个团队，你会怎么做？如何着手写出自己的想法和计划？

（2）如何去和团队中不同性格、技能、性别及爱好的人进行沟通？如何处理项目管理中出现的分歧？

（3）对于成为一个高效能的团队你有什么心得和体会？

本章小结

本章介绍了软件测试管理工作的相关情况。如何有效地进行测试团队的组织和管理已成为软件测试领域的一项很重要的课题。人员的有效管理将会大大促进测试工作效率的提高。

软件 Bug 管理是测试工作中非常重要的一个环节，处理好这个环节将会为测试工作带来很大的方便。

习　　题

1. 如何组织软件测试团队？
2. 如何进行测试人员的培养？
3. 一般测试用例报告必须有哪些内容？
4. 软件 Bug 产生的原因具体有哪些？
5. 软件 Bug 有哪些类型？其管理流程是什么？

图书资源支持

感谢您一直以来对清华版图书的支持和爱护。为了配合本书的使用，本书提供配套的资源，有需求的读者请扫描下方的"书圈"微信公众号二维码，在图书专区下载，也可以拨打电话或发送电子邮件咨询。

如果您在使用本书的过程中遇到了什么问题，或者有相关图书出版计划，也请您发邮件告诉我们，以便我们更好地为您服务。

我们的联系方式：

地　　址：北京市海淀区双清路学研大厦 A 座 714

邮　　编：100084

电　　话：010-83470236　010-83470237

客服邮箱：2301891038@qq.com

QQ：2301891038（请写明您的单位和姓名）

资源下载：关注公众号"书圈"下载配套资源。

资源下载、样书申请

书圈

获取最新书目

观看课程直播